服装制板与裁剪丛书

FUZHUANG ZHIBAN YU CAIJIAN CONGSHU

中国旗袍200例

徐丽 主编

ZHONGGUO QIPAO 200LI

化学工业出版社

·北京·

本书介绍了长旗袍、无袖旗袍、半袖旗袍、时尚旗袍的裁剪与缝纫方法，共计200例。本书以贴近生活、着眼时尚为设计出发点，针对各年龄段以及不同职业人的需求，使用织锦缎、绸、绢、丝绒、麻、棉、化纤等面料，把传统的滚、嵌、镶、宕、刺绣和现代化的电脑绣、撞色彩拼等流行工艺结合在一起，配以各款制作精美的盘花扣。

本书适合从事服装设计、服装美学艺术设计的人士，从事服装裁剪和服装制造行业的人士以及大中院校服装专业师生阅读使用。

图书在版编目（CIP）数据

中国旗袍200例/徐丽主编．—北京：化学工业出版社，2016.6（2024.2重印）
（服装制板与裁剪丛书）
ISBN 978-7-122-26813-6

Ⅰ.①中… Ⅱ.①徐… Ⅲ.①旗袍-服装量裁 Ⅳ.①TS941.717.8

中国版本图书馆CIP数据核字（2016）第078419号

责任编辑：张 彦　　装帧设计：王晓宇
责任校对：吴 静

出版发行：化学工业出版社（北京市东城区青年湖南街13号 邮政编码 100011）
印　　装：涿州市般润文化传播有限公司
787mm×1092mm 1/16 印张13 彩插32 字数445千字 2024年2月北京第1版第12次印刷

购书咨询：010-64518888　　售后服务：010-64518899
网　　址：http://www.cip.com.cn
凡购买本书，如有缺损质量问题，本社销售中心负责调换。

定　价：68.00元

前言

FOREWORD

旗袍，是最具中国特色的传统服装，从某种意义上而言，它可以称得上是中国的国服，代表着中华民族悠久的历史文化。旗袍的设计带有东方式的象征风格，如同东方女子温顺文雅的品质。旗袍简约而又凝练的设计，紧身的裁剪将东方女性的柔美曲线凸现出来，这正是旗袍的魅力所在。

近几年，随着国际交往的不断发展，旗袍在国际时装舞台上频频亮相，作为一种具有民族代表意义的正式礼服出现在许多重大场合，几乎成为“国服”的代表。对于喜爱彰显个性的现代人来说，旗袍也可以是非常时尚的，款式的选择尊重传统而不拘泥于传统，花色的选择更可以摆脱单色、碎花、格布的束缚，再配以得体的发式、鞋子和饰物，就会拥有属于自己的风华绝代。

现代旗袍是古典旗袍的延续，为推出更多、更美、更新的旗袍款式和花扣造型，用东方旗袍的风韵去装点新世纪美好的生活，我们选择了200种款式，以贴近生活、着眼时尚为设计出发点，针对各年龄段以及不同职业人的需求，采用织锦缎、绸、绢、丝绒、麻、棉、化纤等面料，把传统的滚、嵌、镶、宕、刺绣和现代化的电脑绣、撞色彩拼等流行工艺结合在一起，配以各款制作精美的盘花扣以飨读者。

本书由徐丽主编，李佳轩、吴丹、李立敏、刘茜、刘海洋、张丹、徐影、刘俊红、王雪峰、徐杨、张英茹、于淑娟、于丽丽、徐吉阳、李雪梅参加了资料整理和编写工作。由于笔者水平有限，书中难免有疏漏之处，恳请读者批评指正！

徐　丽

2016年7月

中国旗袍
200例

目录
CONTENTS

半袖旗袍

无袖旗袍 Page 097

时尚旗袍 Page 146

超短旗袍 Page 157

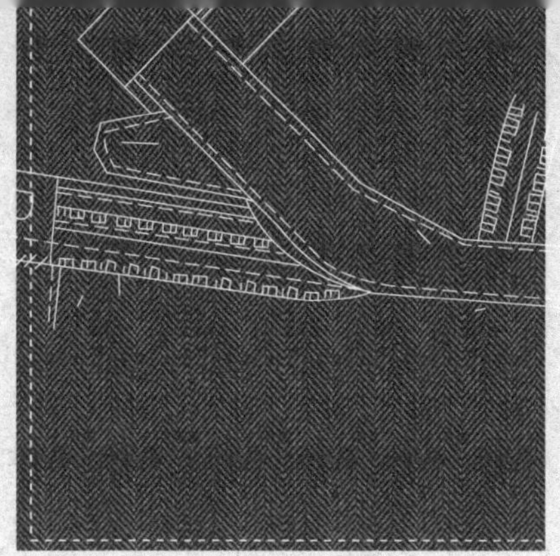

CHAPTER 1

长袖旗袍

成品规格　　单位：cm

衣长	胸围	肩宽	领围	腰围	臀围
135	92	40	38	74	96

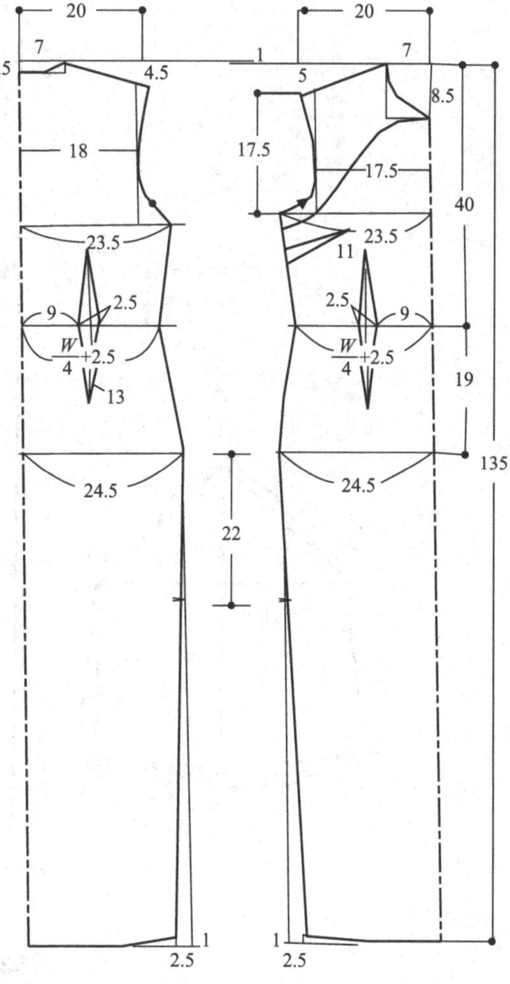

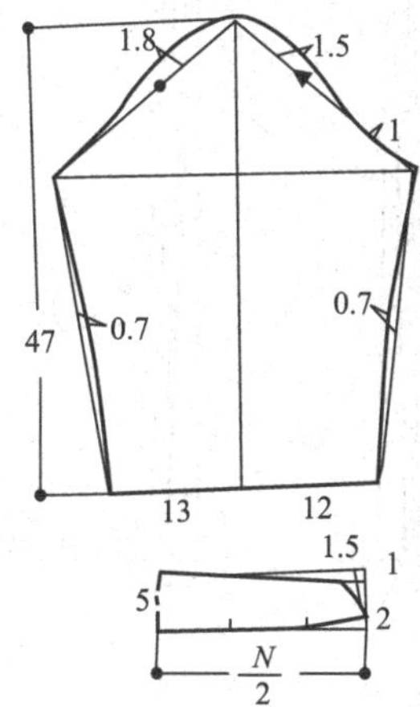

印花传统旗袍

成品规格　　　　　　　　　　　　　　单位：cm

衣长	胸围	腰围	臀围	肩宽	领围
135	92	74	96	39	38

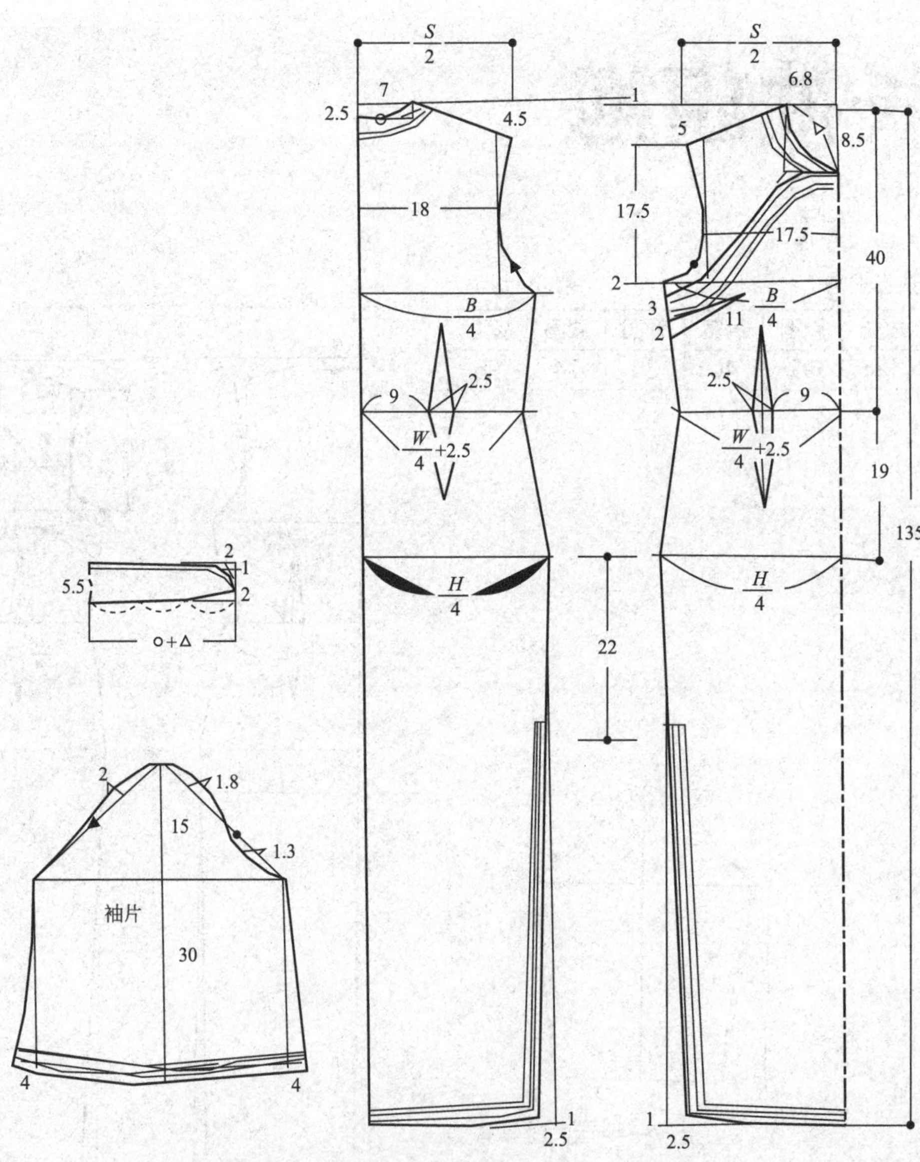

绸缎类旗袍

成品规格　　　　　　　　　　　　　　单位：cm

衣长	胸围	腰围	臀围	肩宽	领围
135	92	74	96	40	38

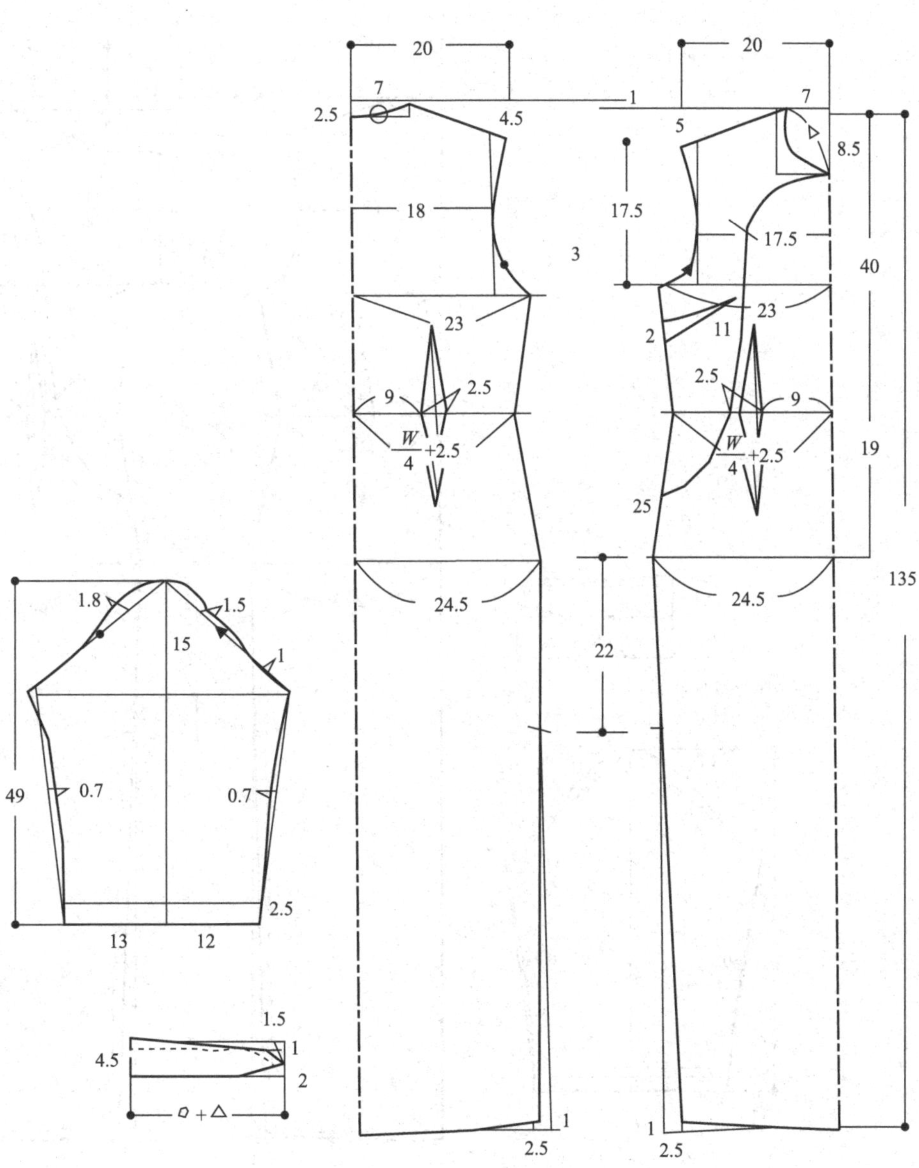

偏襟纽襻旗袍

成品规格　　　　　　　　　　　　　　　　　　单位：cm

衣长	胸围	肩宽	腰围	臀围	袖长	领围
140	92	40	74	98	49	38

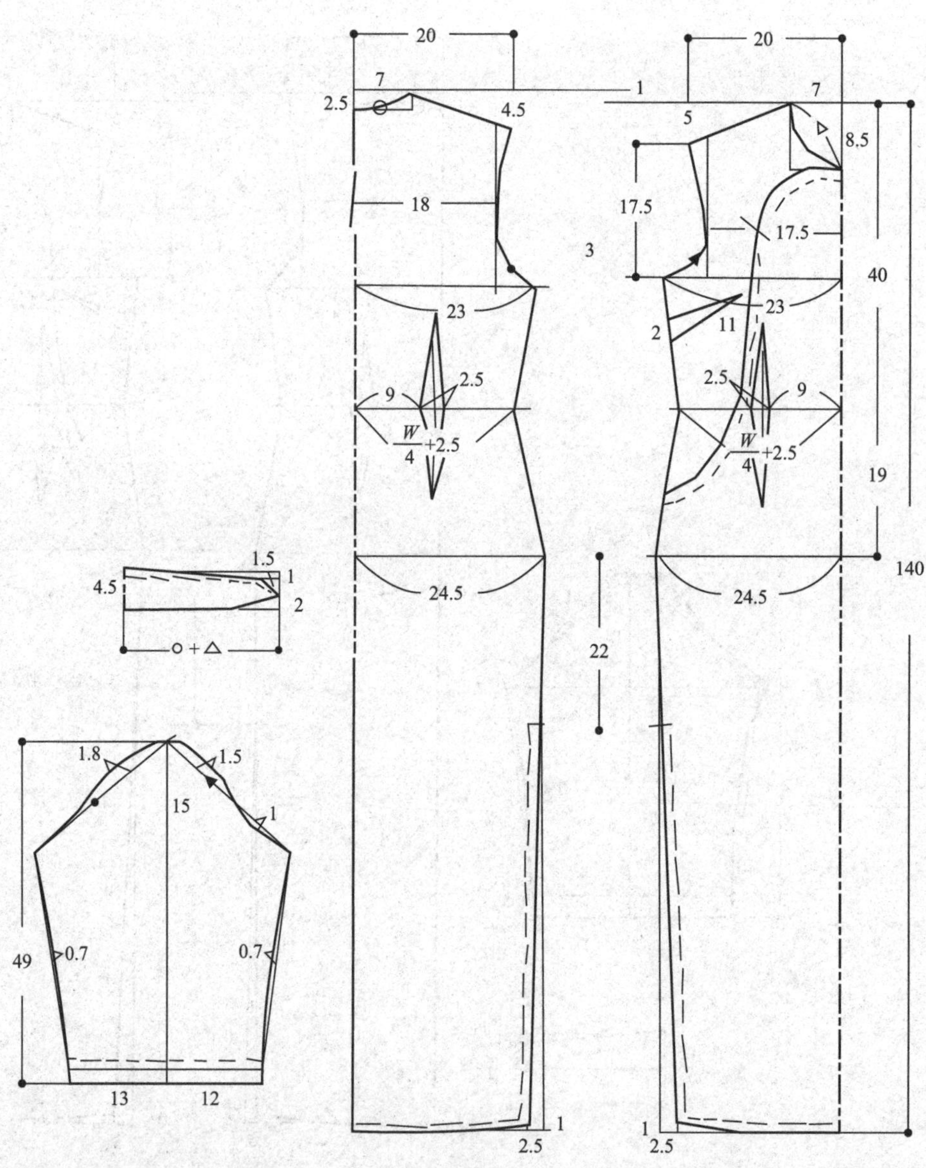

毛料类旗袍

成品规格　　　　　　　　　　　　单位：cm

衣长	胸围	肩宽	腰围	臀围	袖长	领围
138	92	40	74	98	49	38

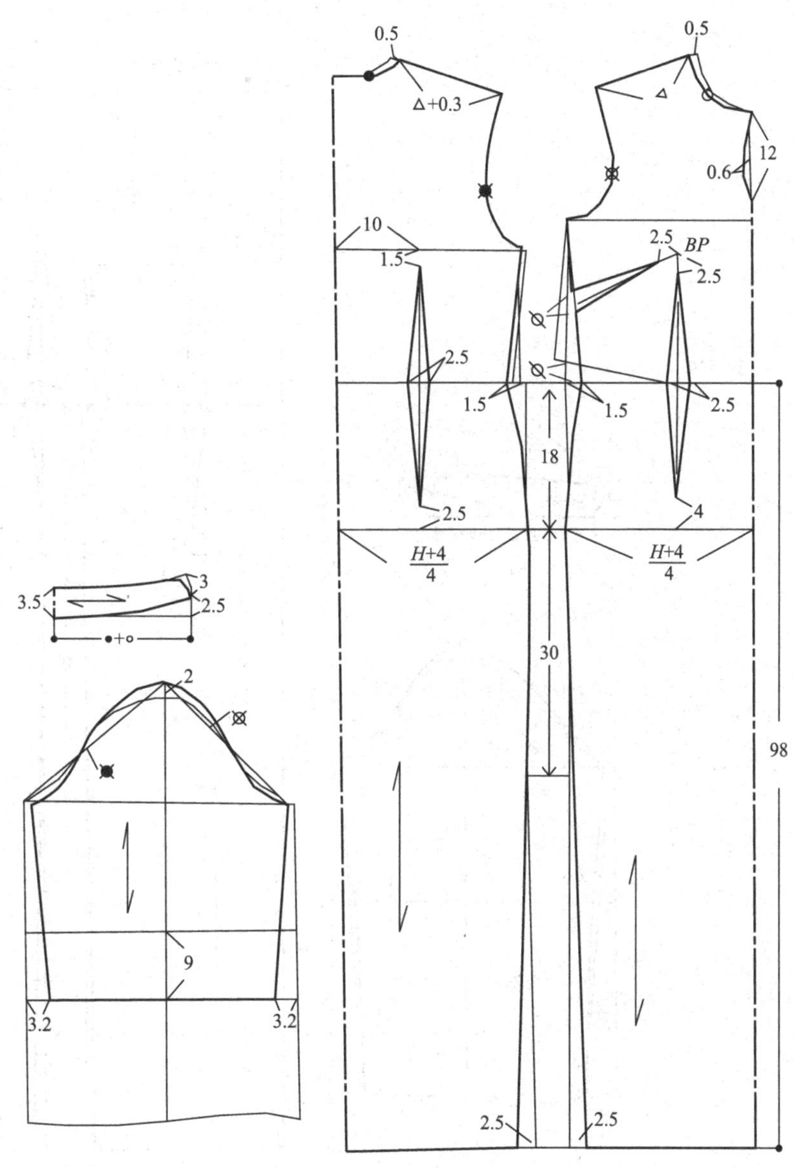

偏襟绸缎旗袍

成品规格　　　　　　　　　　　　　　单位：cm

衣长	胸围	腰围	臀围	肩宽	领围	袖长
135	92	72	98	40	38	53

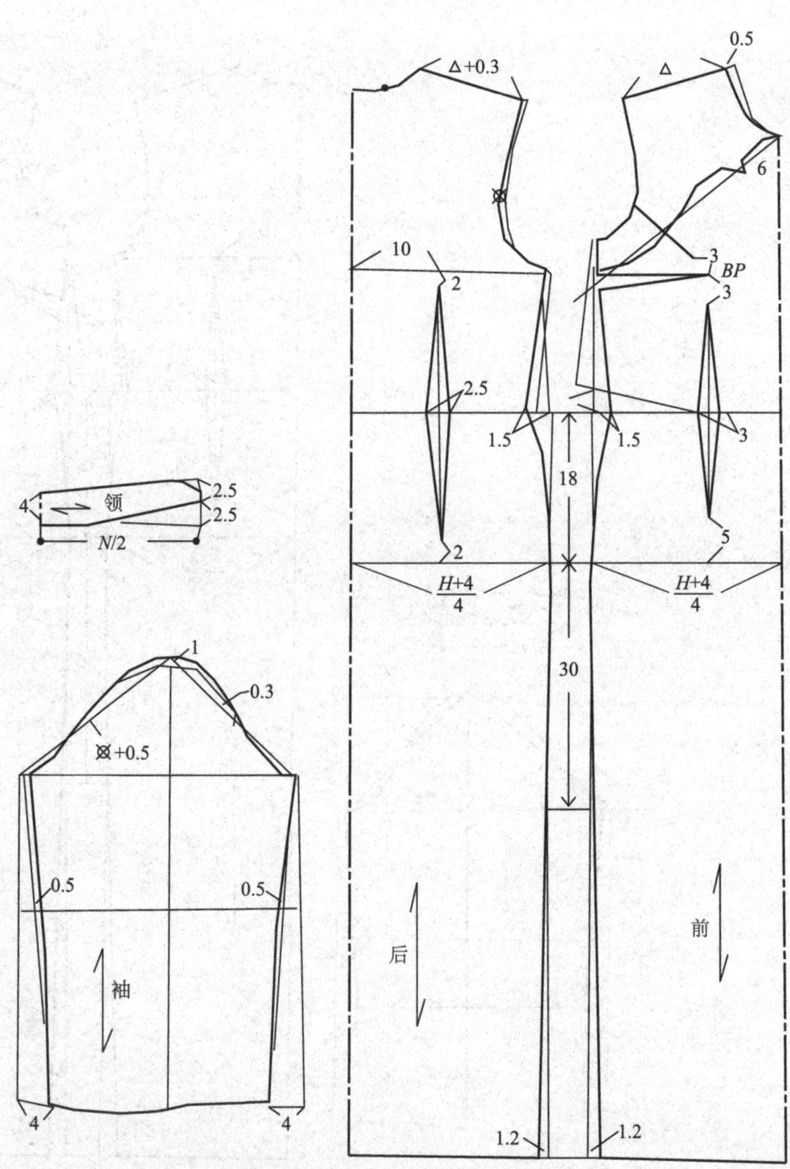

传统大花旗袍

成品规格　　　　　　　　　　　　单位：cm

衣长	胸围	肩宽	袖长	领围
140	105	42	60	43

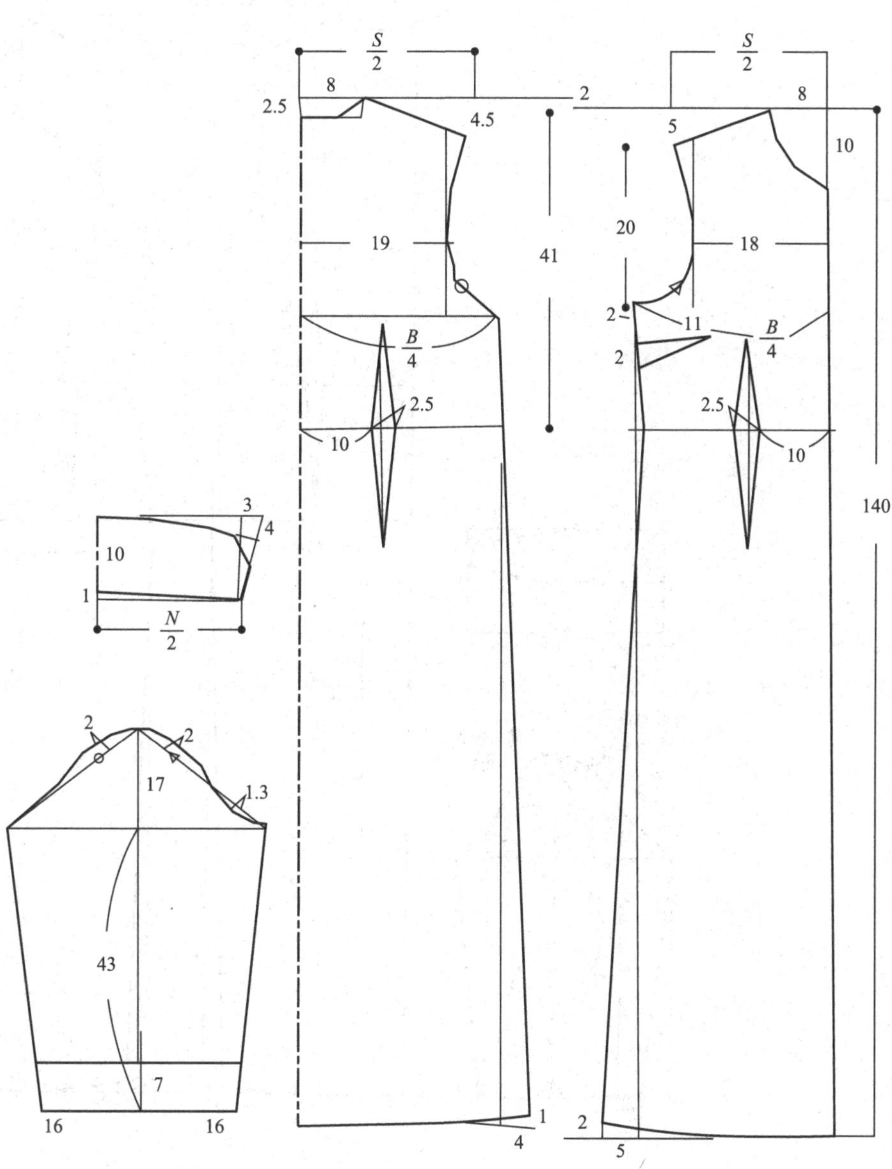

长袖散摆式旗袍

成品规格　　　　　　　　　　　　　　单位：cm

衣长	胸围	肩宽	袖长	领围	腰围	臀围
130	82	39	54	38	70	92

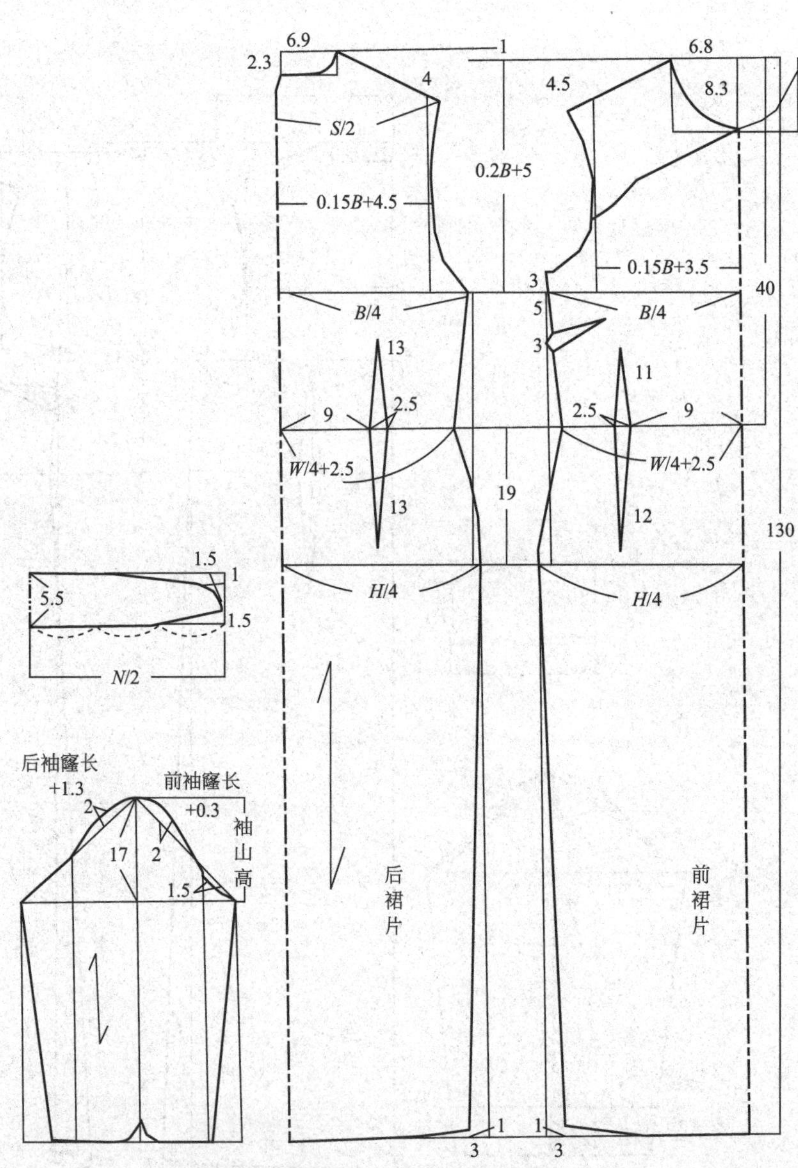

菊花图案旗袍

成品规格　　　　　　　　　　　　单位：cm

衣长	胸围	腰围	臀围	肩宽	领围	袖长
135	92	72	94	36	38	56

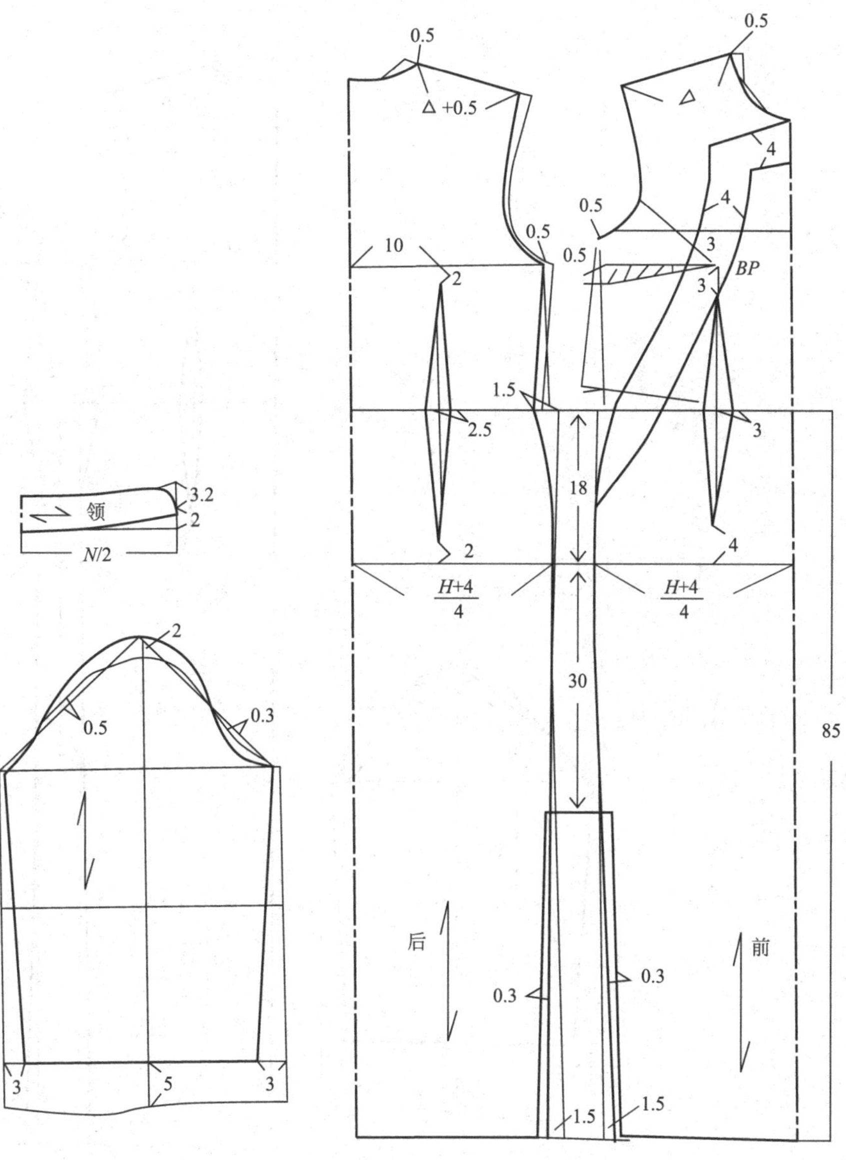

镶边毛呢料旗袍

成品规格　　　　　　　　　　　　　　　　单位：cm

衣长	胸围	腰围	臀围	肩宽	领围	袖长
130	92	72	98	40	38	56

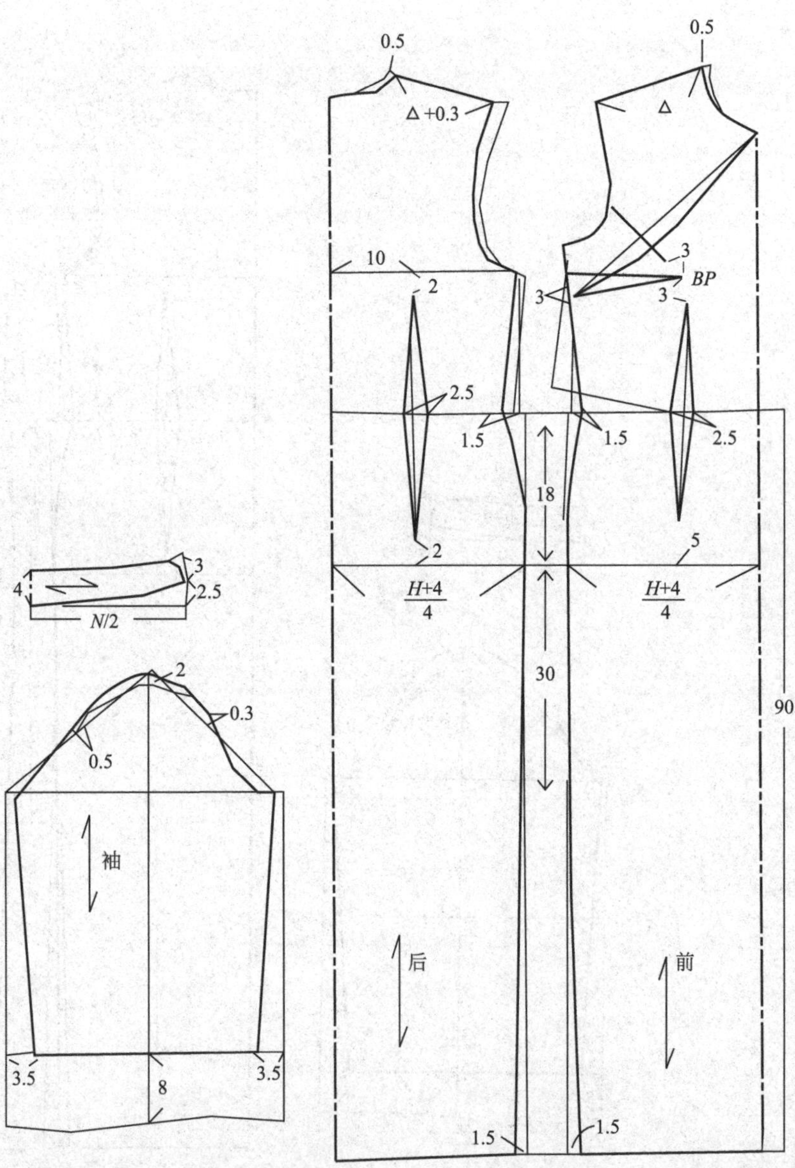

双色面料旗袍

成品规格　　　　　　　　　　　　　　单位：cm

衣长	胸围	腰围	臀围	肩宽	领围	袖长
115	92	72	96	40	36	18

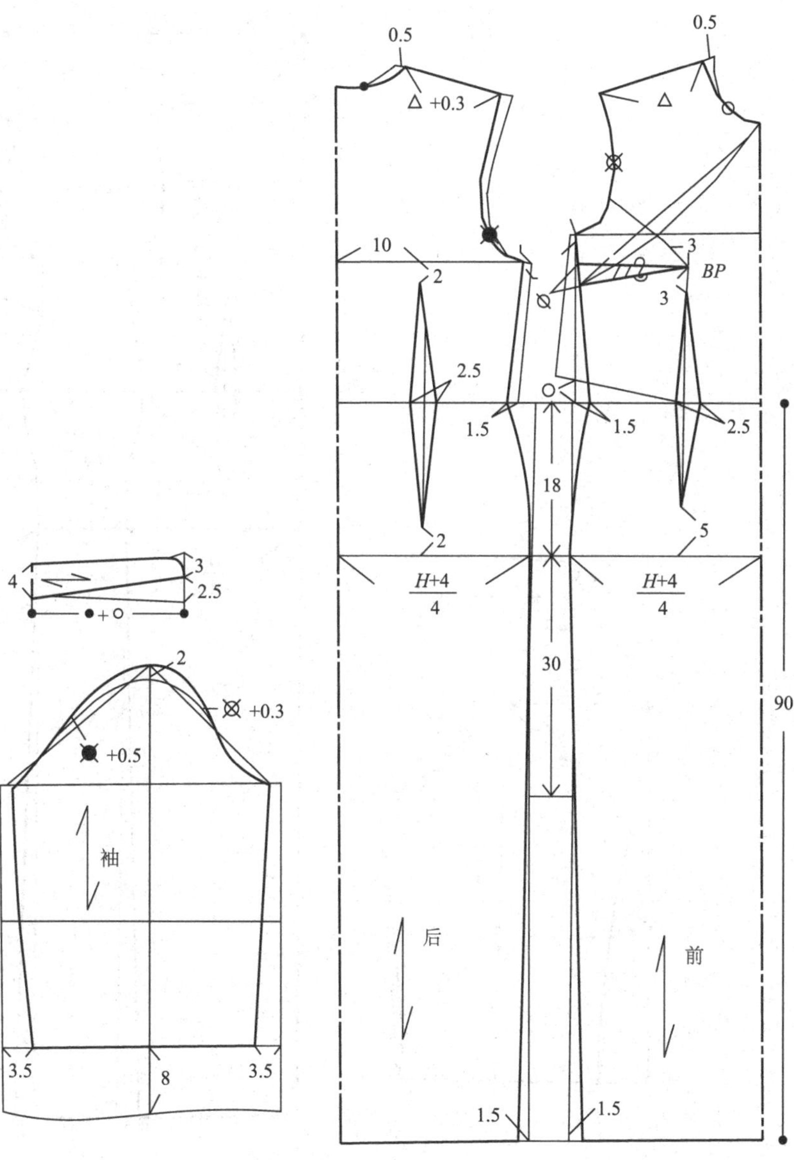

传统长袖旗袍

成品规格　　　　　　　　　　　　单位：cm

衣长	胸围	腰围	臀围	肩宽	领围	袖长
140	94	74	96	39	38	52

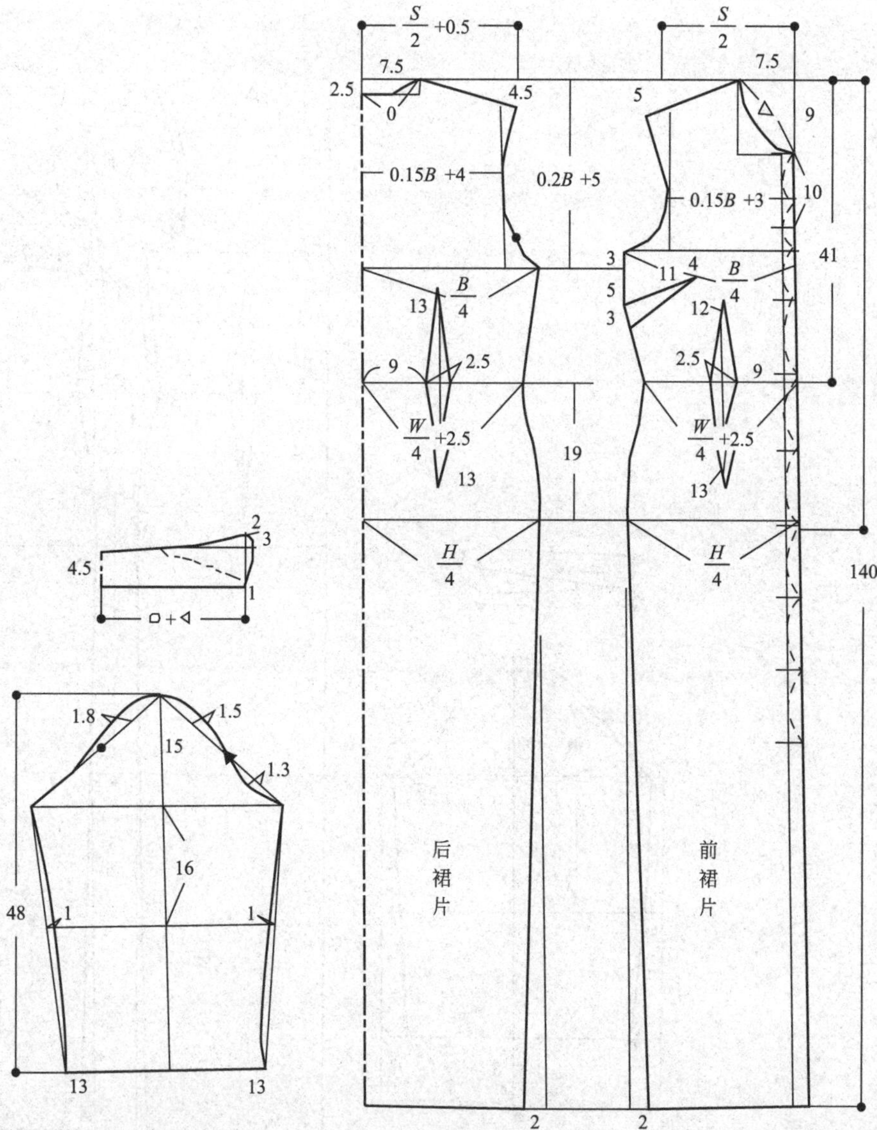

大翻领对襟旗袍

成品规格　　　　　　　　　　　　单位：cm

衣长	胸围	腰围	臀围	肩宽	领围	袖长
140	94	76	98	40	38	55

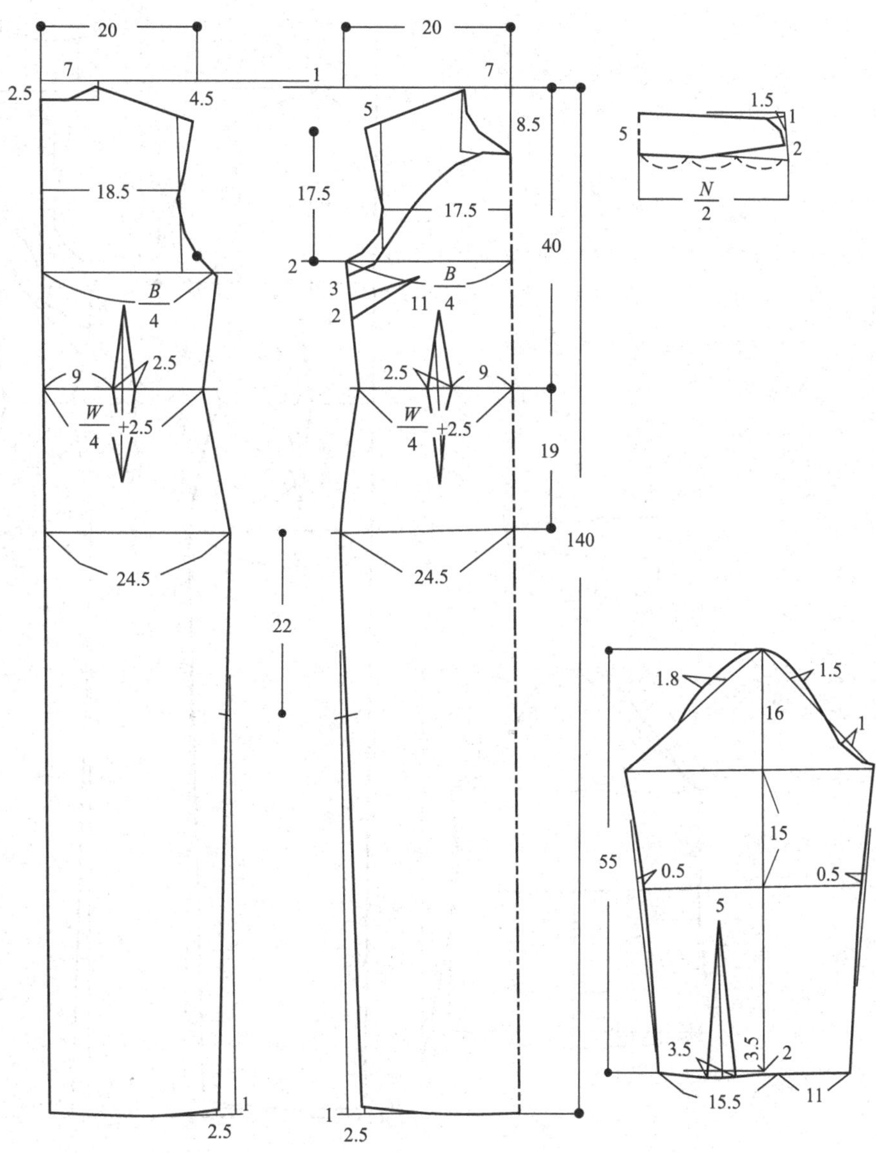

绣花绸缎面旗袍

成品规格　　　　　　　　　　　　　　　单位：cm

衣长	胸围	腰围	臀围	肩宽	领围	袖长
140	94	74	96	39	38	50

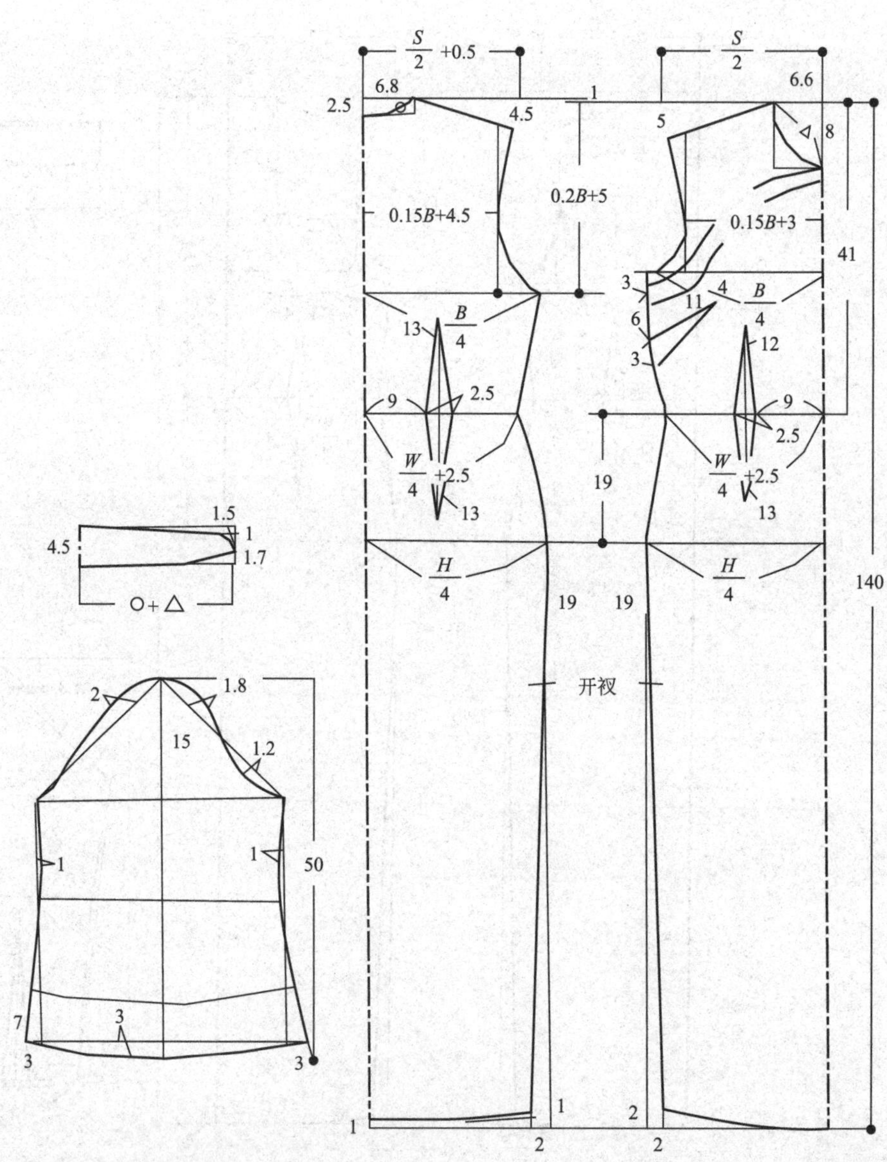

蕾丝沿边散袖旗袍

成品规格　　　　　　　　　　　　单位：cm

衣长	胸围	腰围	臀围	肩宽	领围	袖长
130	92	72	98	40	38	52

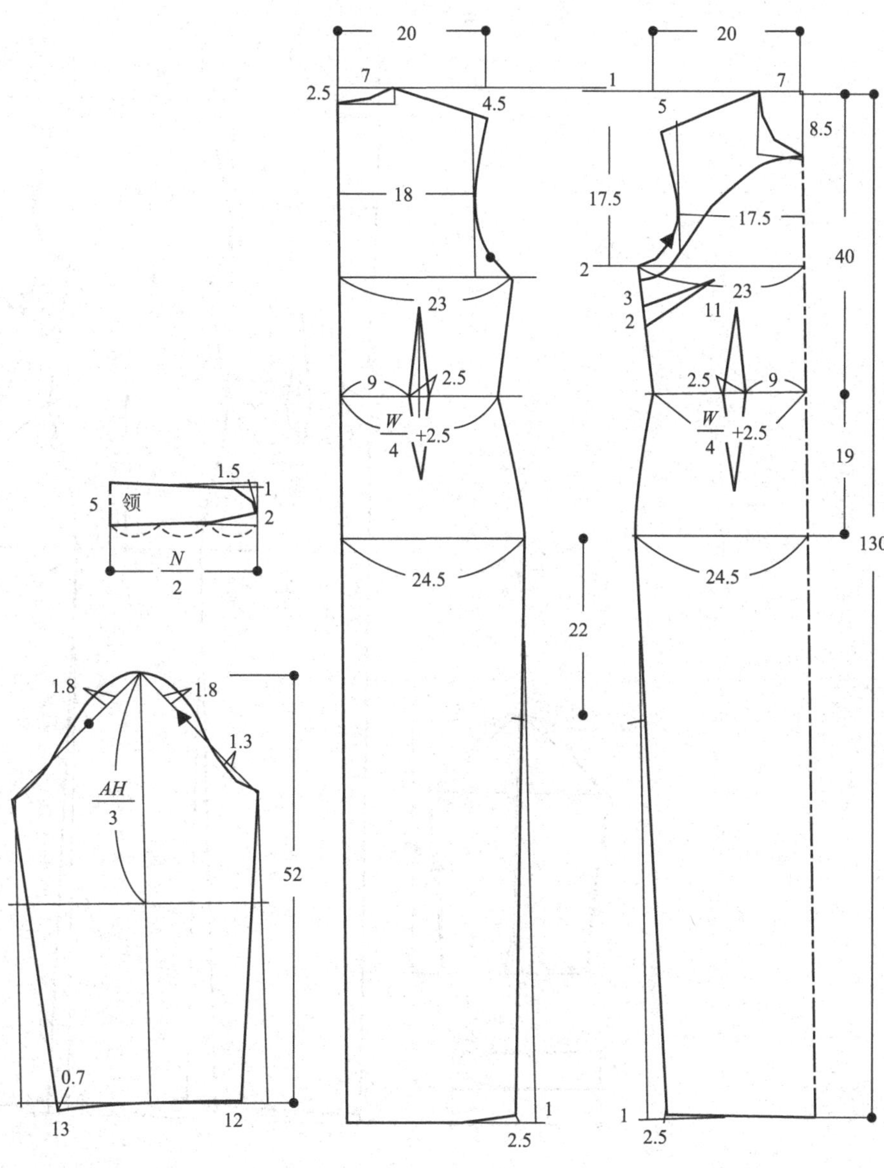

红色印花类旗袍

成品规格　　　　　　　　　　　　　　　　单位：cm

衣长	胸围	腰围	臀围	肩宽	领围	袖长
140	90	72	96	39	37	37

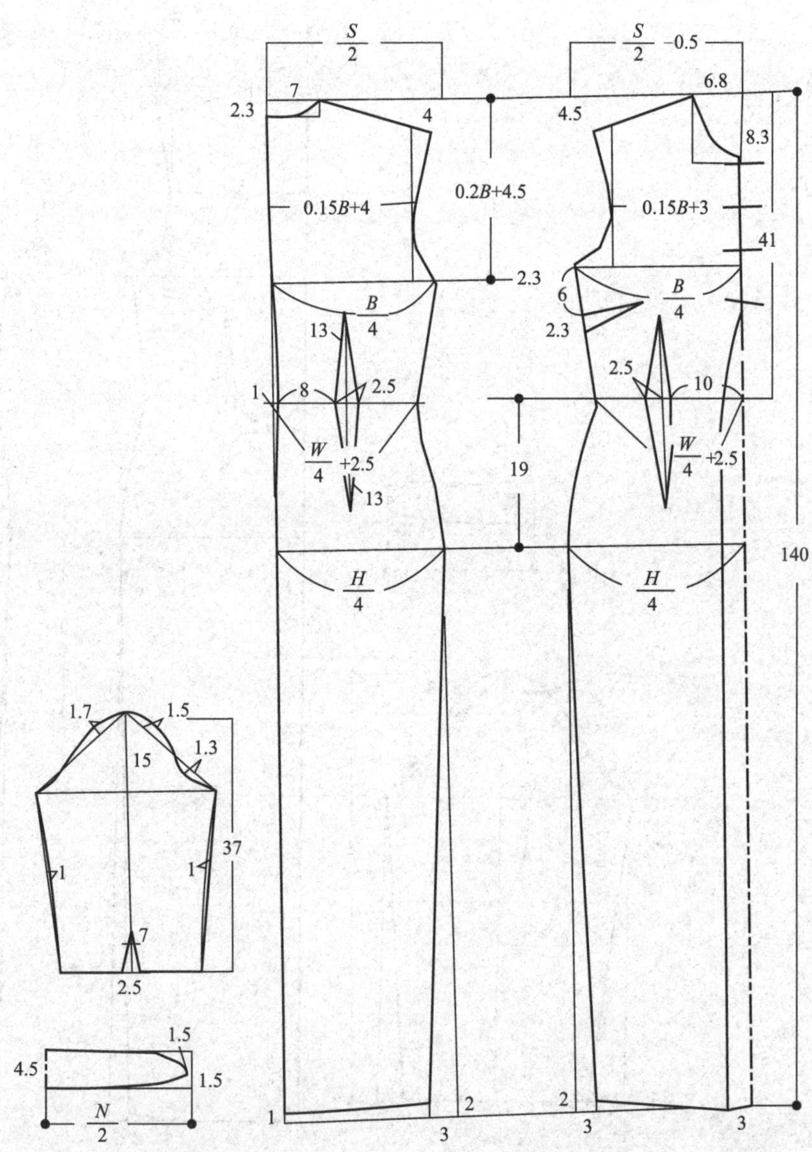

纽襻类宽松旗袍

成品规格　　　　　　　　　　　　　　　　单位：cm

衣长	胸围	腰围	臀围	肩宽	领围	袖长
135	92	72	96	39	37	45

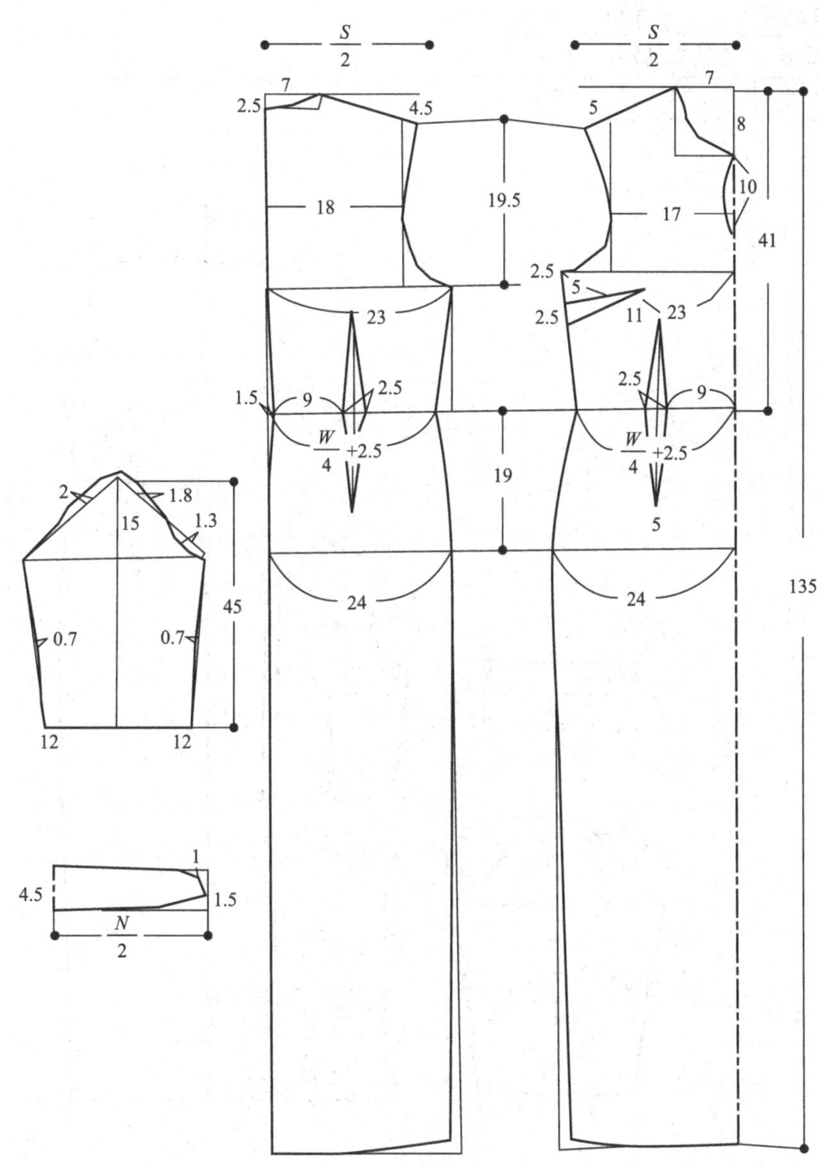

滚边绸缎类旗袍

成品规格　　　　　　　　　　　　　　　单位：cm

衣长	胸围	腰围	臀围	肩宽	领围
135	90	72	96	36	37

成品规格　　　　　　　单位：cm

衣长	胸围	肩宽	袖长
45	90	40	53

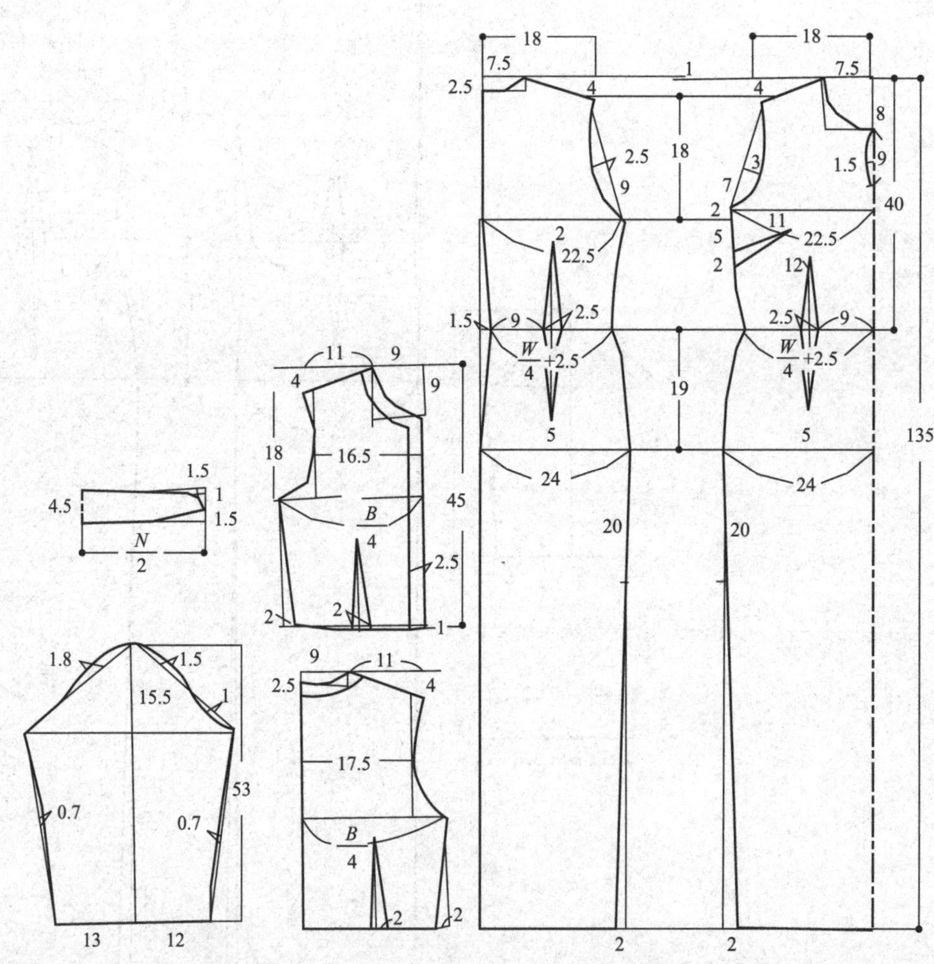

彩缎类宽松袖旗袍

成品规格　　　　　　　　　　　　　　　　　　　　单位：cm

衣长	胸围	腰围	臀围	肩宽	领围	袖长
143	92	74	96	40	38	62

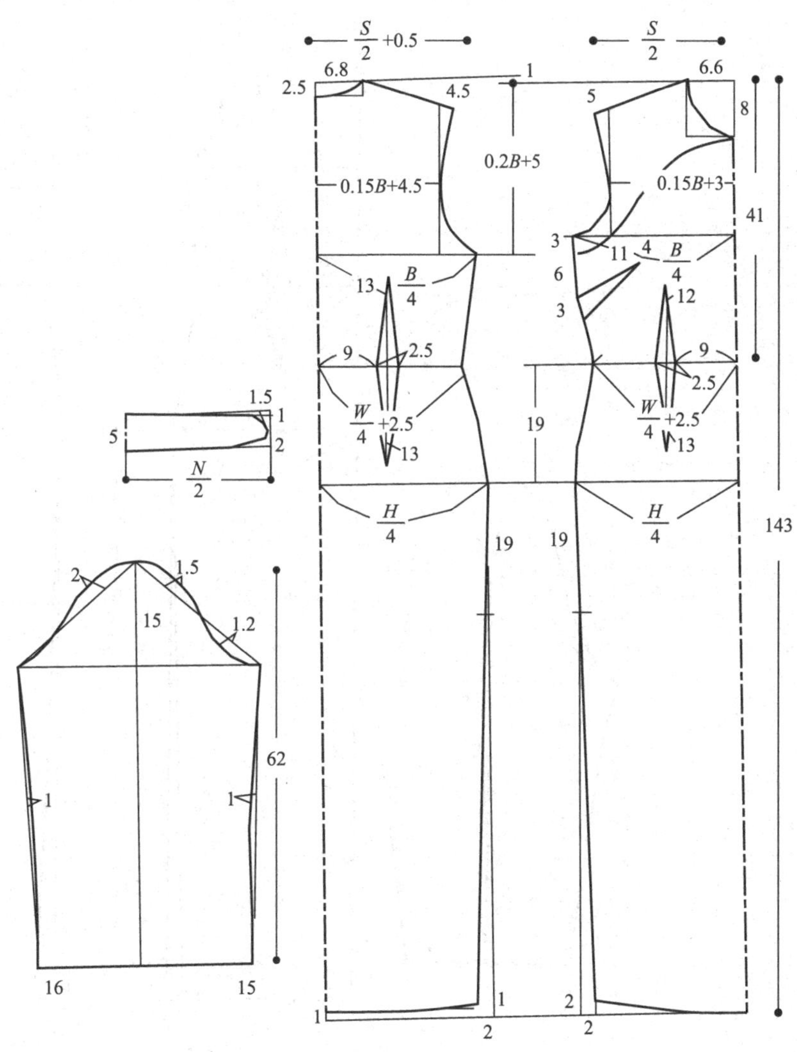

纽襻类红色缎面旗袍

成品规格　　　　　　　　　　　　　　　　　　单位：cm

衣长	胸围	腰围	臀围	肩宽	领围	袖长
135	92	72	96	39	38	52

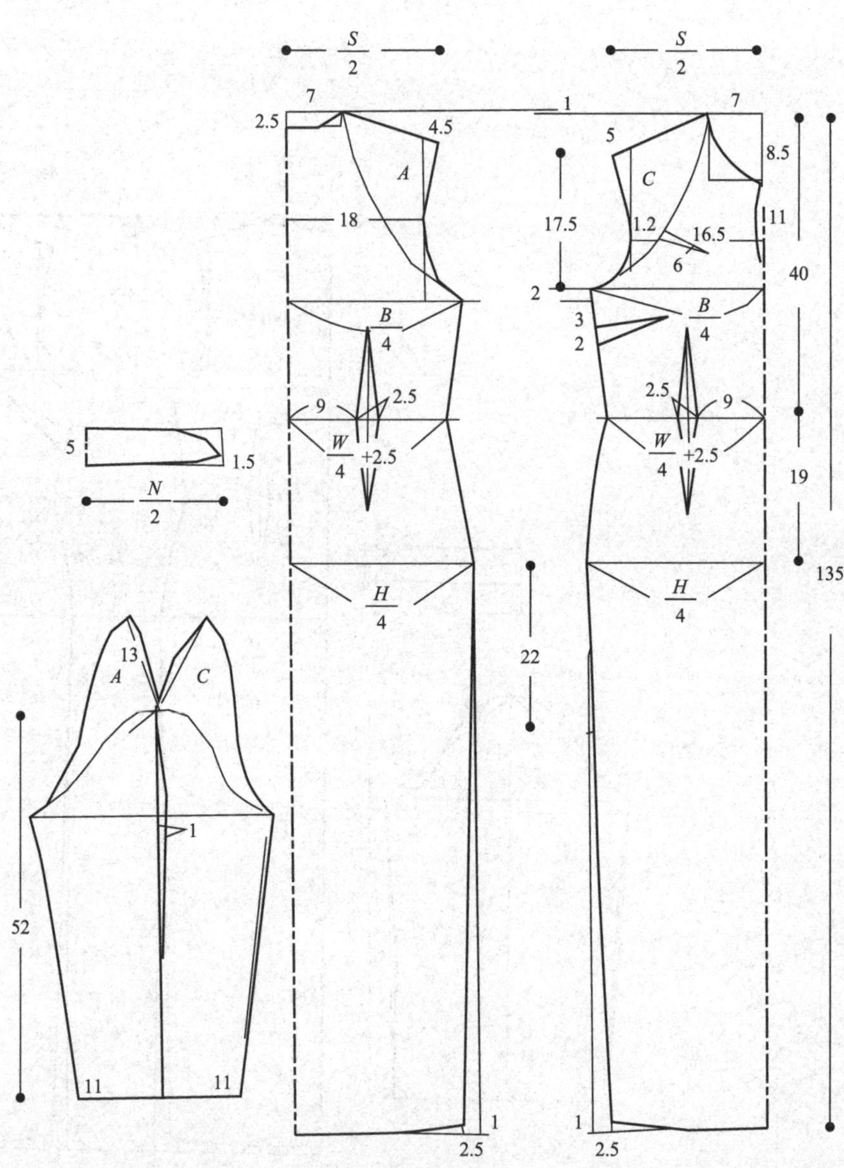

起肩长袖旗袍

成品规格　　　　　　　　　　　　　　　　单位：cm

衣长	胸围	腰围	臀围	肩宽	领围	袖长
135	92	72	96	39	38	53

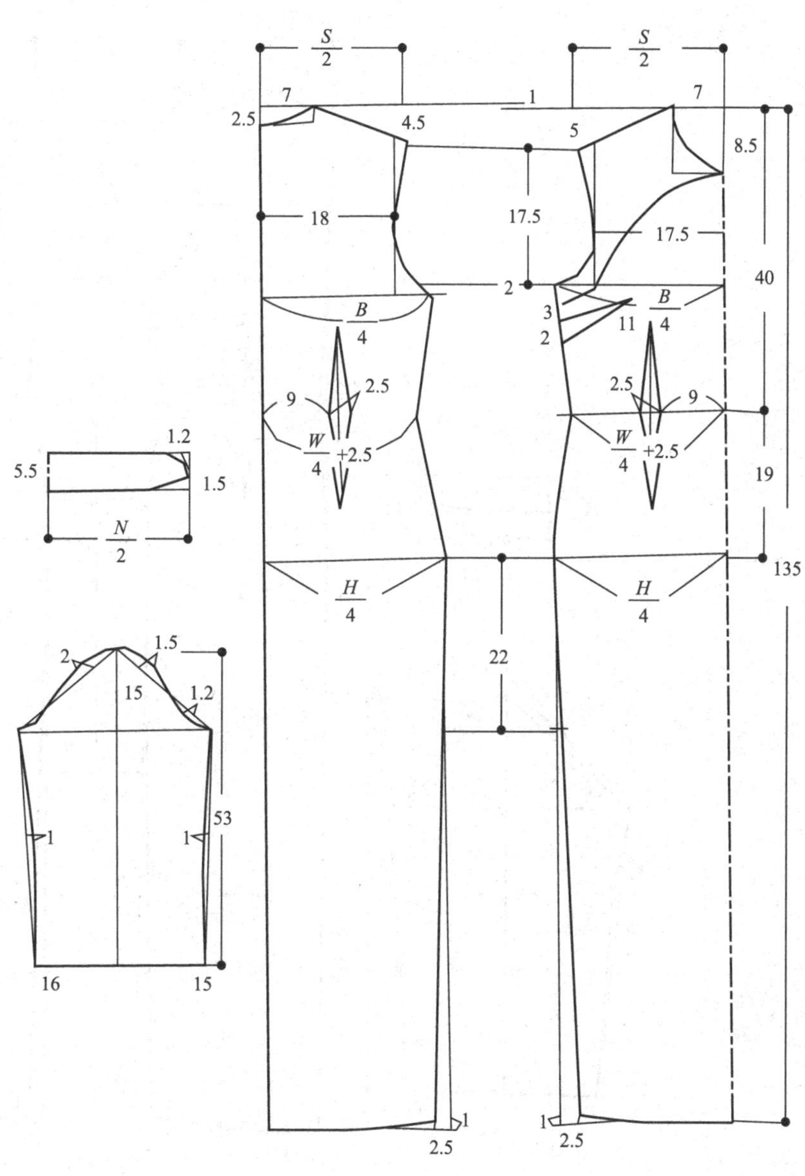

印花缎面旗袍

成品规格　　　　　　　　　　　　　　　　　　　　单位：cm

衣长	胸围	腰围	臀围	肩宽	领围	袖长
135	92	72	96	39	38	53

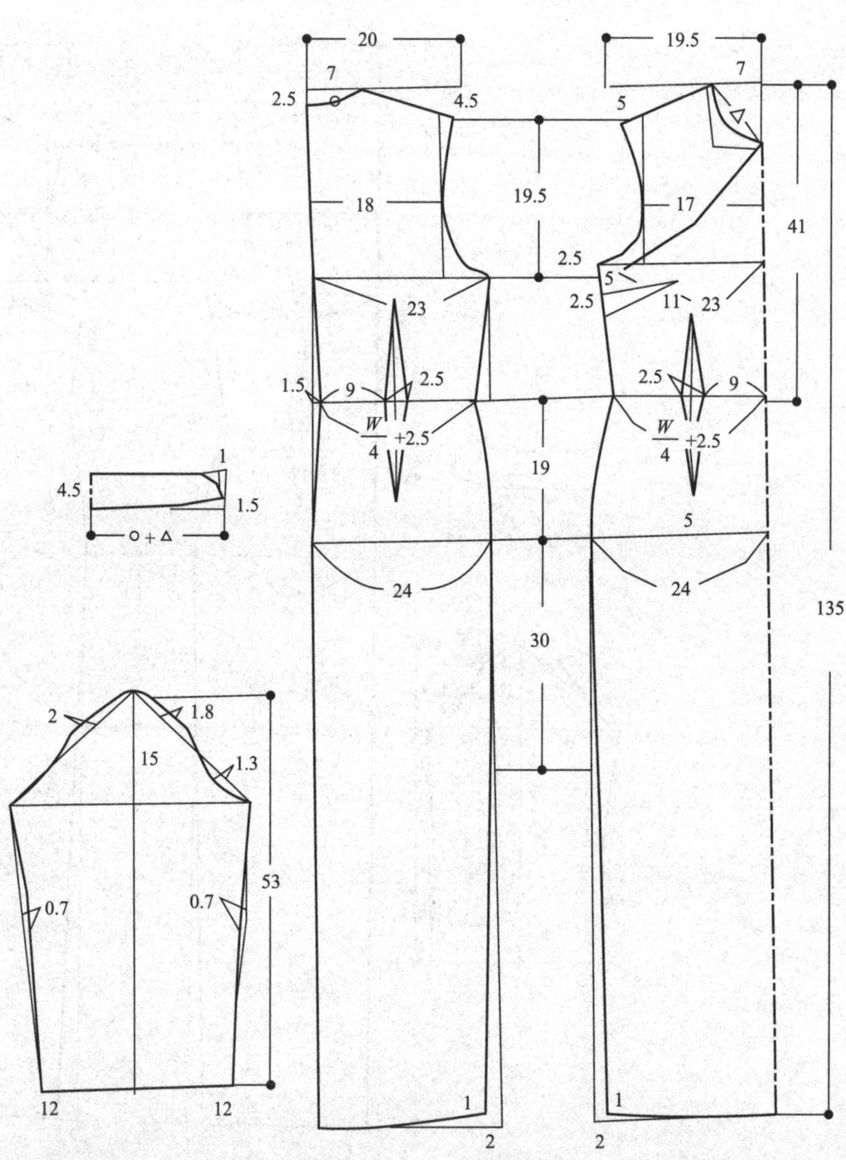

纽襻类棉布旗袍

成品规格　　　　　　　　　　　　　单位：cm

衣长	胸围	腰围	臀围	肩宽	领围	袖长
128	90	72	96	38	38	52

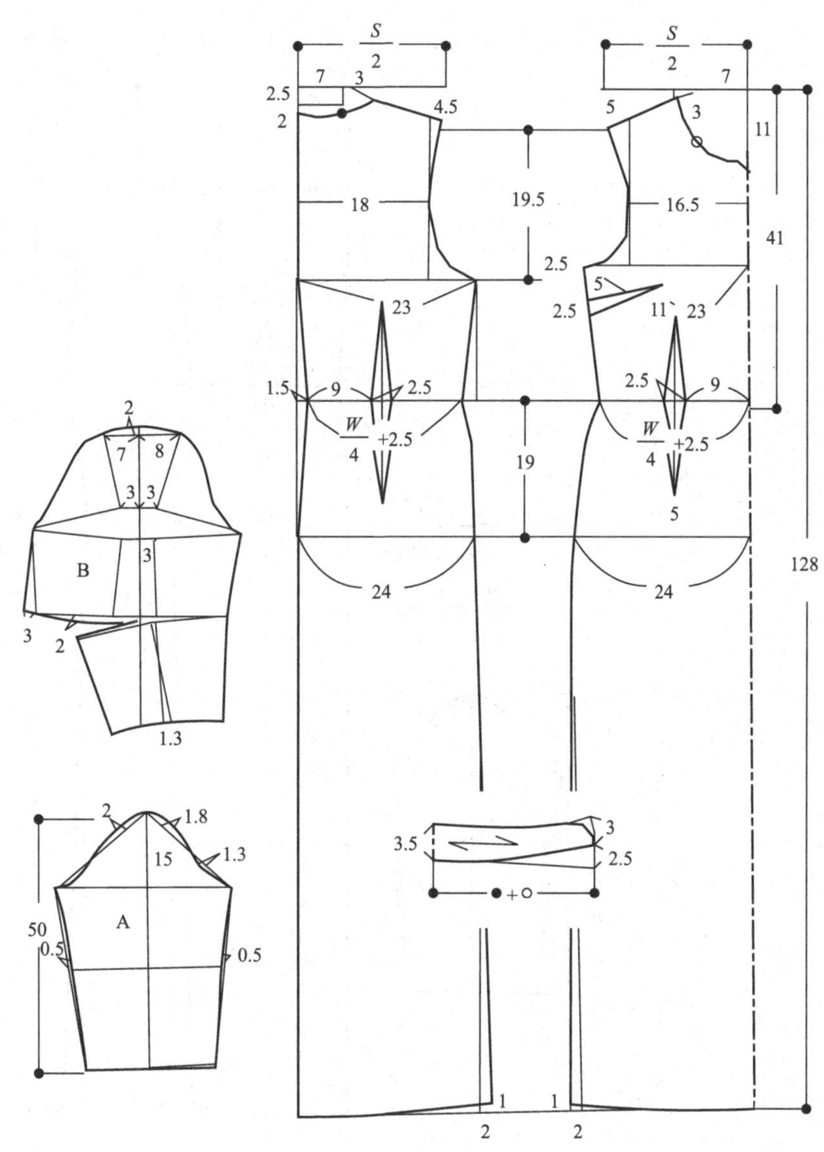

传统长袖旗袍

成品规格　　　　　　　　　　　　　　　　　　　　单位：cm

衣长	胸围	腰围	臀围	肩宽	领围	袖长
138	92	72	96	39	37	58

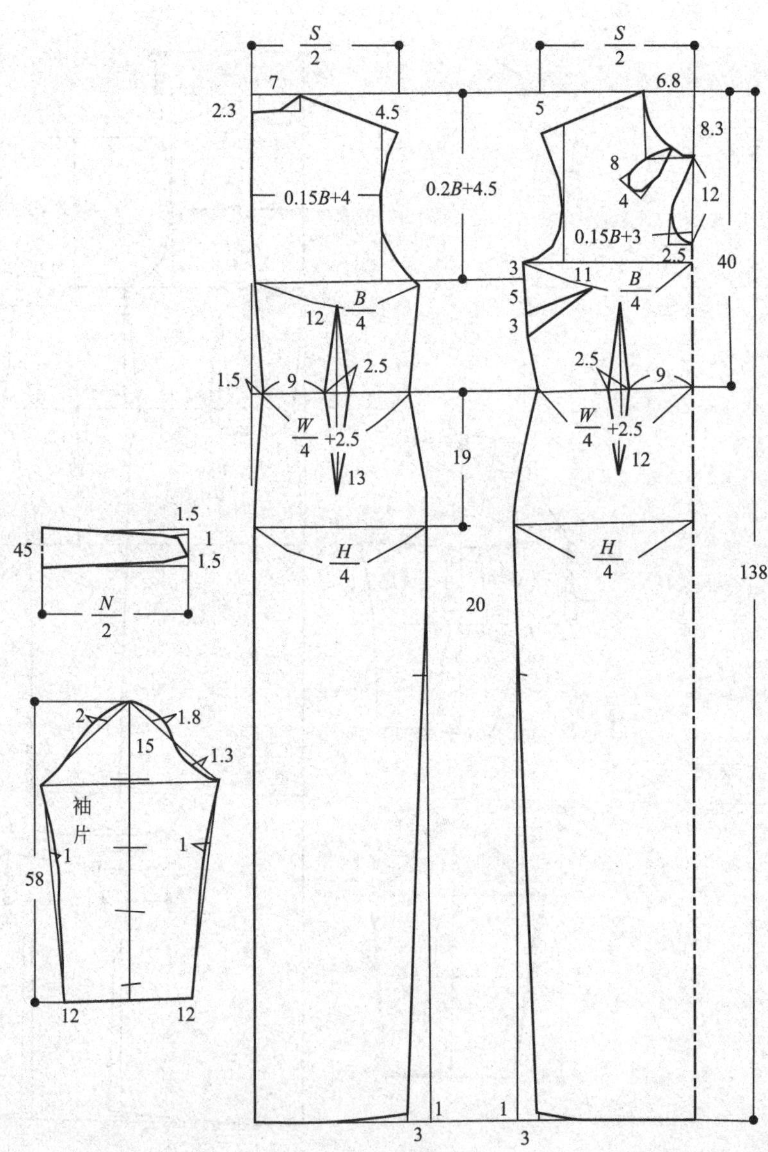

装饰袖黑大绒旗袍

成品规格　　　　　　　　　　　　　　　　单位：cm

衣长	胸围	腰围	臀围	肩宽	领围	袖长
140	92	72	96	39	37	55

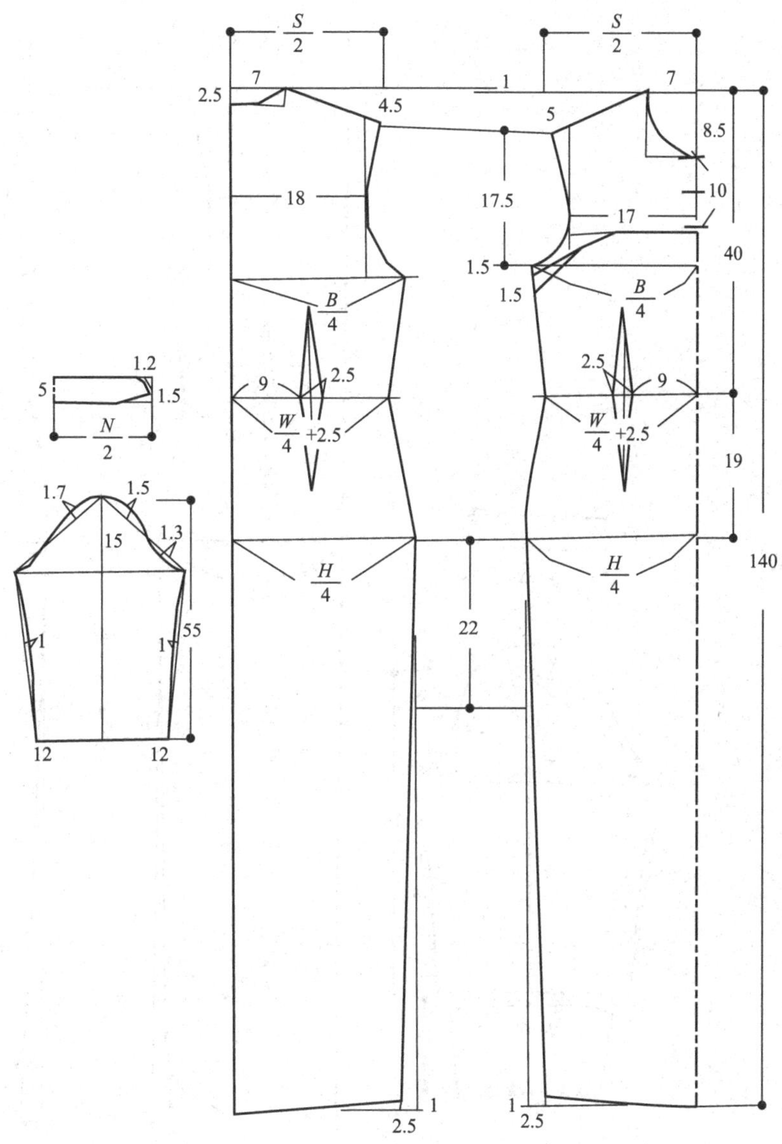

深紫色大绒旗袍

成品规格 单位：cm

衣长	胸围	腰围	臀围	肩宽	领围	袖长
130	92	72	96	39	36	55

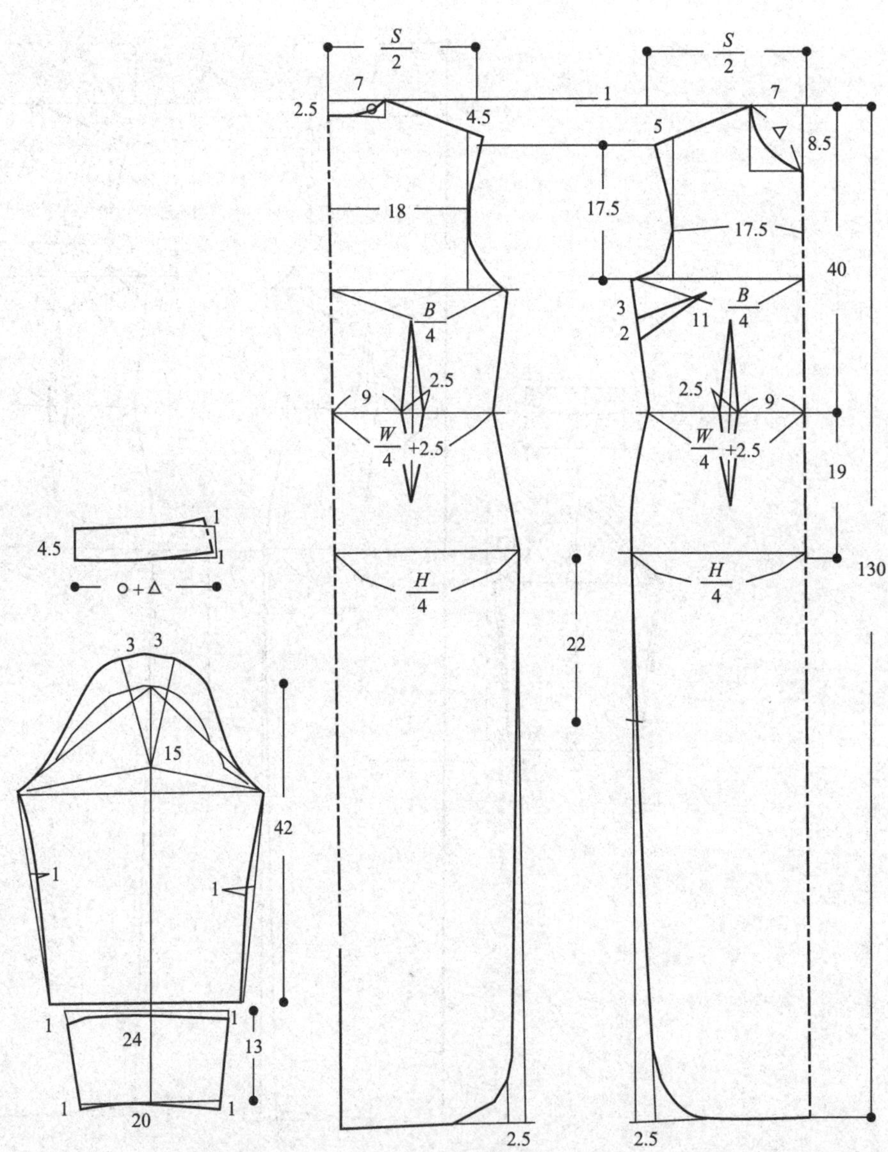

黑大绒圆翘边旗袍

成品规格　　　　　　　　　　单位：cm

衣长	胸围	腰围	臀围	肩宽	领围	袖长
140	92	72	96	40	37	56

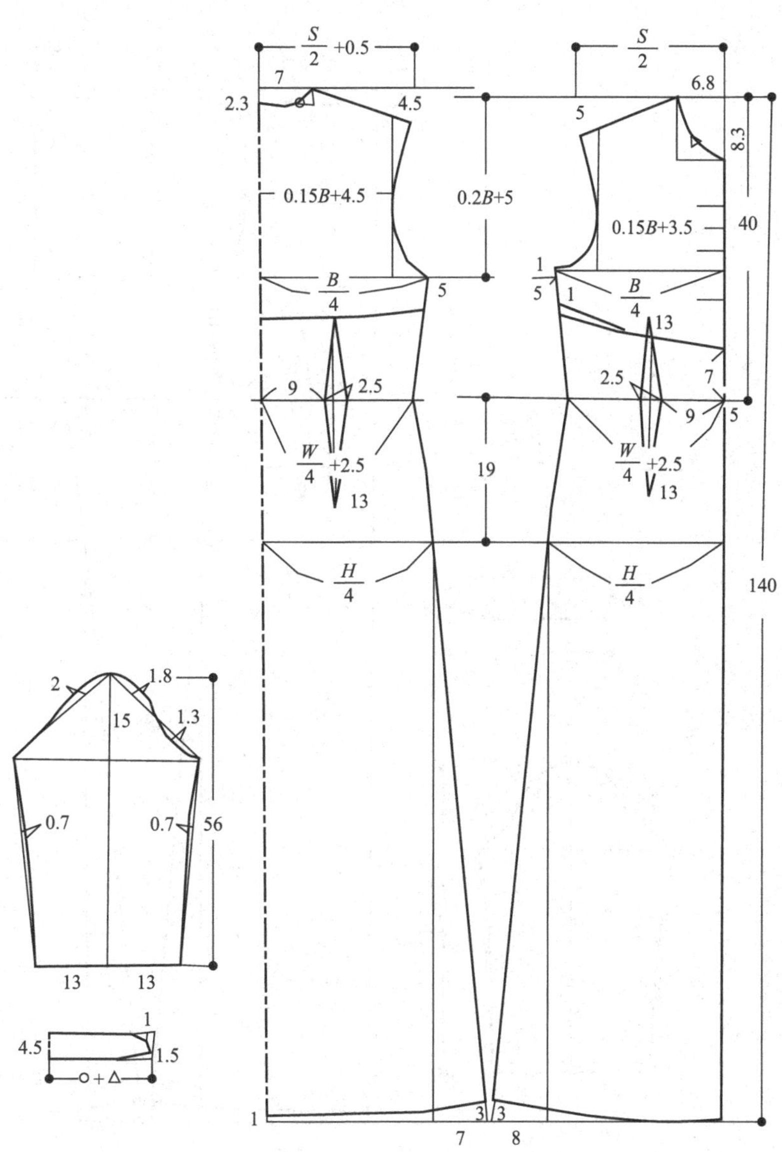

小立领宽松类旗袍

成品规格　　　　　　　　　　　　　　　单位：cm

衣长	胸围	腰围	臀围	肩宽	领围	袖长
140	92	72	96	40	37	55

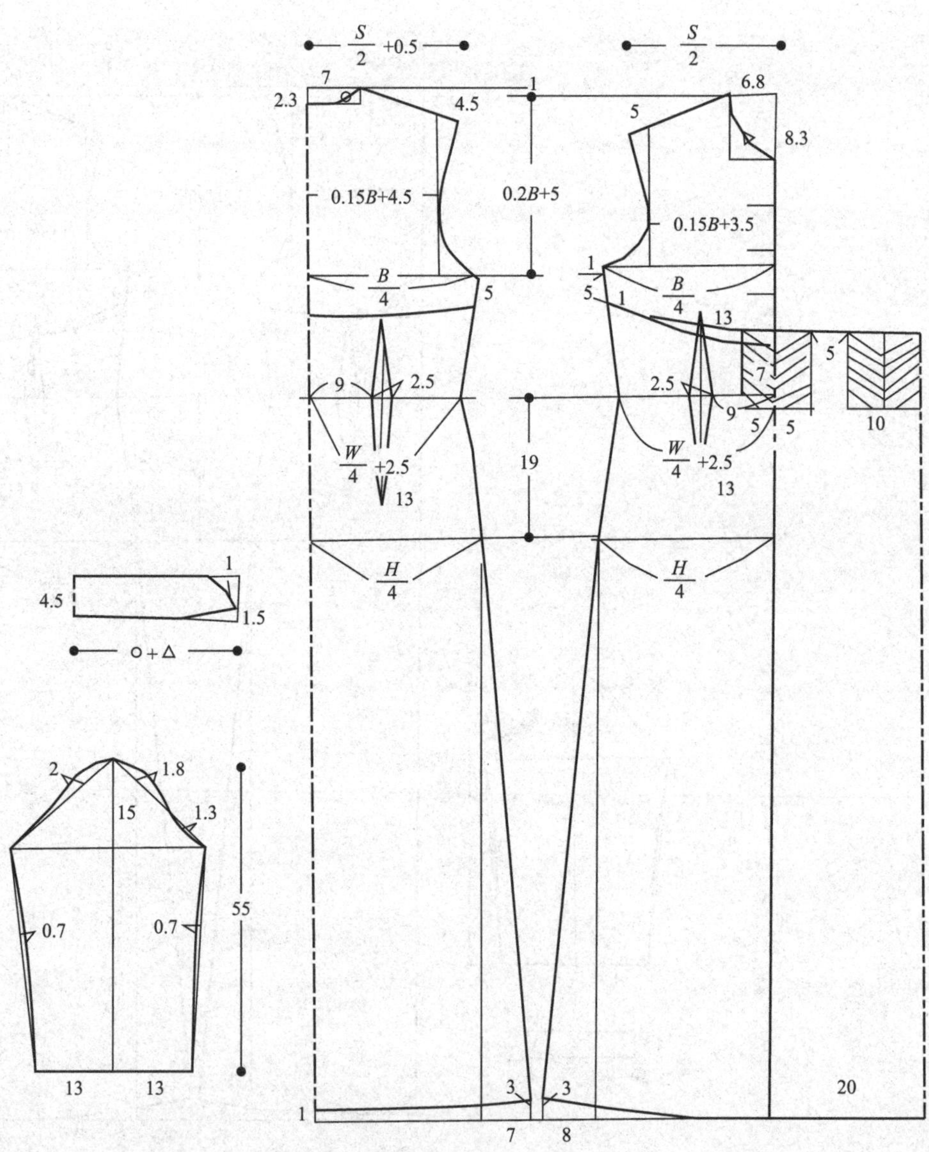

长袖宽松旗袍

成品规格　　　　　　　　　　　　　　　　单位：cm

衣长	胸围	腰围	臀围	肩宽	领围	袖长
135	92	72	96	39	38	45

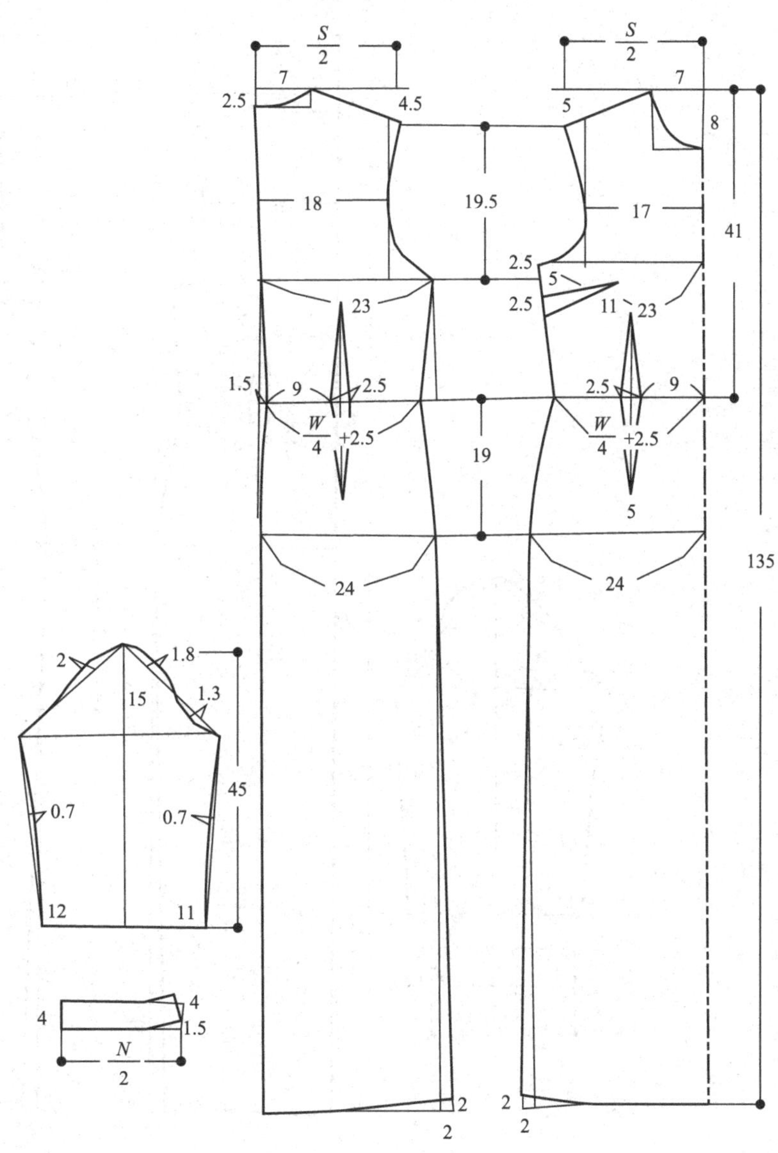

薄绸类拉锁旗袍

成品规格　　　　　　　　　　　　　　　　单位：cm

衣长	胸围	腰围	臀围	肩宽	领围	袖长
135	92	73	96	39	38	52

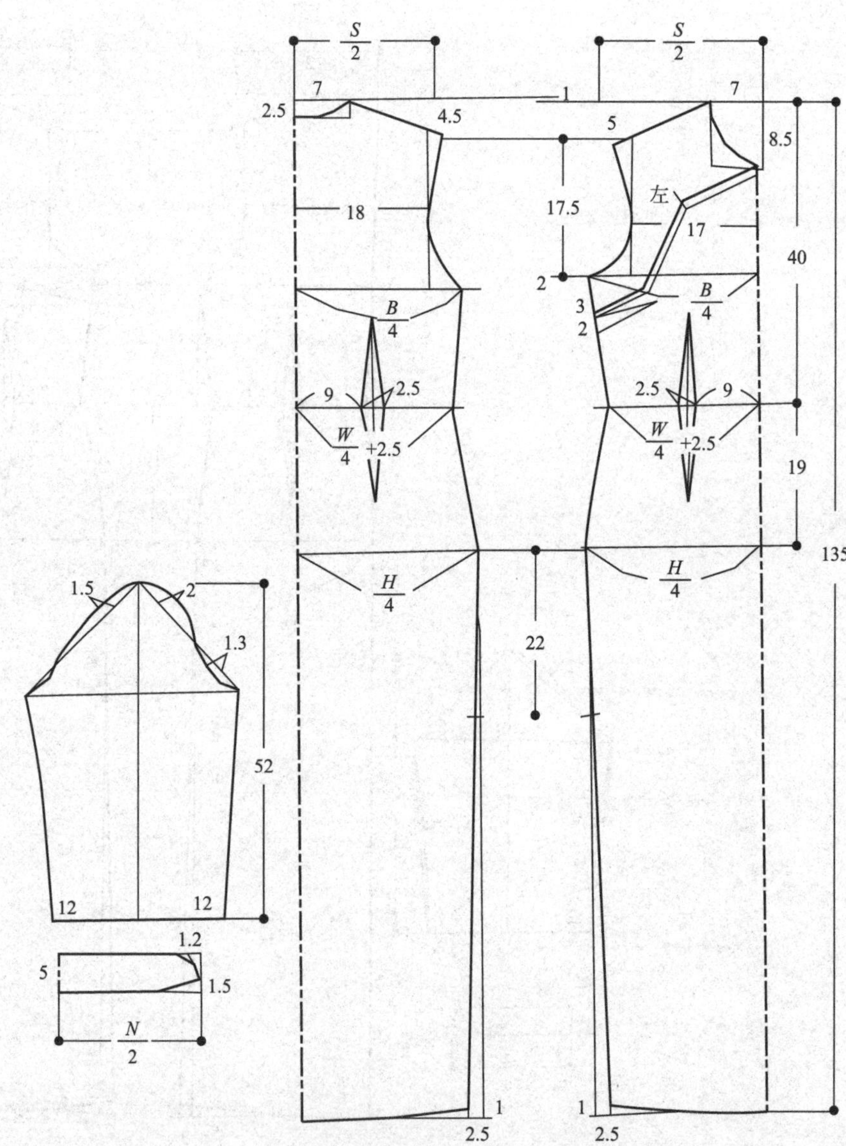

大绒印花类旗袍

成品规格　　　　　　　　　　　　　　　　　　单位：cm

衣长	胸围	腰围	臀围	肩宽	领围	袖长
140	94	74	98	40	38	40

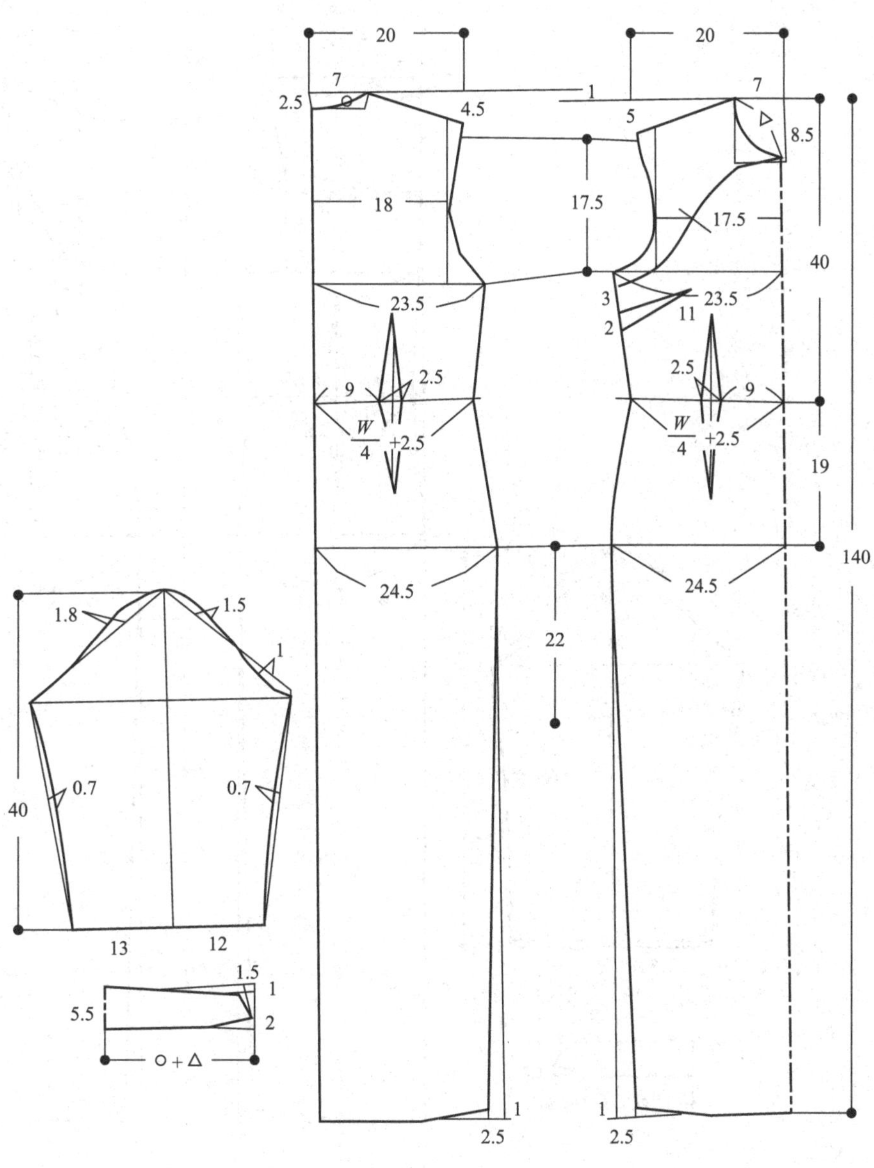

印类花大绒旗袍

成品规格　　　　　　　　　　　　　　单位：cm

衣长	胸围	腰围	臀围	肩宽	领围	袖长
135	92	72	96	39	37	50

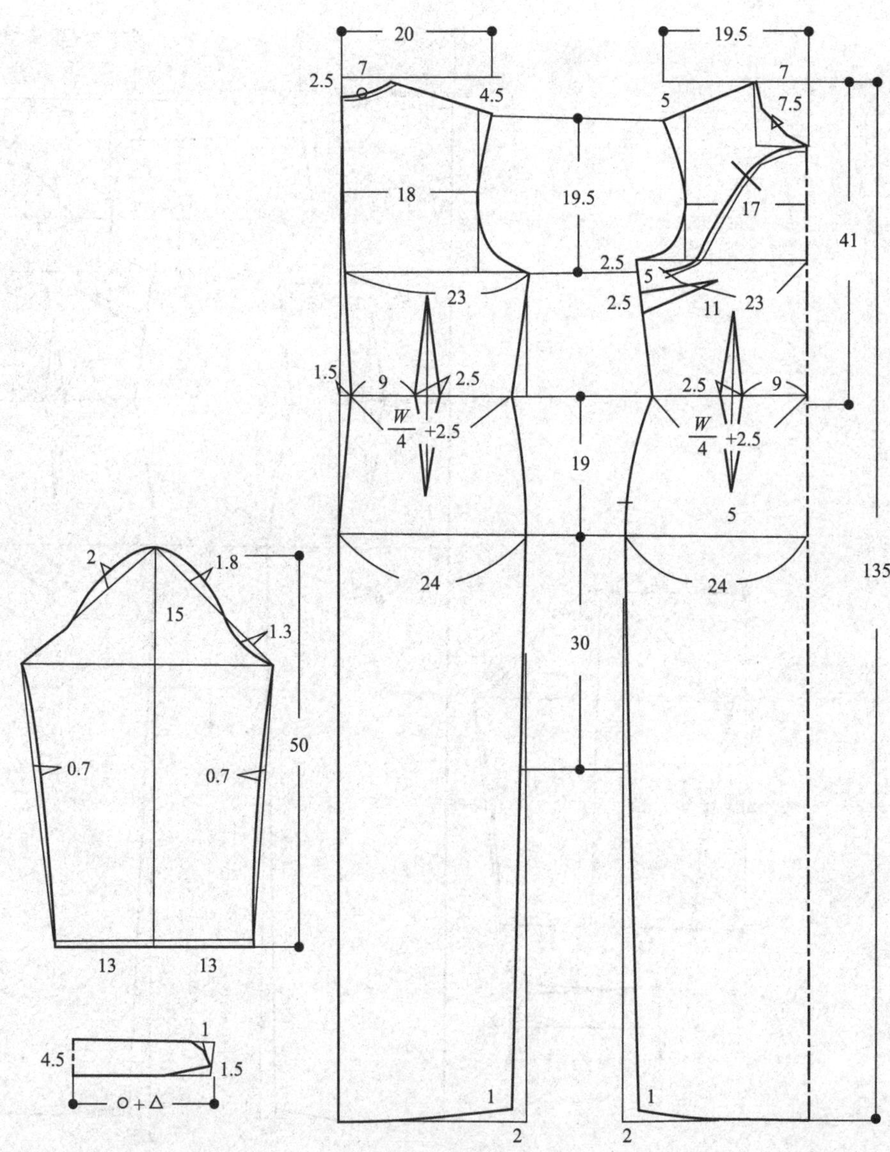

蜡染面料旗袍

成品规格　　　　　　　　　　　　　　　　单位：cm

衣长	胸围	腰围	臀围	肩宽	领围	袖长
135	94	74	98	40	38	54

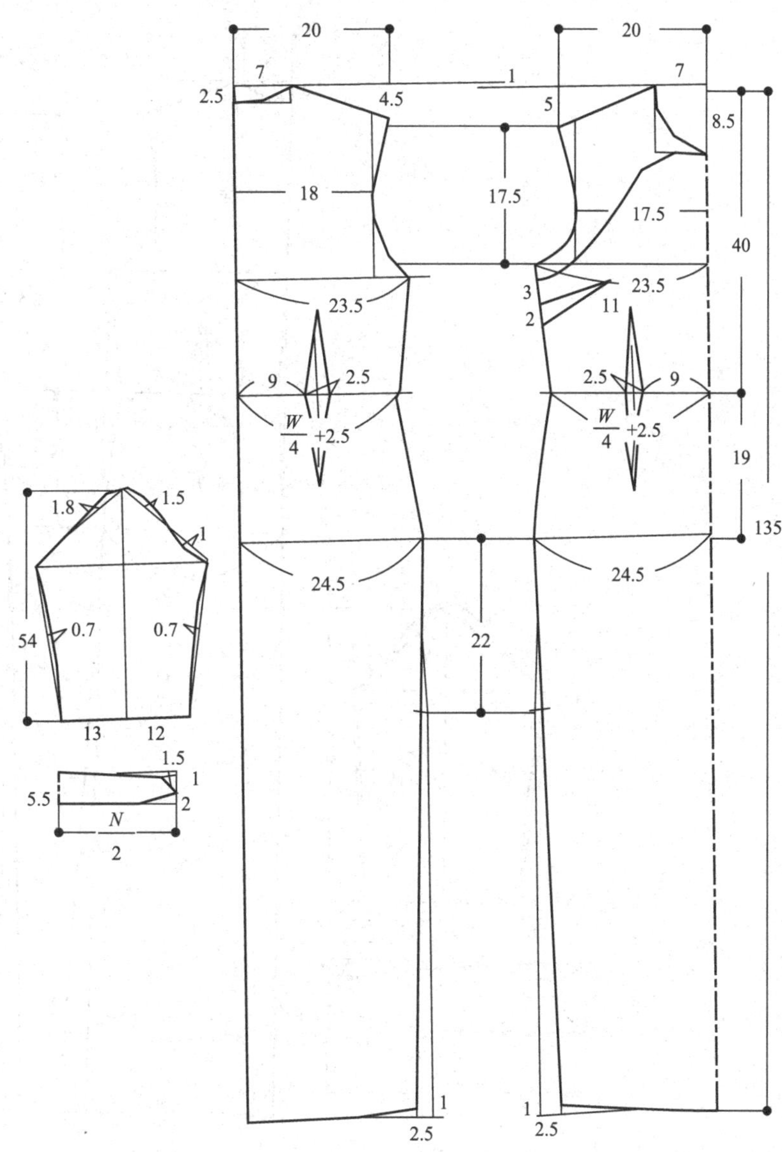

偏襟绸缎类旗袍

成品规格　　　　　　　　　　　　　　　　单位：cm

衣长	胸围	腰围	臀围	肩宽	领围	袖长
130	92	72	96	39	37	50

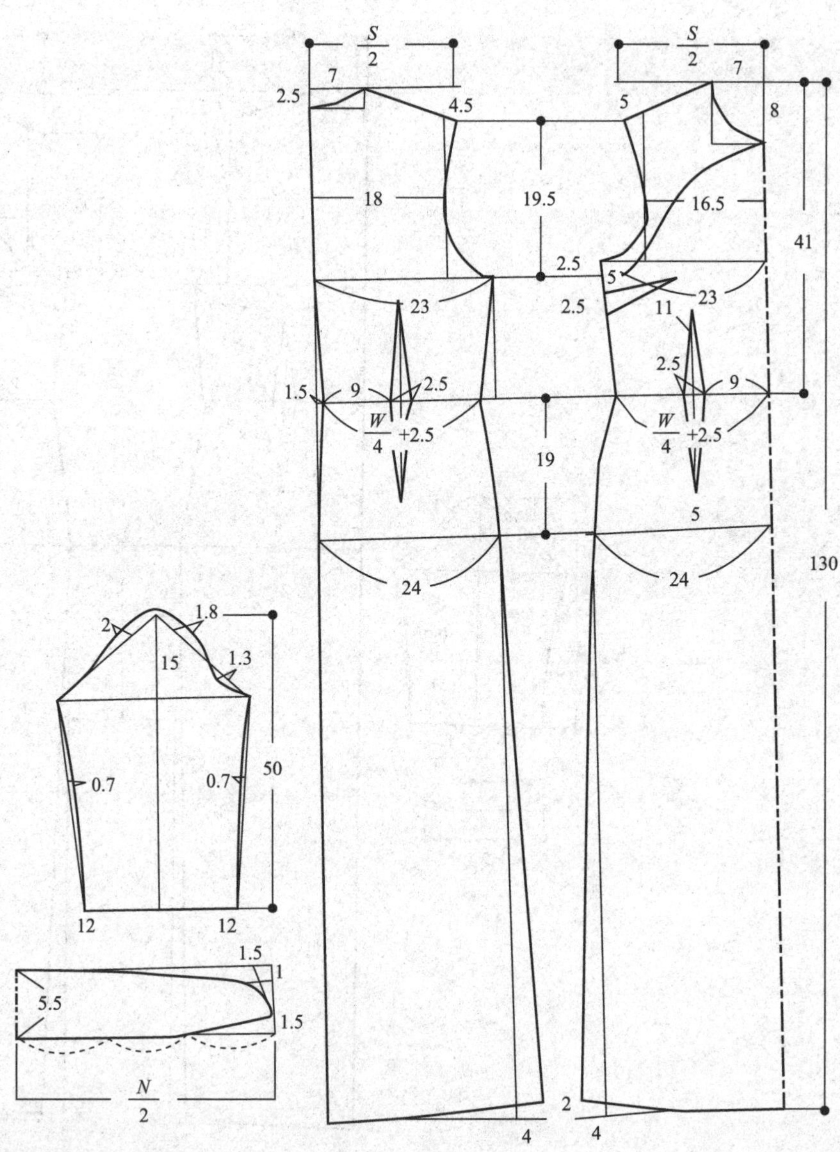

无领长袖旗袍

成品规格　　　　　　　　　　　　　单位：cm

衣长	胸围	腰围	臀围	肩宽	领围	袖长
135	92	72	96	39	38	55

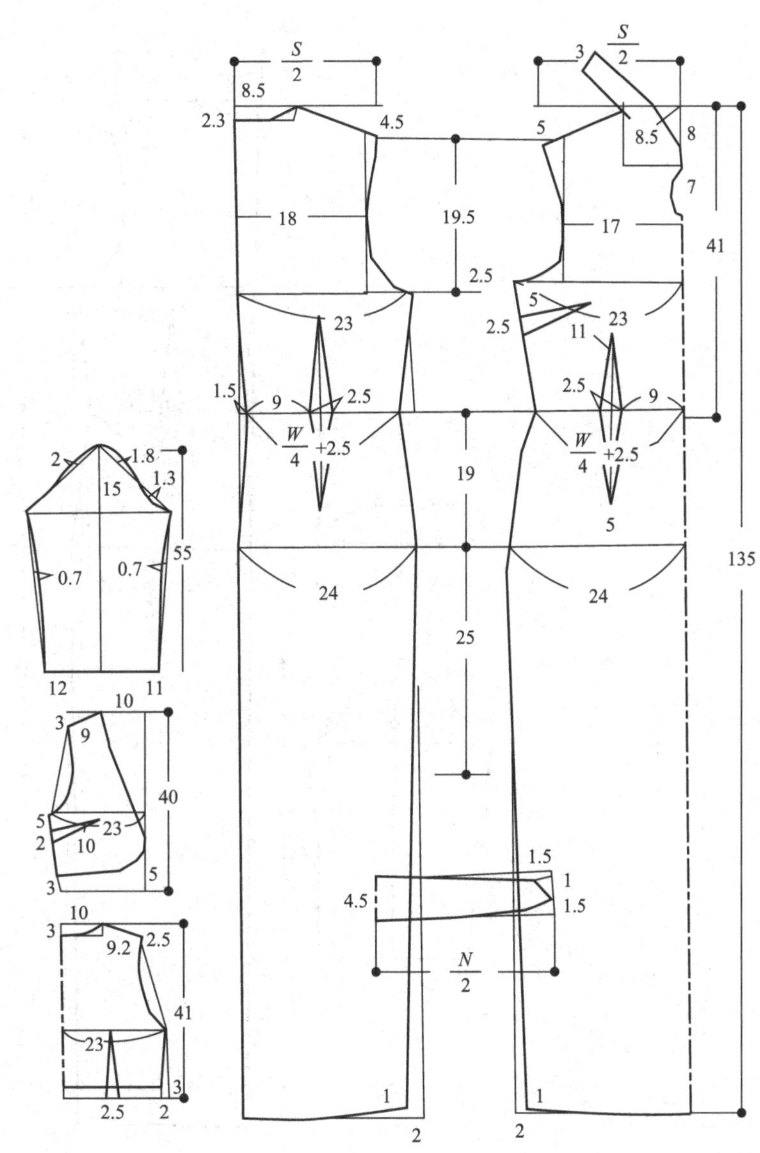

镂空领旗袍两件套

成品规格　　　　　　　　　　　　　　　　　单位：cm

衣长	胸围	腰围	臀围	肩宽	领围	袖长
135	92	72	96	39	38	55

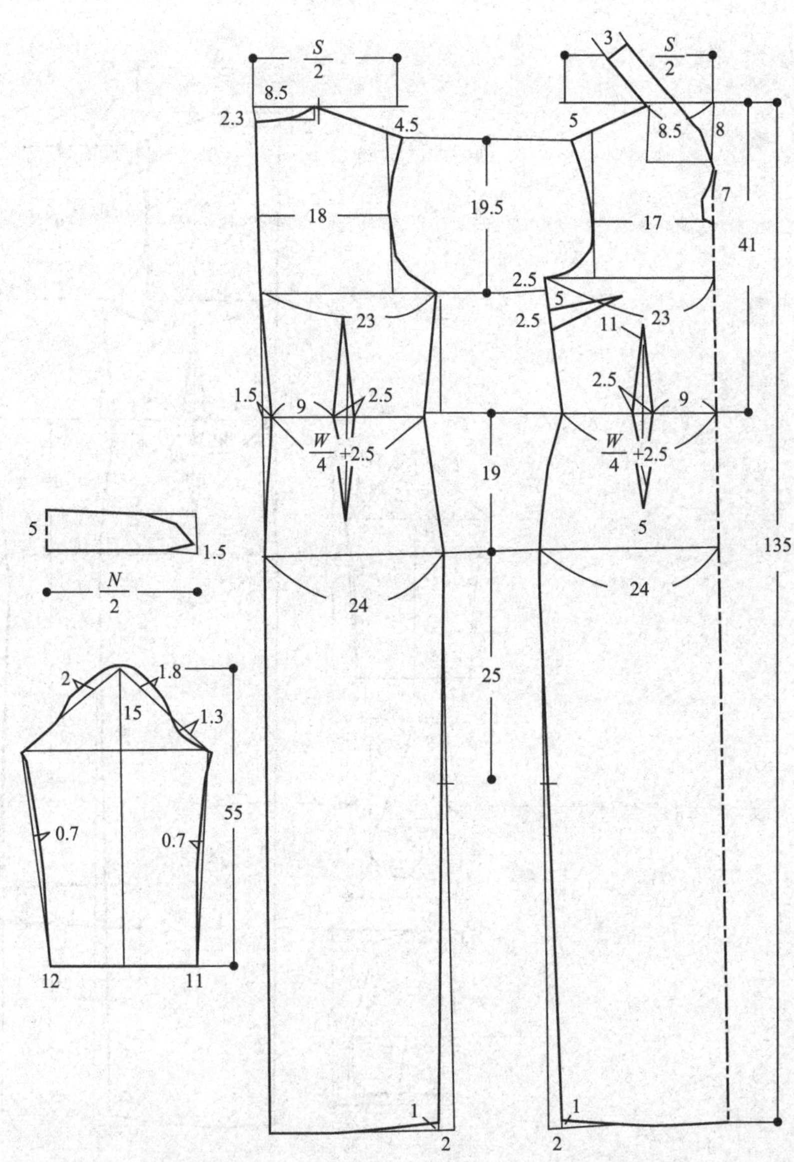

V领黑大绒旗袍

成品规格 单位：cm

衣长	胸围	腰围	臀围	肩宽	领围	袖长
135	92	72	96	40	38	49

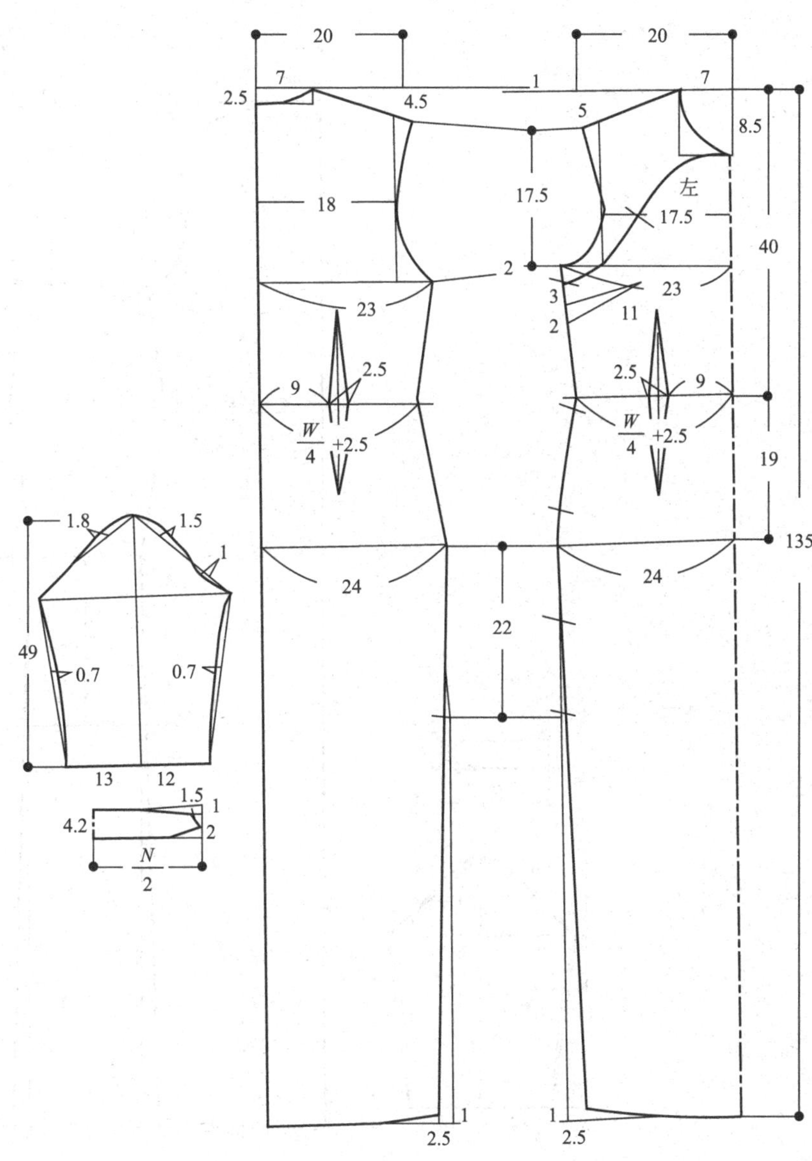

纽襻类偏襟旗袍

成品规格　　　　　　　　　　　　　单位：cm

衣长	胸围	腰围	臀围	肩宽	领围	袖长
135	92	72	96	40	38	45

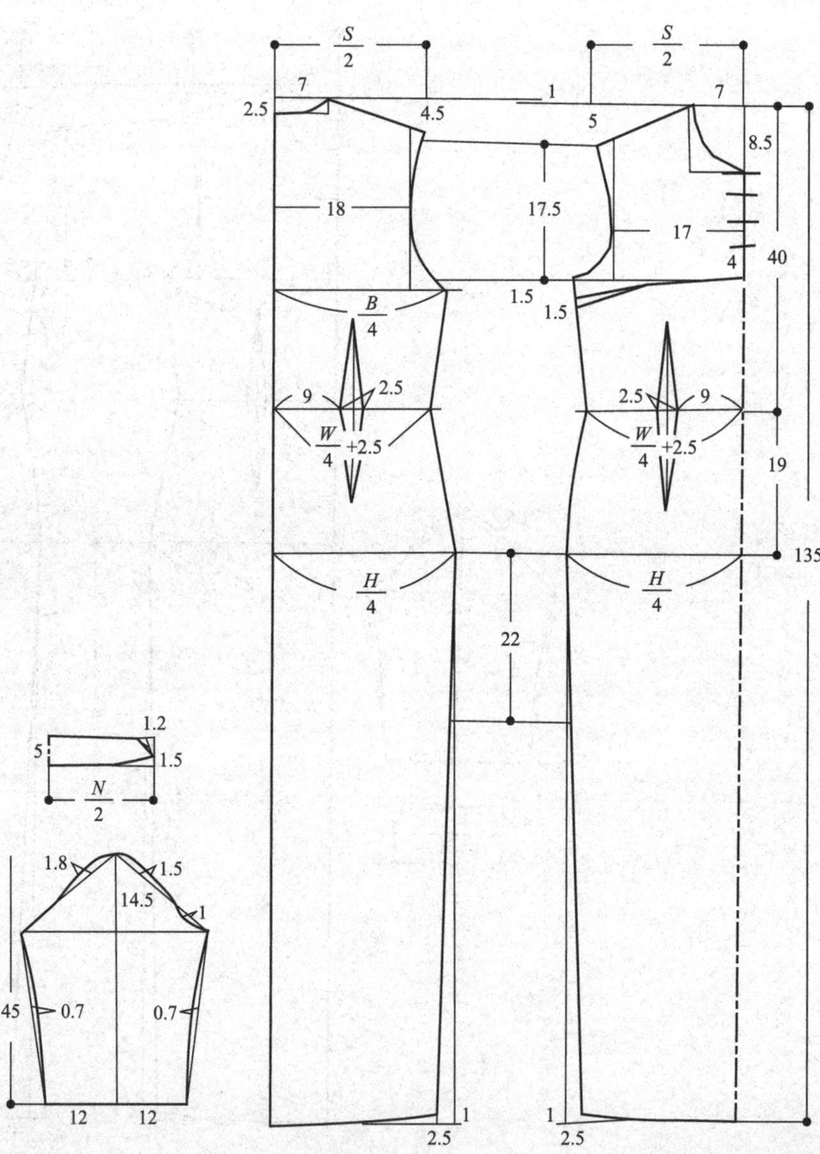

滚边绸缎旗袍

成品规格　　　　　　　　　　　　单位：cm

衣长	胸围	腰围	臀围	肩宽	领围	袖长
135	92	72	96	39	38	45

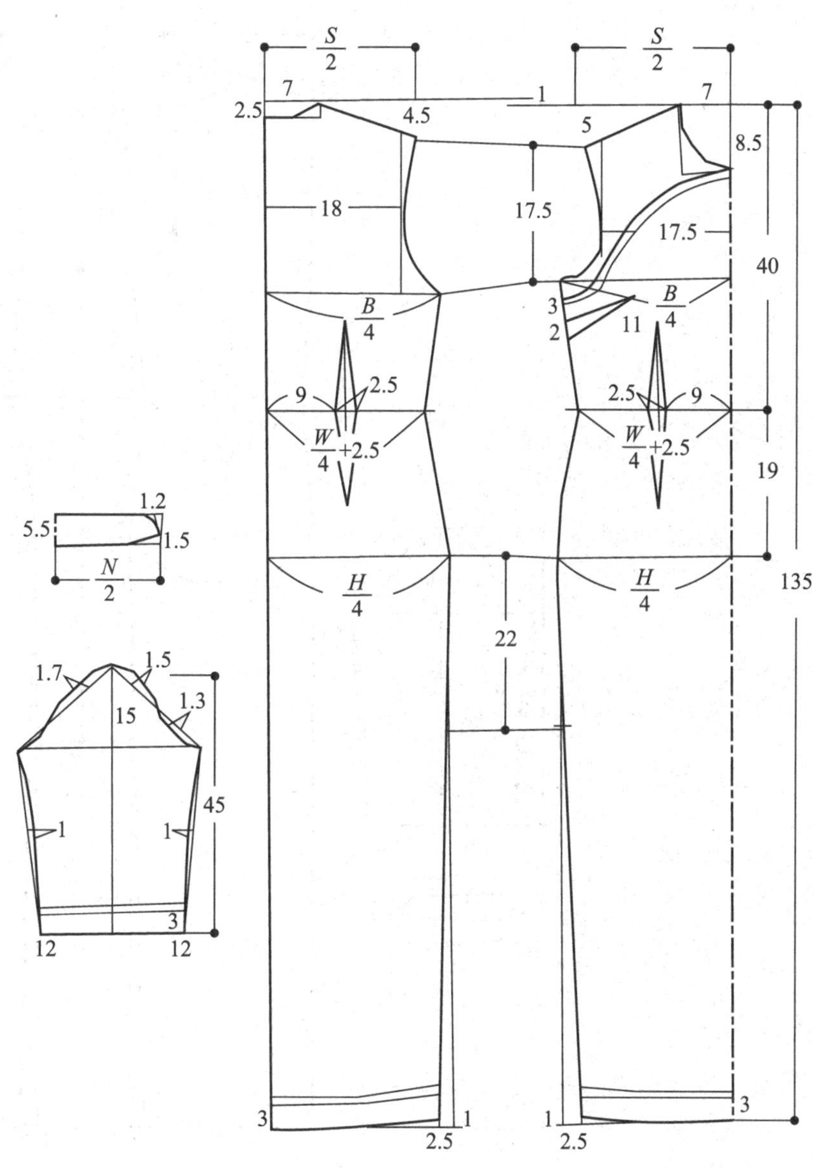

装饰边偏襟旗袍

成品规格　　　　　　　　　　　　　　　　　　　单位：cm

衣长	胸围	腰围	臀围	肩宽	领围	袖长
140	92	72	96	40	38	50

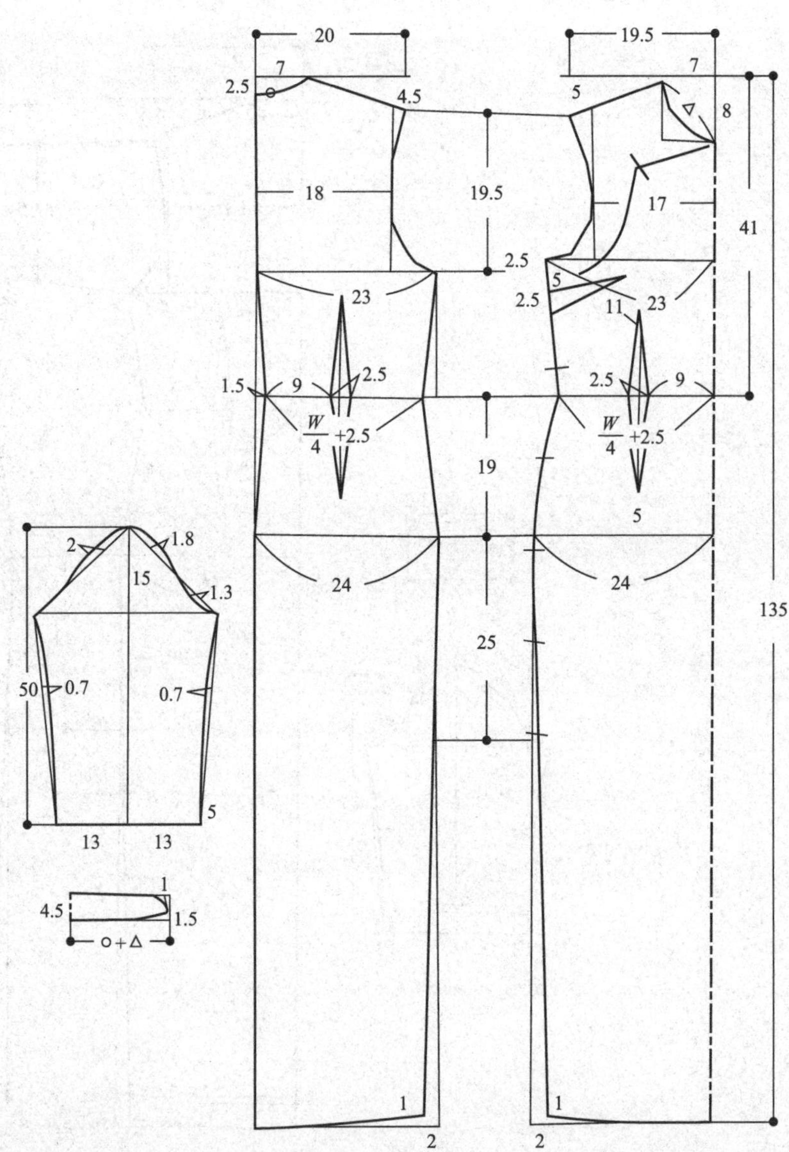

偏襟格子面料旗袍

成品规格　　　　　　　　　　　　　　单位：cm

衣长	胸围	腰围	臀围	肩宽	领围	袖长
135	92	72	96	39	38	47

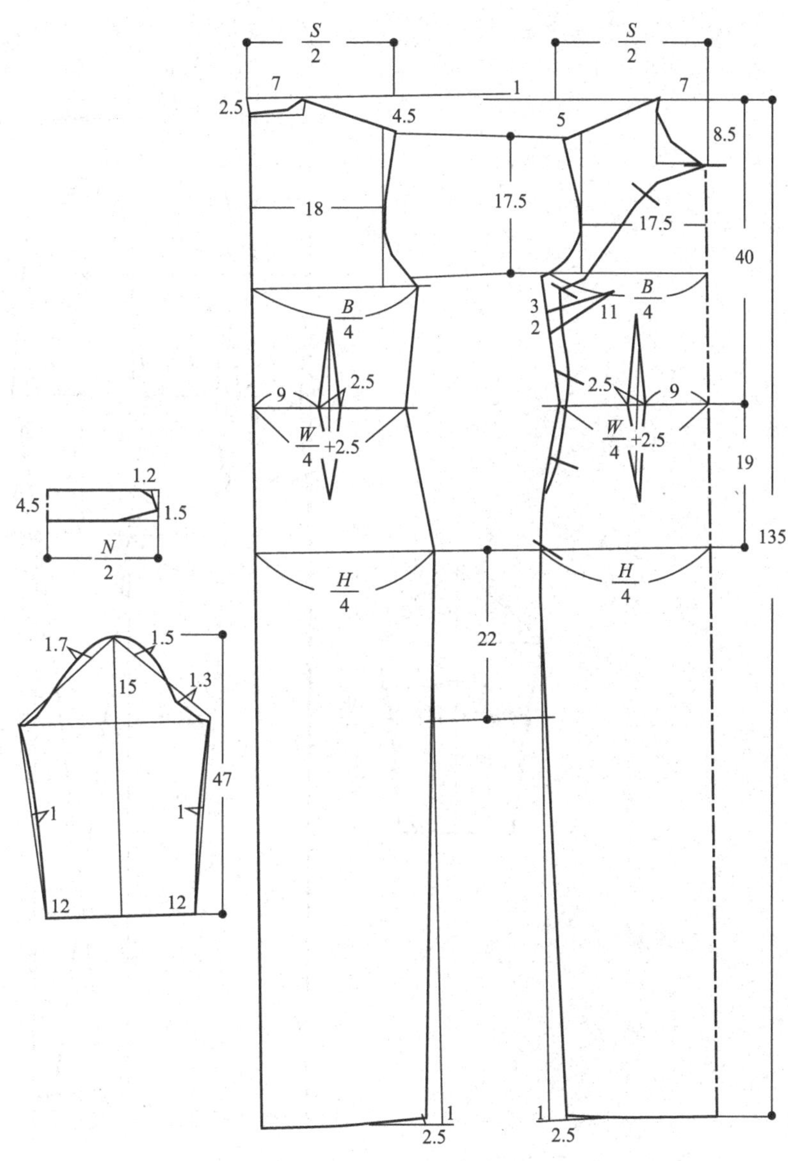

棉麻类偏襟旗袍

成品规格　　　　　　　　　　　　　　　　单位：cm

衣长	胸围	腰围	臀围	肩宽	领围	袖长
140	90	72	96	39	38	50

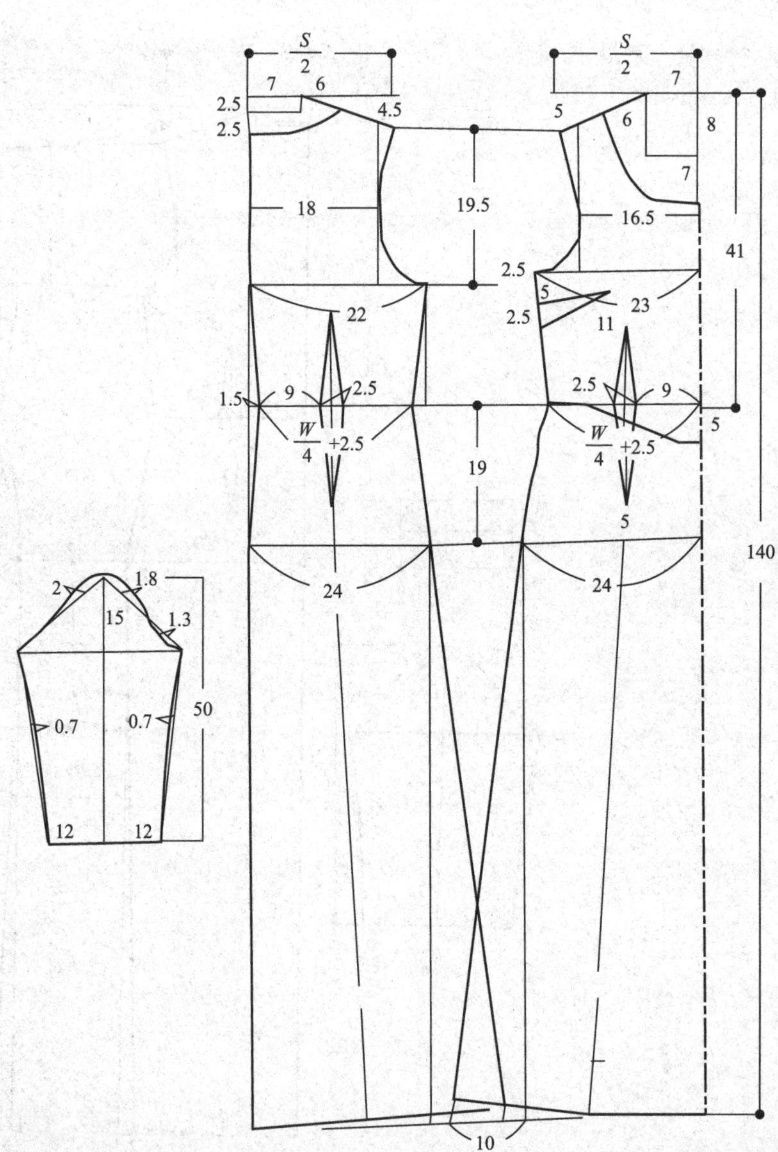

无领散摆旗袍

成品规格　　　　　　　　　　　　　　　　单位：cm

衣长	胸围	腰围	臀围	肩宽	领围	袖长
140	90	72	96	39	37	55

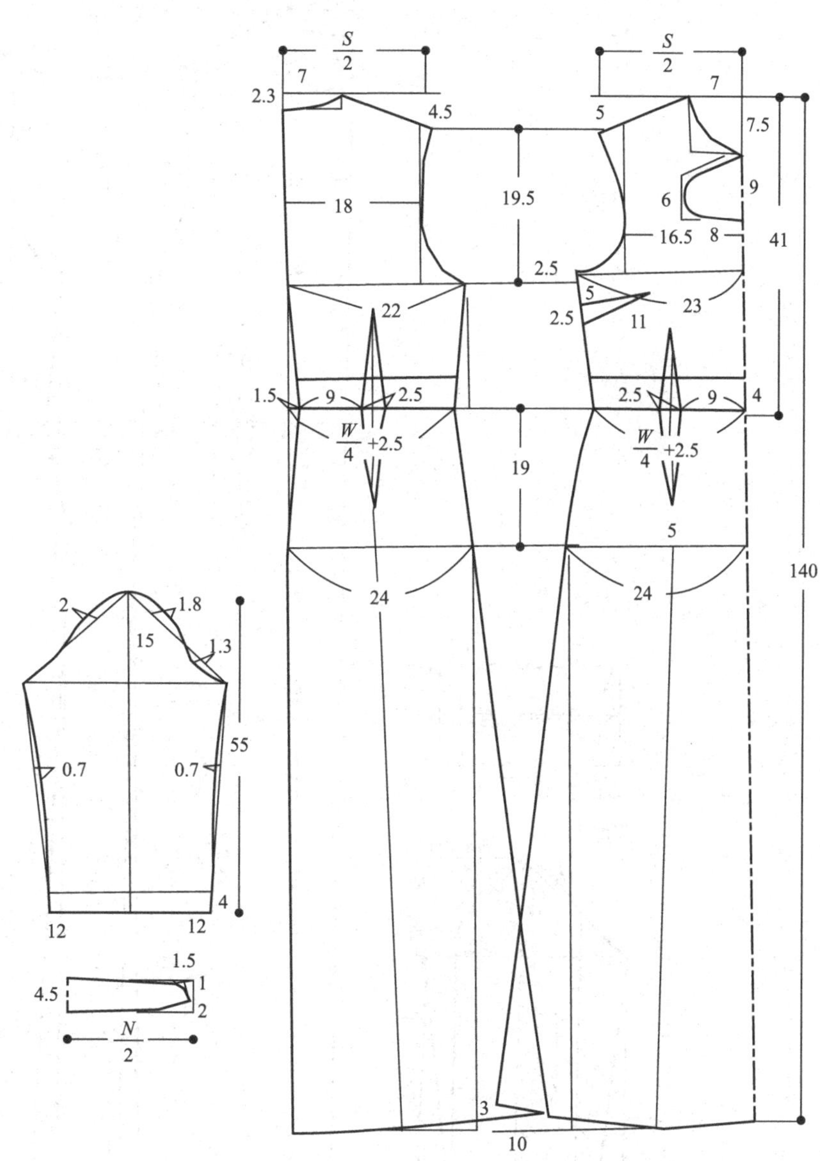

镂空领散摆旗袍

成品规格　　　　　　　　　　　　　　单位：cm

衣长	胸围	肩宽	袖长	领围	腰围	臀围
150	82	39	55	38	70	92

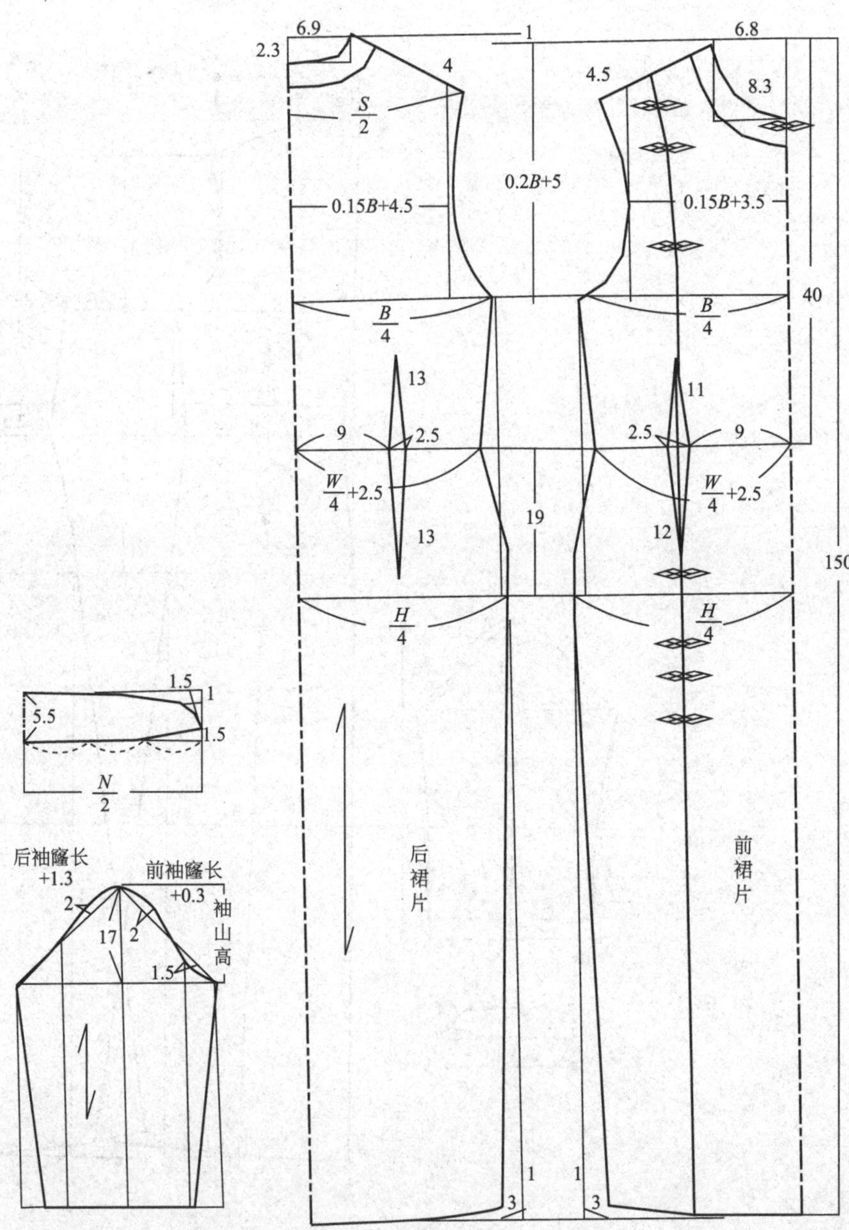

侧开衩纽襻旗袍

成品规格　　　　　　　　　　　　　　　　单位：cm

衣长	胸围	肩宽	袖长	领围	腰围	臀围
140	80	39	54	38	70	90

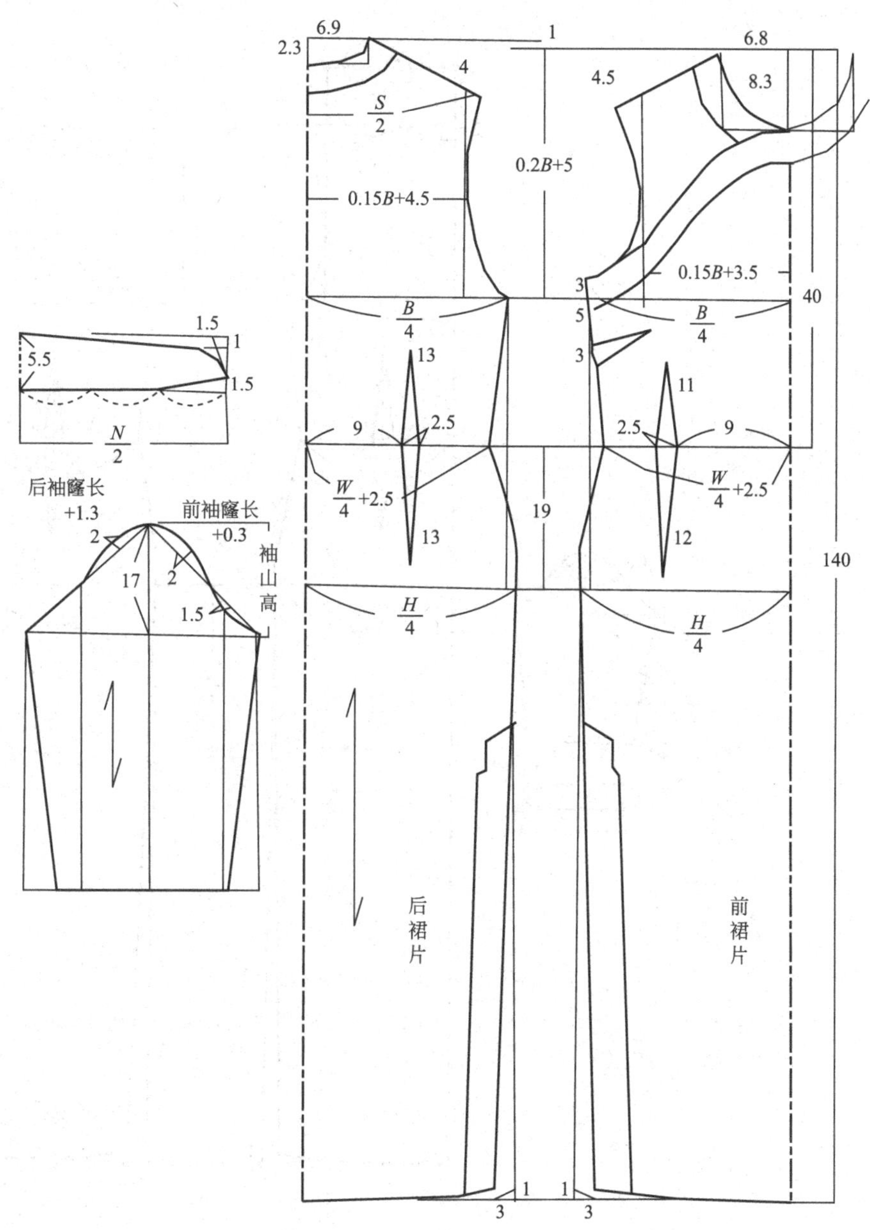

满族大襟宽松旗袍

成品规格　　　　　　　　　　　　　　　　　　　单位：cm

衣长	胸围	腰围	臀围	肩宽	领围	袖长
130	94	74	98	40	37	45

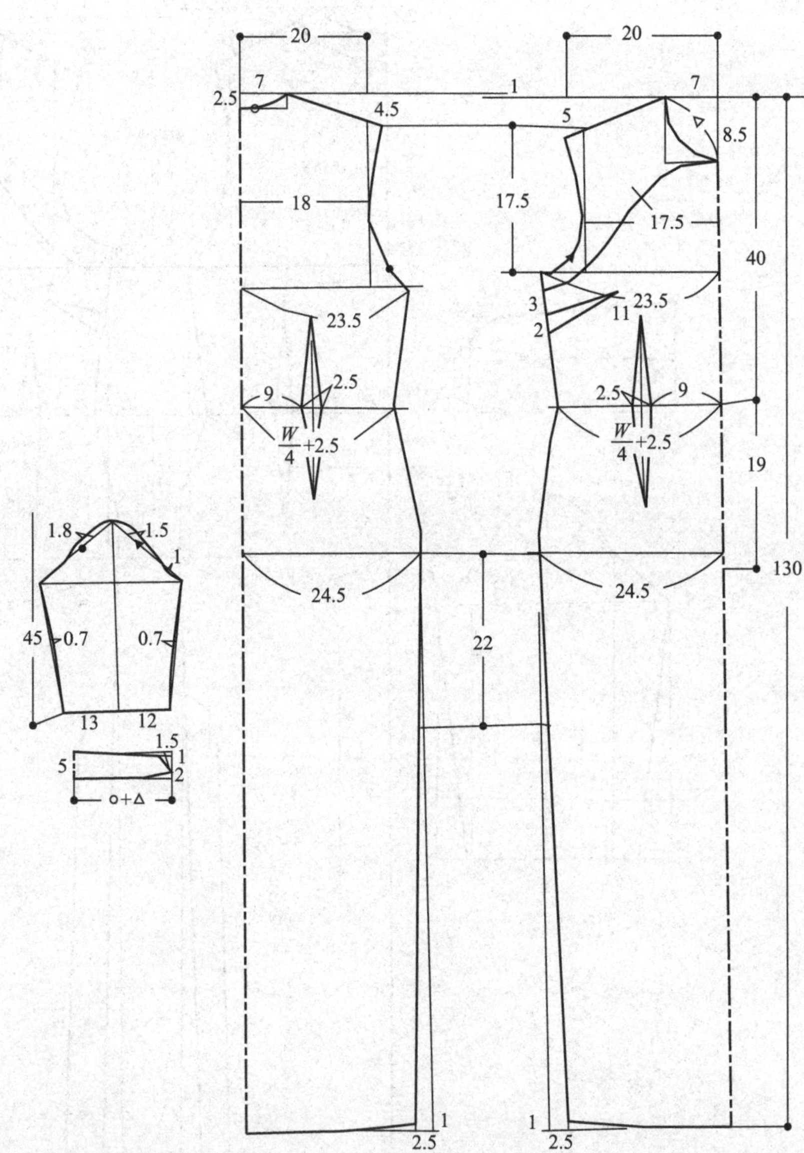

绸缎印花旗袍

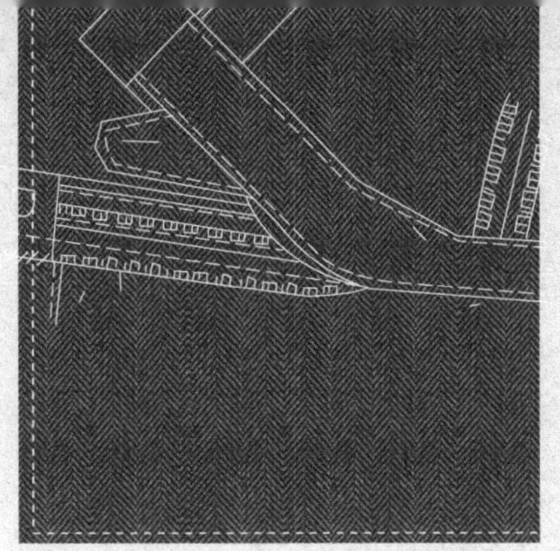

CHAPTER 2

半袖旗袍

成品规格　　　　　　　　　　　　　　单位：cm

衣长	胸围	腰围	臀围	肩宽	领围	袖长
125	96	78	100	40	38	18

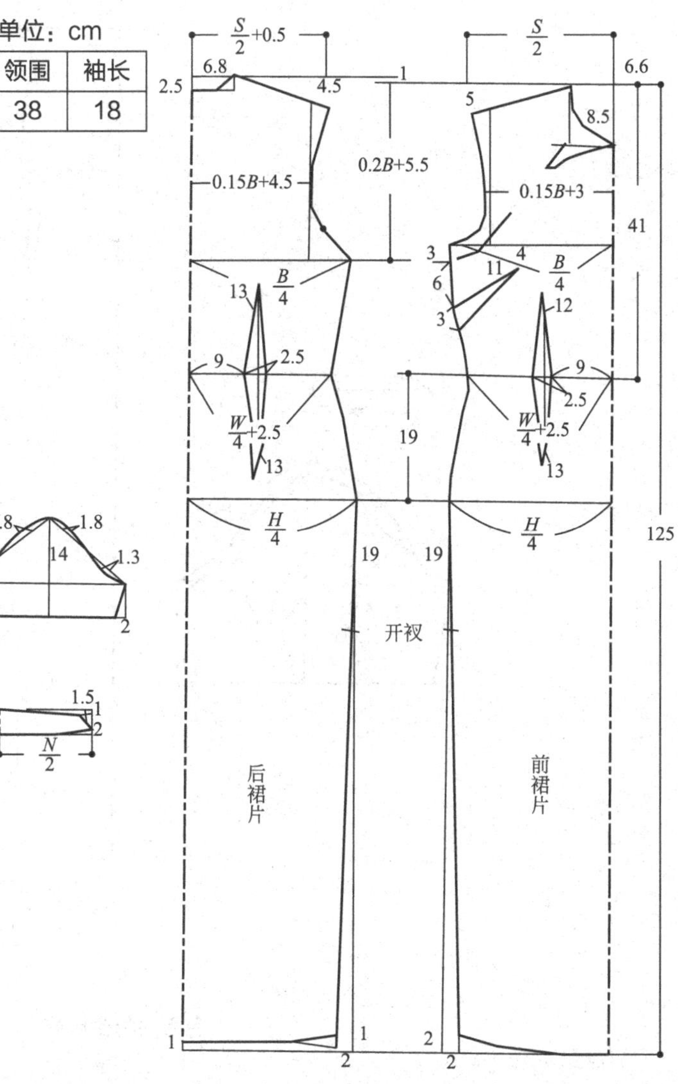

红色印花类半袖旗袍

成品规格　　　　　　　　　　　　　　　　　　　单位：cm

衣长	胸围	肩宽	领围	袖长	腰围	臀围
130	92	39	36	18	74	96

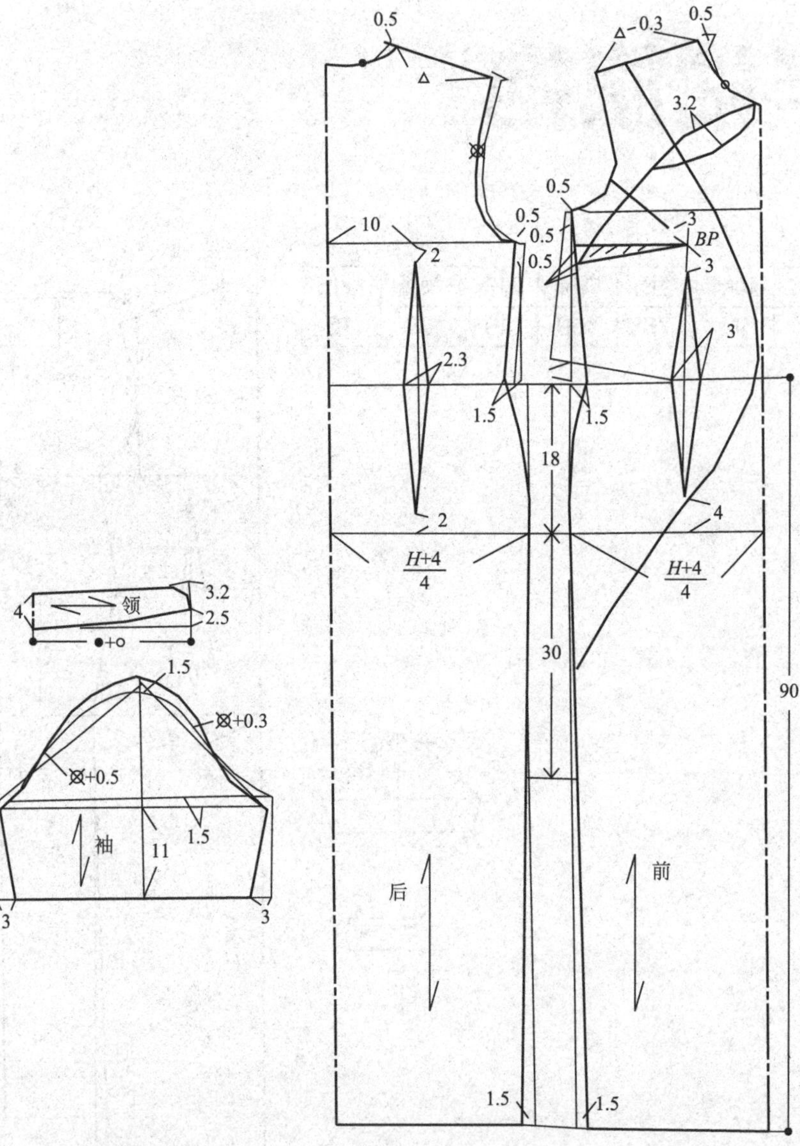

双色面料组合旗袍

成品规格　　　　　　　　　　　　　　单位：cm

衣长	胸围	肩宽	领围	腰围	臀围	袖长
140	92	39	37	72	96	20

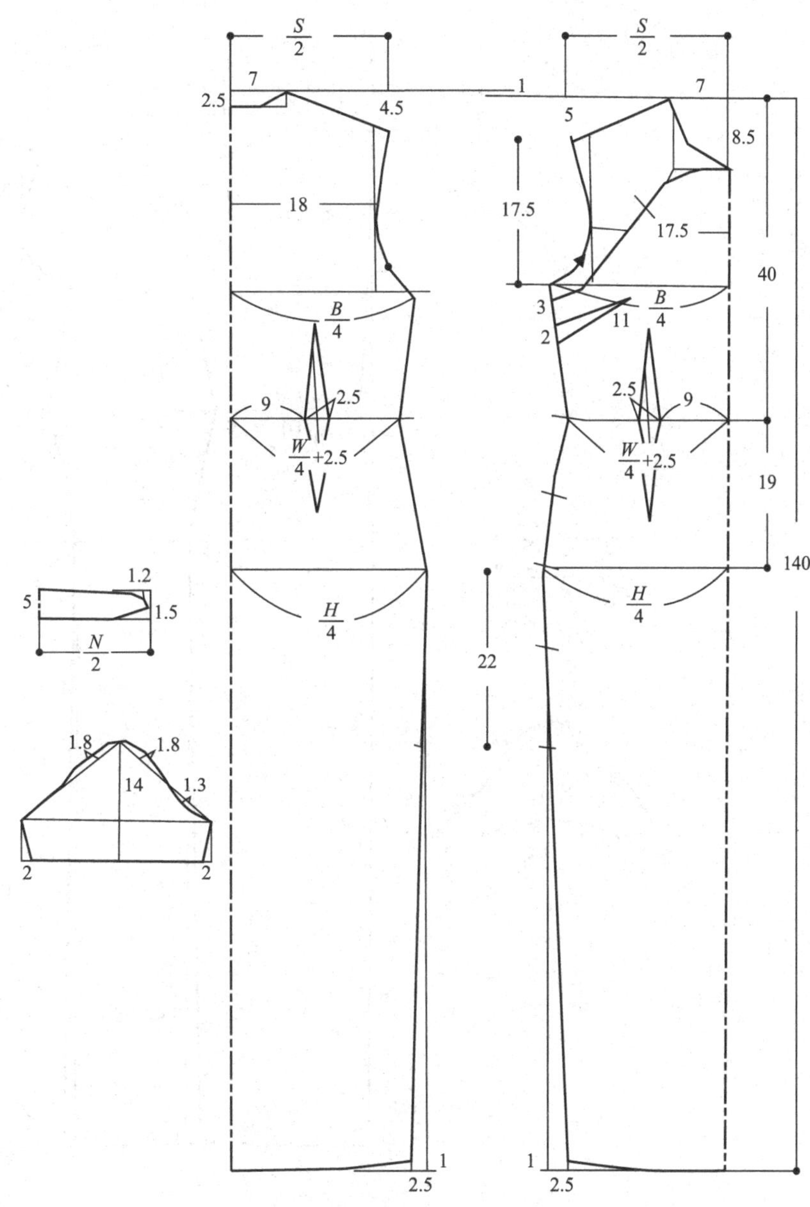

传统纽襻类旗袍

成品规格　　　　　　　　　　　　　　　　单位：cm

衣长	胸围	肩宽	腰围	臀围	袖长
140	94	39	74	98	12

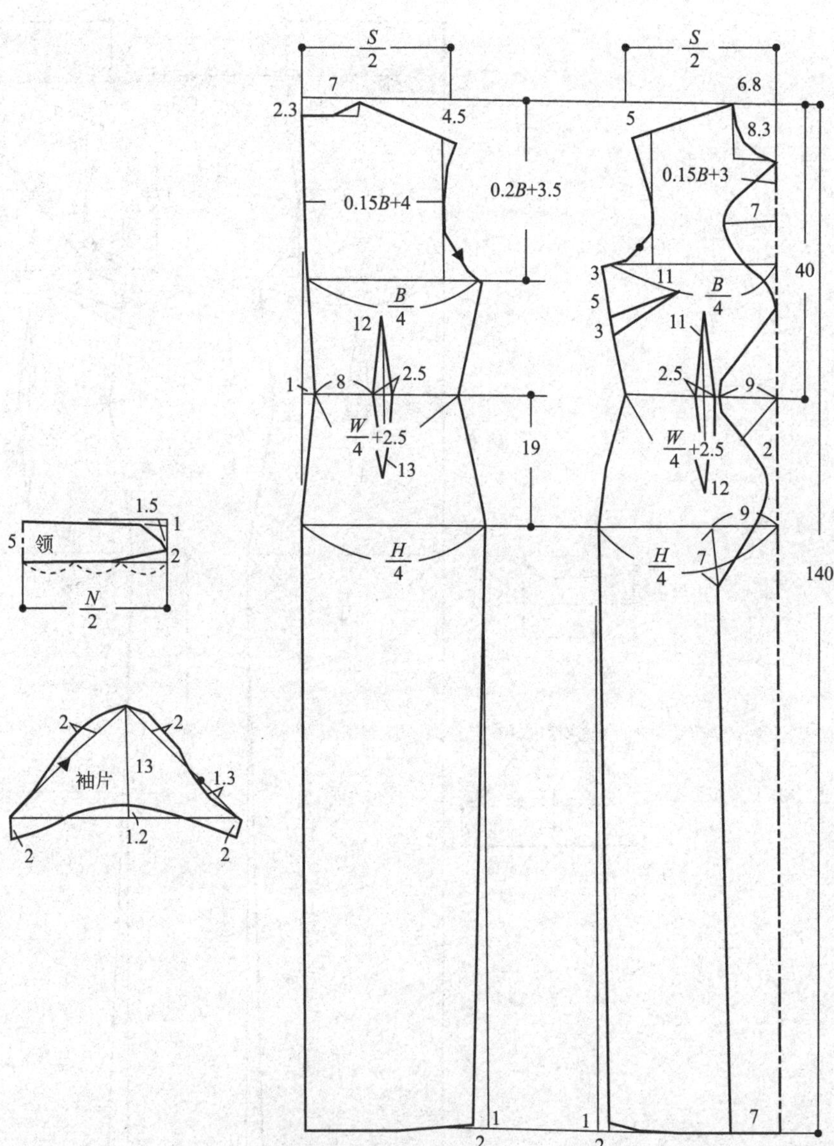

曲线造型旗袍

成品规格　　　　　　　　　　单位：cm

衣长	胸围	腰围	臀围	肩宽	领围
136	94	74	96	39	38

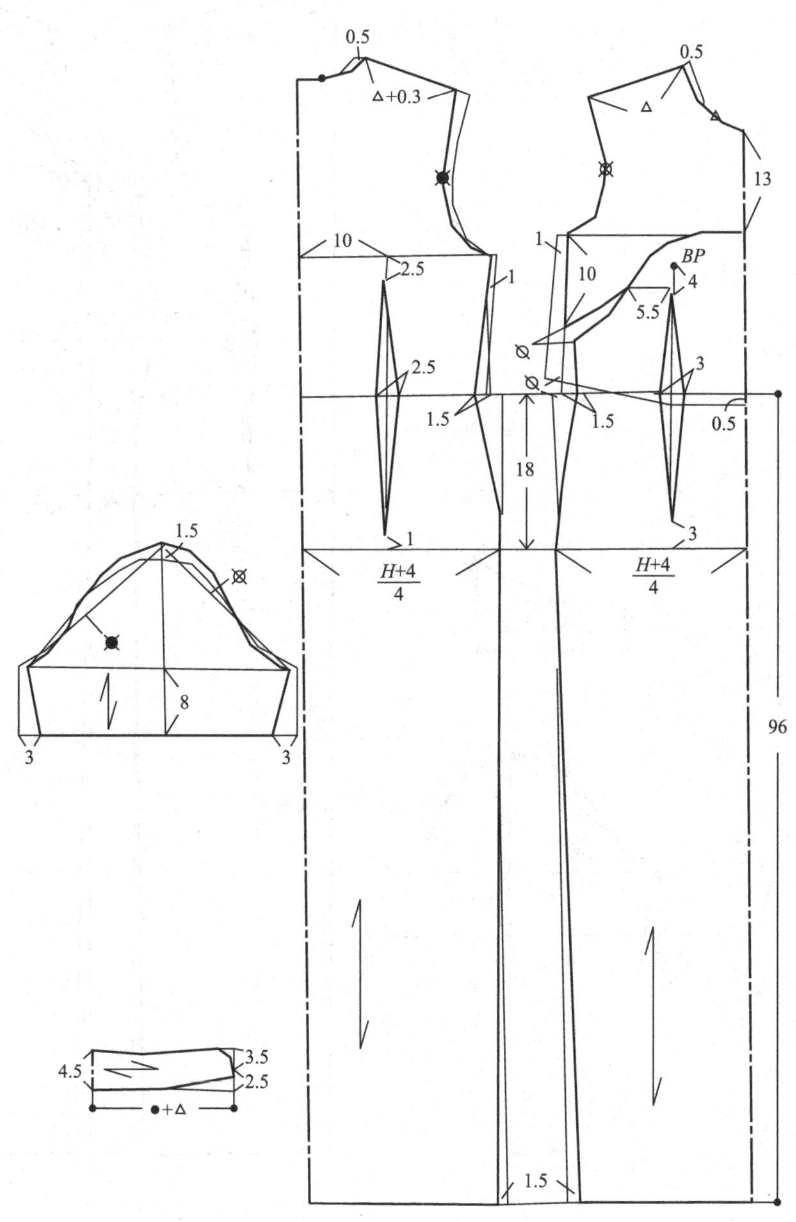

时尚过膝旗袍

成品规格　　　　　　　　　　　　　　　　单位：cm

衣长	胸围	肩宽	腰围	臀围	袖长	领围
135	92	40	74	98	49	38

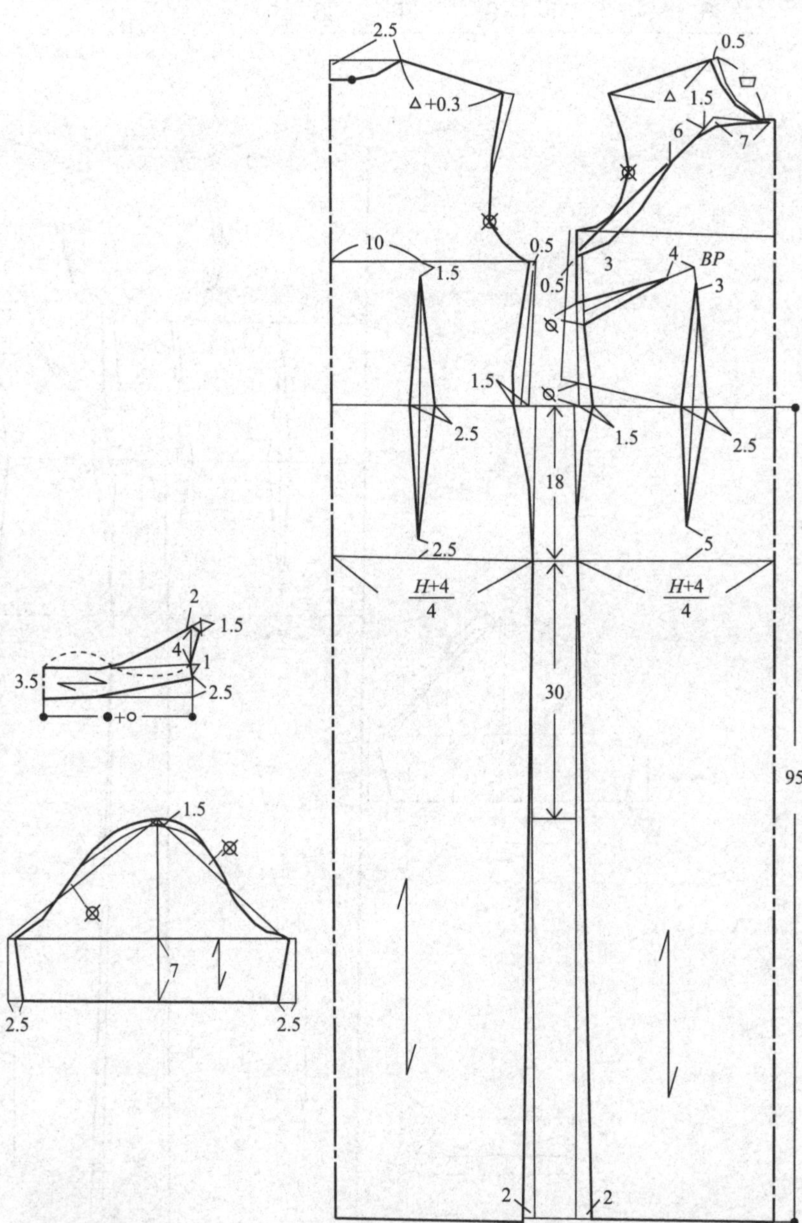

绸缎类国画图案旗袍

成品规格　　　　　　　　　　　　　　　单位：cm

衣长	胸围	腰围	臀围	肩宽	领围	袖长
135	90	72	96	39	37	20

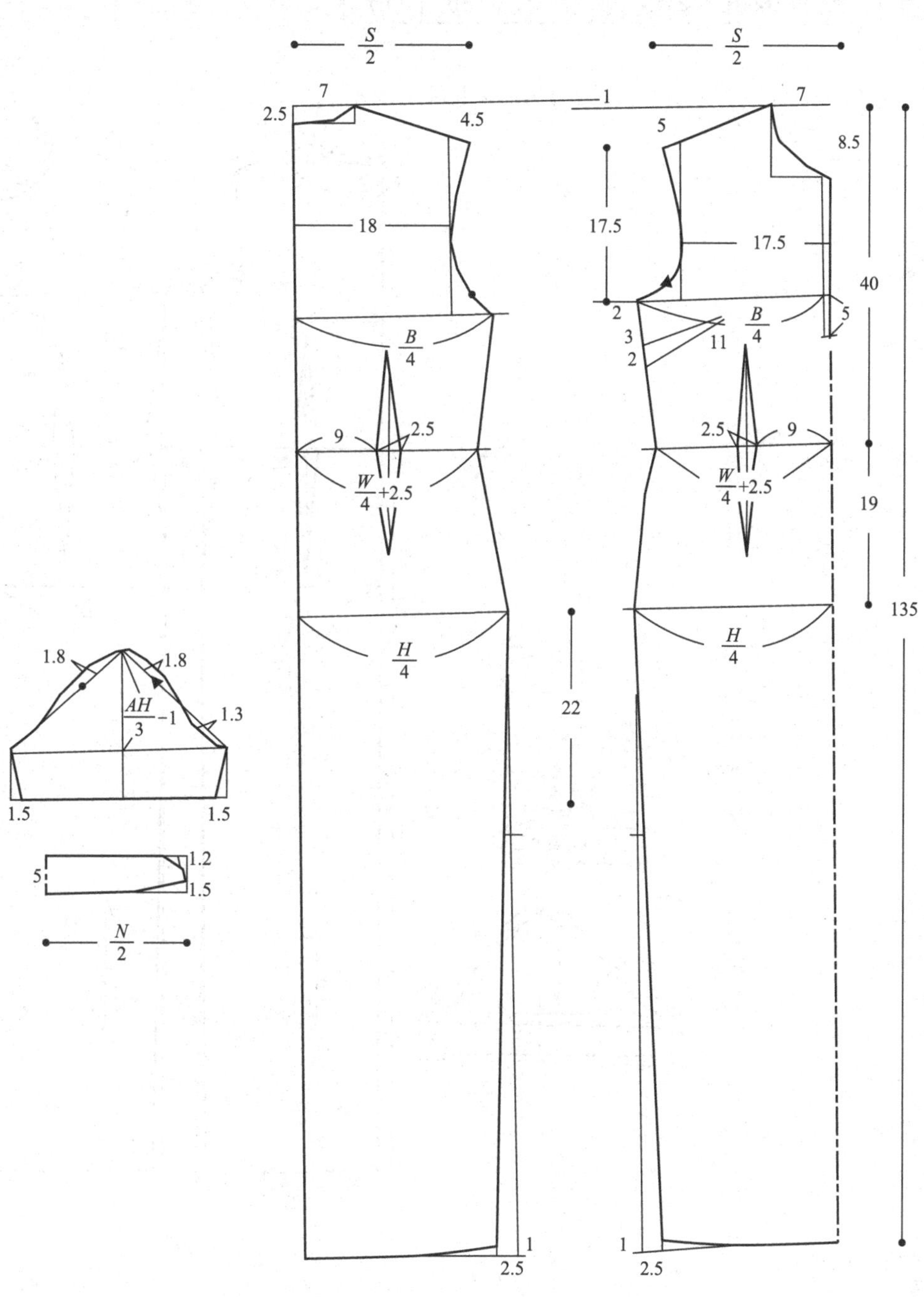

简单朴素款旗袍

成品规格　　　　　　　　　　　　　　　　单位：cm

衣长	胸围	腰围	臀围	肩宽	领围	袖长
135	92	72	96	36	38	16

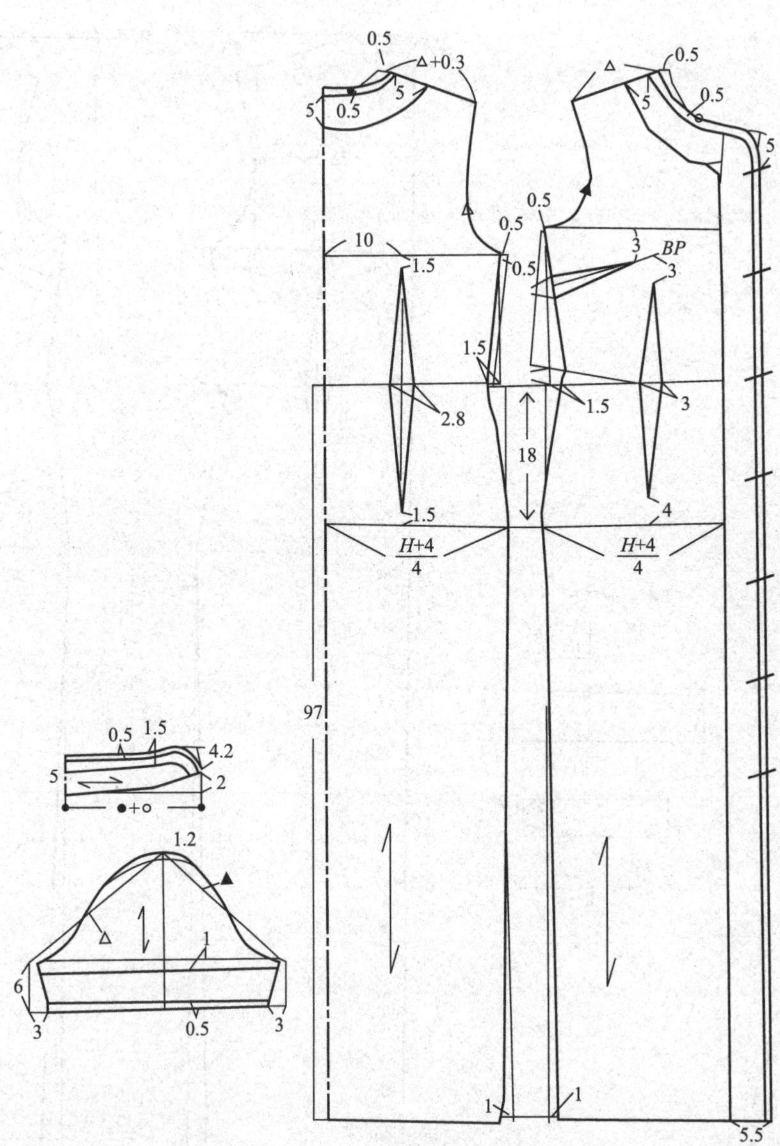

大衣款式旗袍

成品规格　　　　　　　　　　　　　　单位：cm

衣长	胸围	腰围	臀围	肩宽	领围	袖长
135	92	72	98	40	38	16

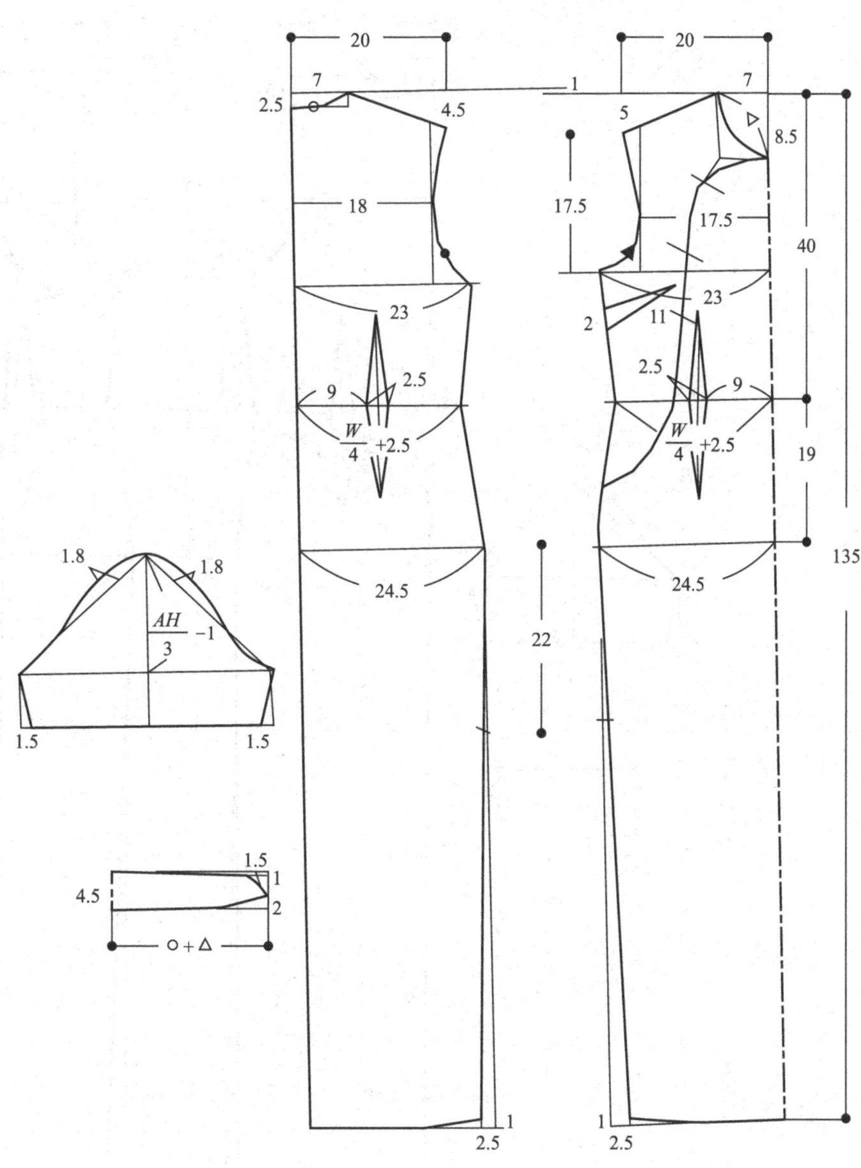

特殊裁剪旗袍

成品规格　　　　　　　　　　　　　　　　单位：cm

衣长	胸围	腰围	臀围	肩宽	领围	袖长
140	92	72	96	39	38	23

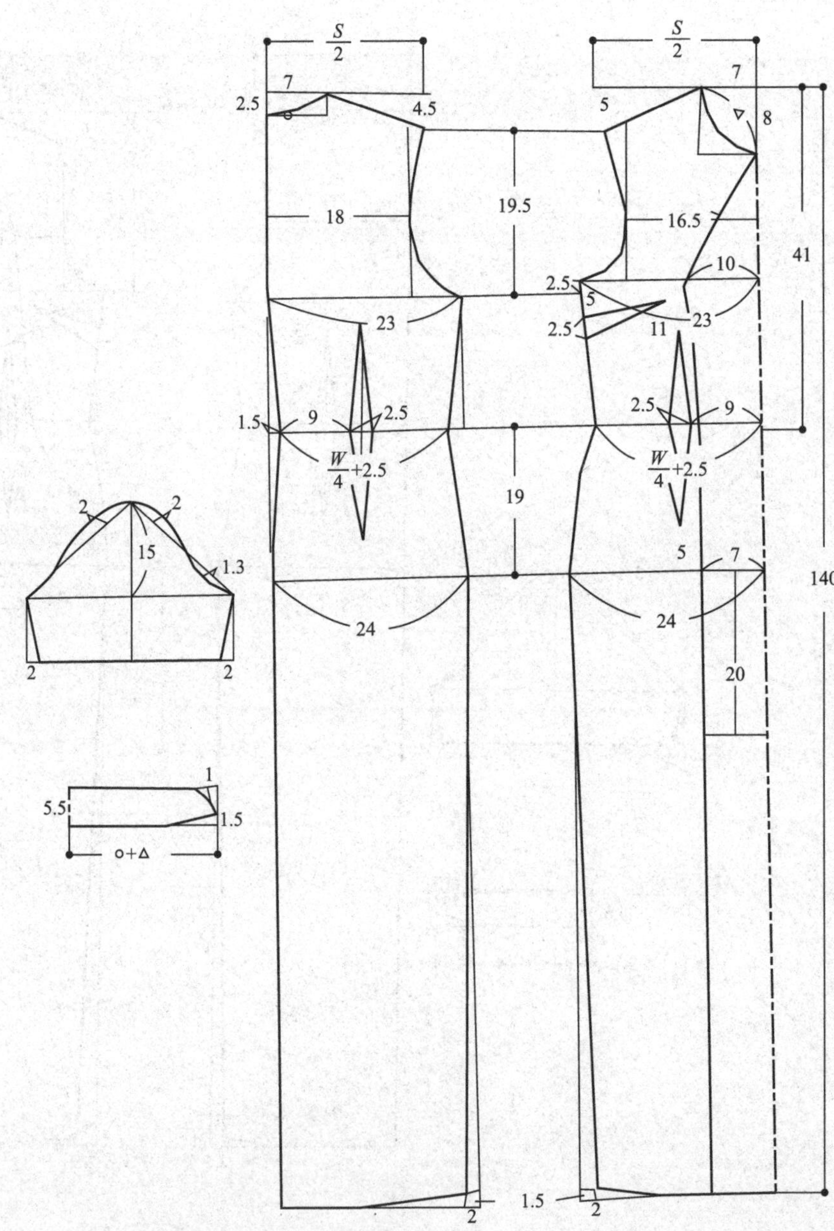

装饰边旗袍

成品规格 单位：cm

衣长	胸围	腰围	臀围	肩宽	领围	袖长
130	92	72	98	40	38	16

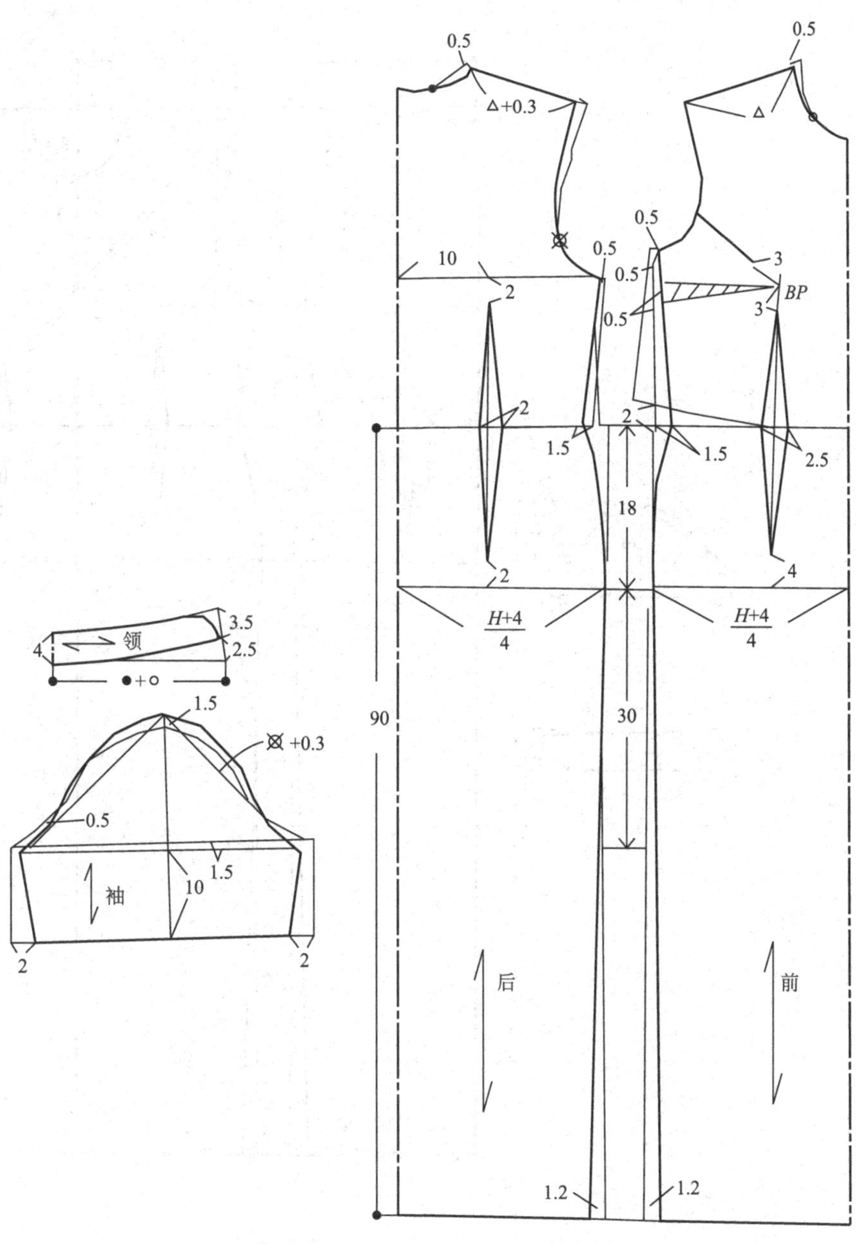

简单大方传统旗袍

成品规格　　　　　　　　　　　　　　　单位：cm

衣长	胸围	腰围	臀围	肩宽	领围	袖长
138	92	72	96	40	37	16

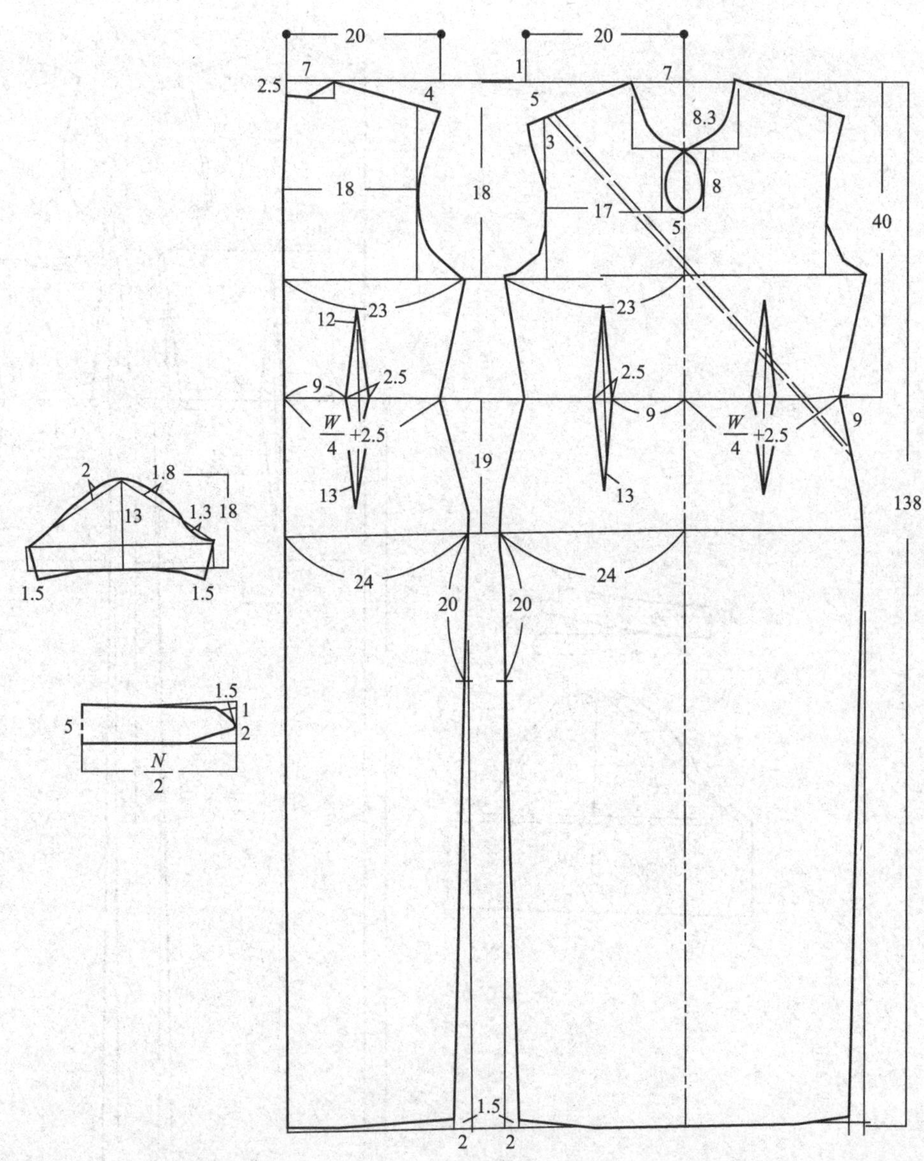

胸部镂空类旗袍

成品规格　　　　　　　　　　　　　　单位：cm

衣长	胸围	肩宽	袖长	领围	腰围	臀围
145	82	39	22	38	70	92

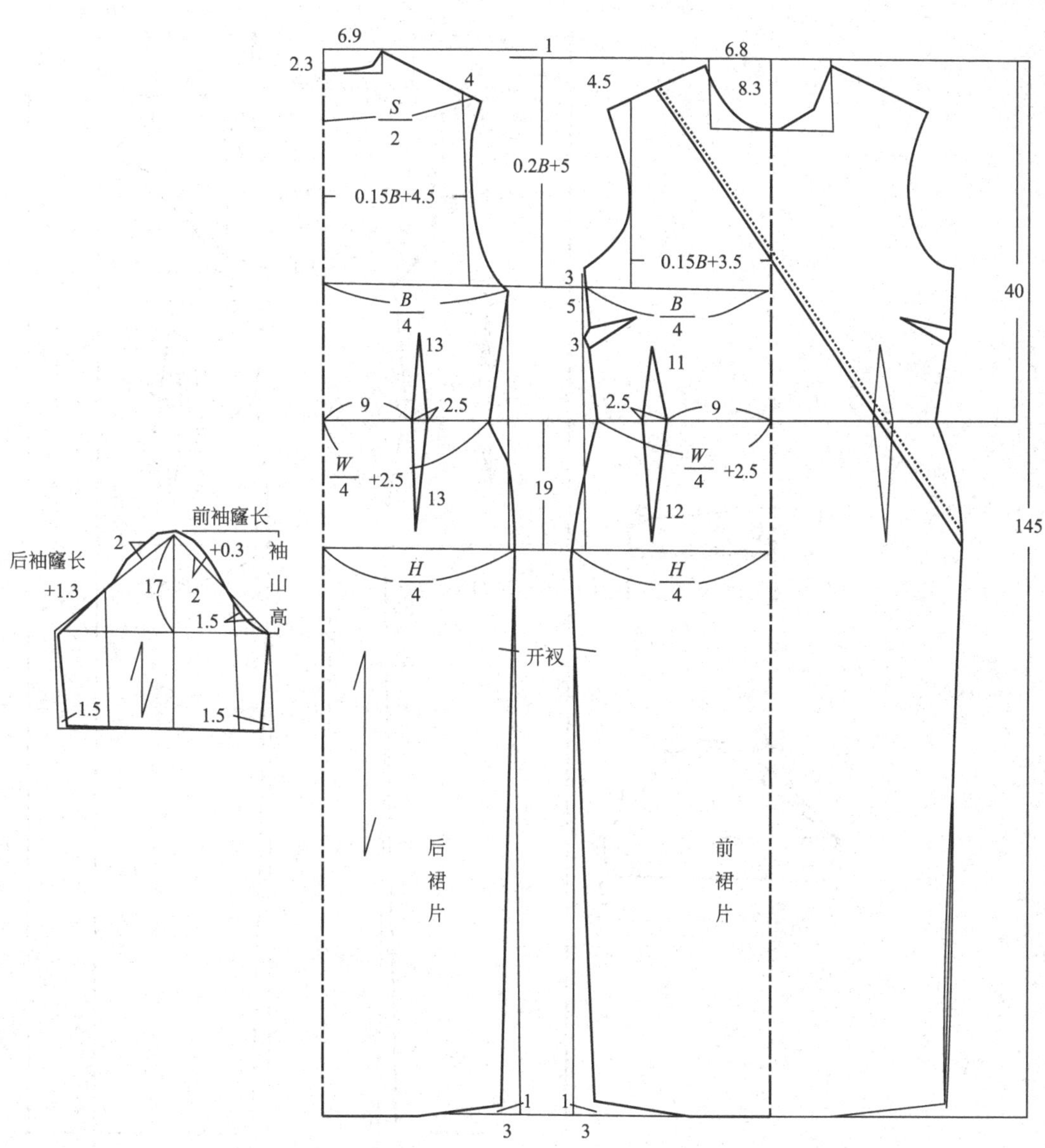

半袖无领旗袍

成品规格　　　　　　　　　　　　　　　单位：cm

衣长	胸围	腰围	臀围	肩宽	领围	袖长
140	92	76	98	40	38	16

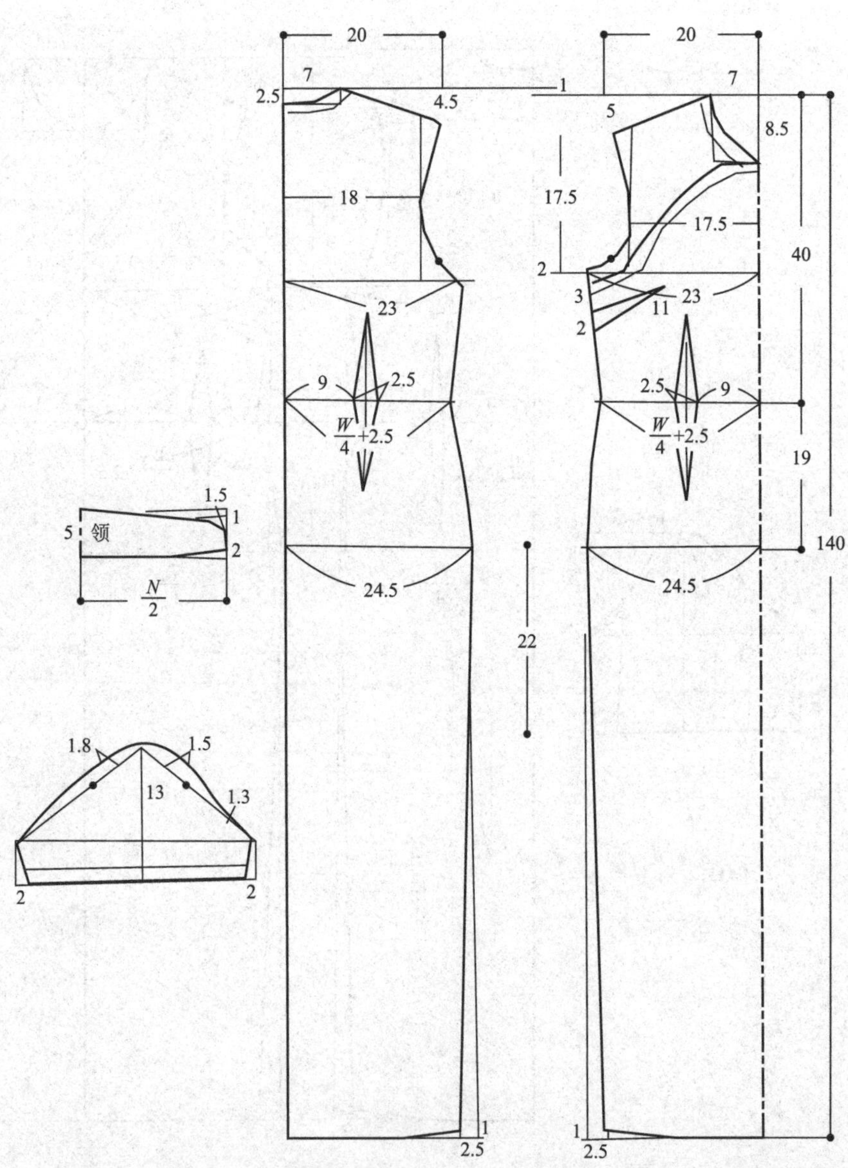

滚金边旗袍

成品规格　　　　　　　　　　　　　　　单位：cm

衣长	胸围	腰围	臀围	肩宽	领围	袖长
130	92	72	96	39	37	22

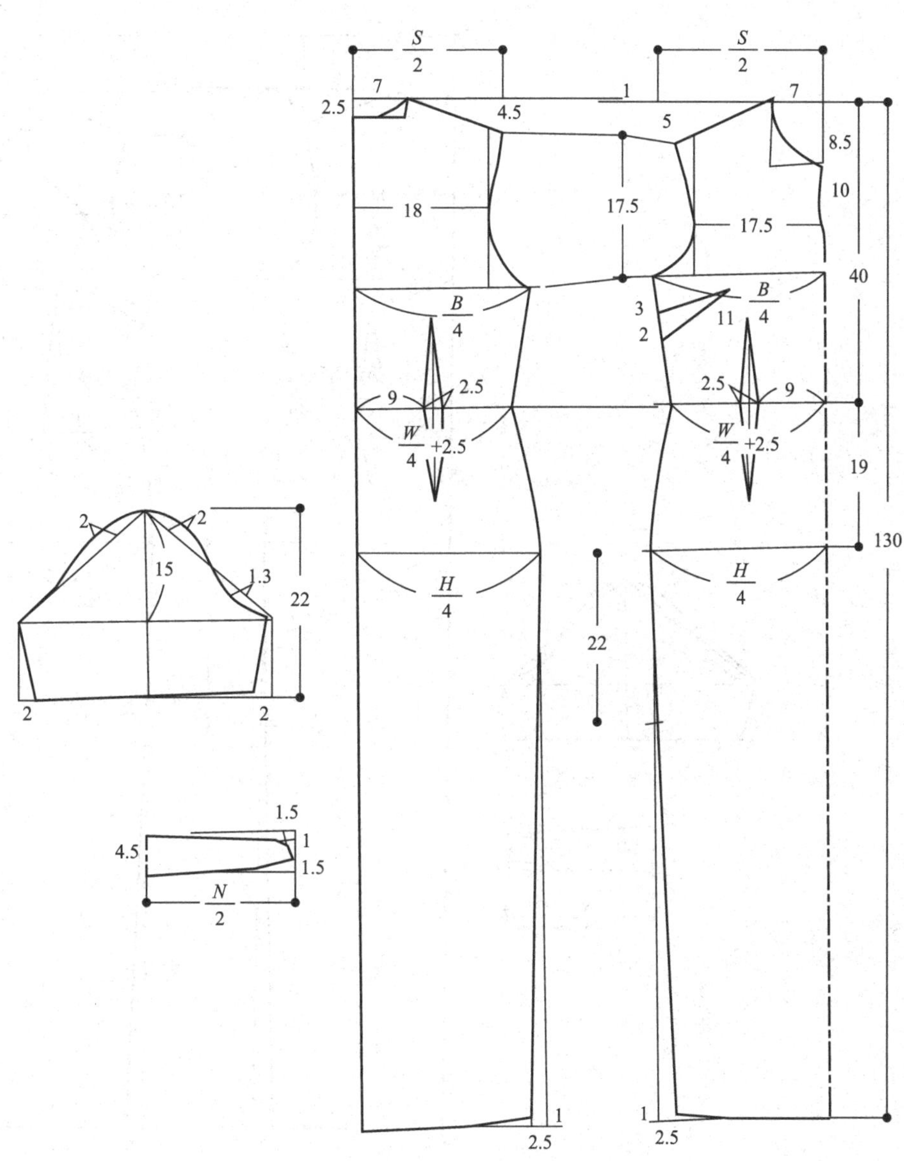

普通简单旗袍

成品规格　　　　　　　　　　　　　　单位：cm

衣长	胸围	腰围	臀围	肩宽	领围	袖长
140	92	72	98	40	38	17

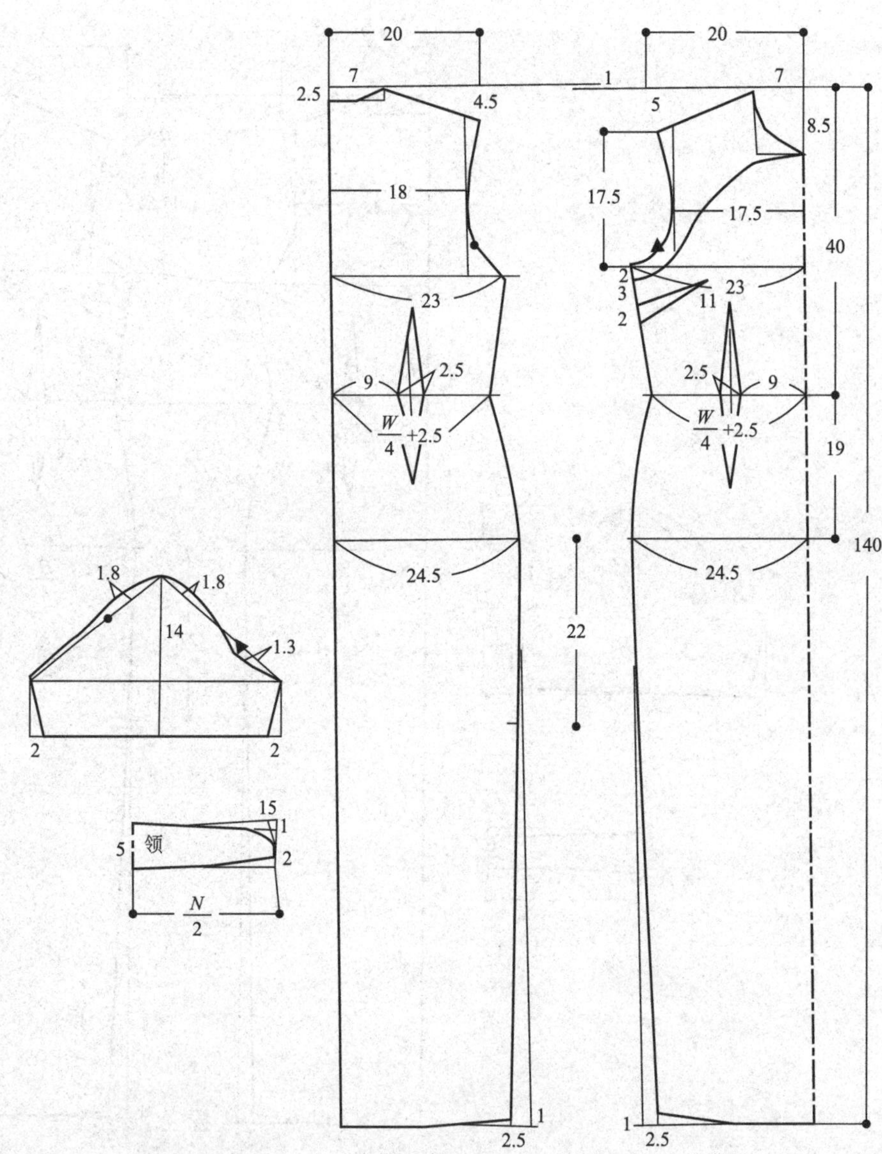

黑大绒旗袍

成品规格　　　　　　　　　　　　　　　　单位：cm

衣长	胸围	腰围	臀围	肩宽	领围	袖长
140	92	72	98	40	38	16

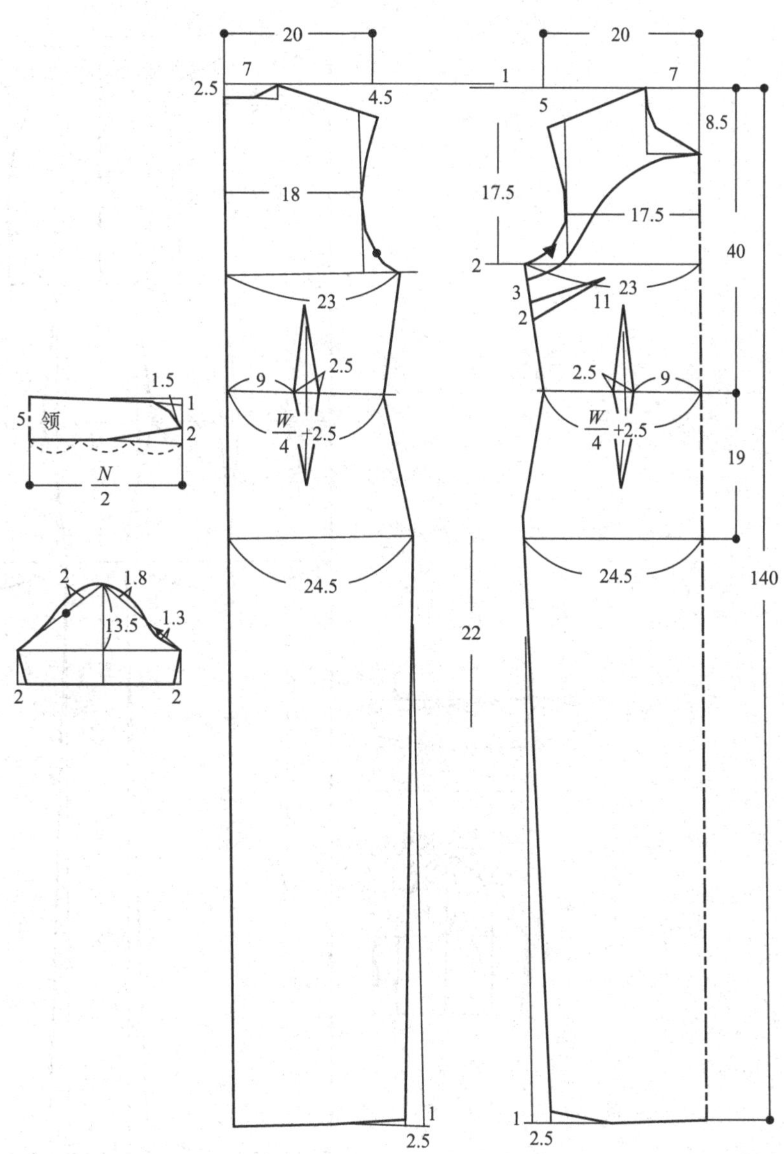

红色纽襻旗袍

成品规格　　　　　　　　　　　　　　单位：cm

衣长	胸围	肩宽	袖长	领围	腰围	臀围
150	82	39	24	38	70	92

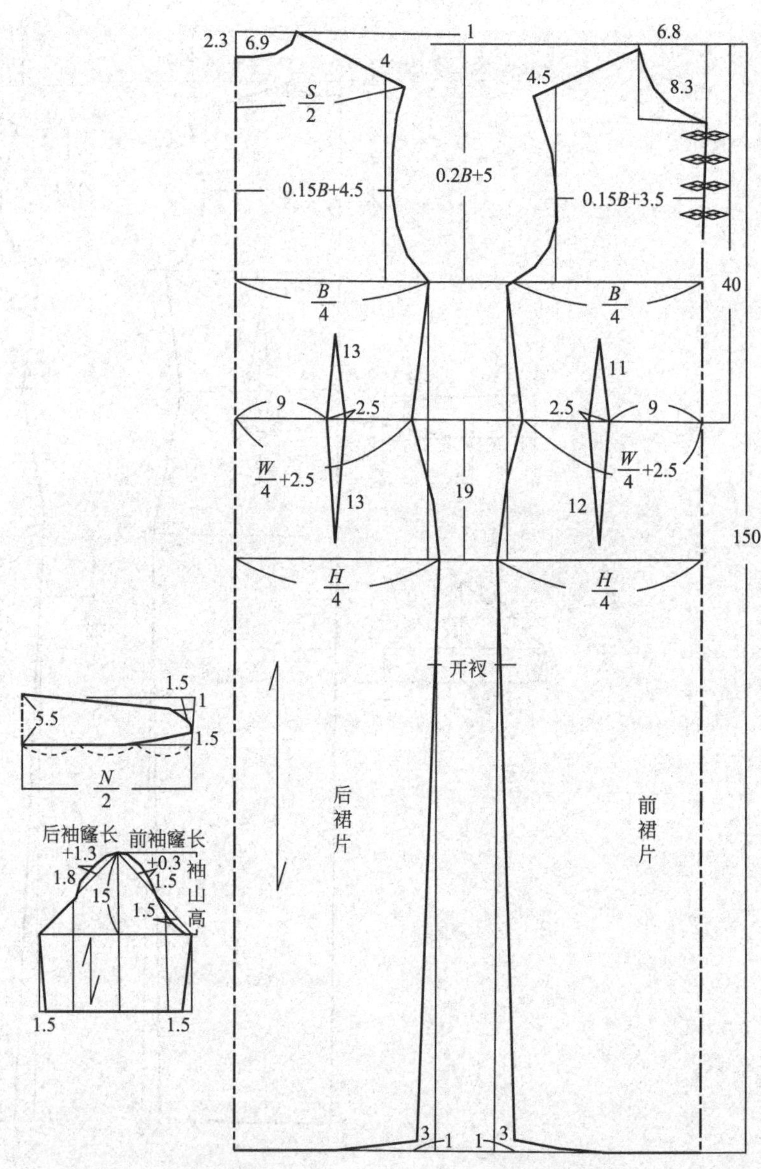

前胸装饰纽襻旗袍

成品规格　　　　　　　　　　　　单位：cm

衣长	胸围	腰围	臀围	肩宽	领围	袖长
135	92	72	96	36	38	16

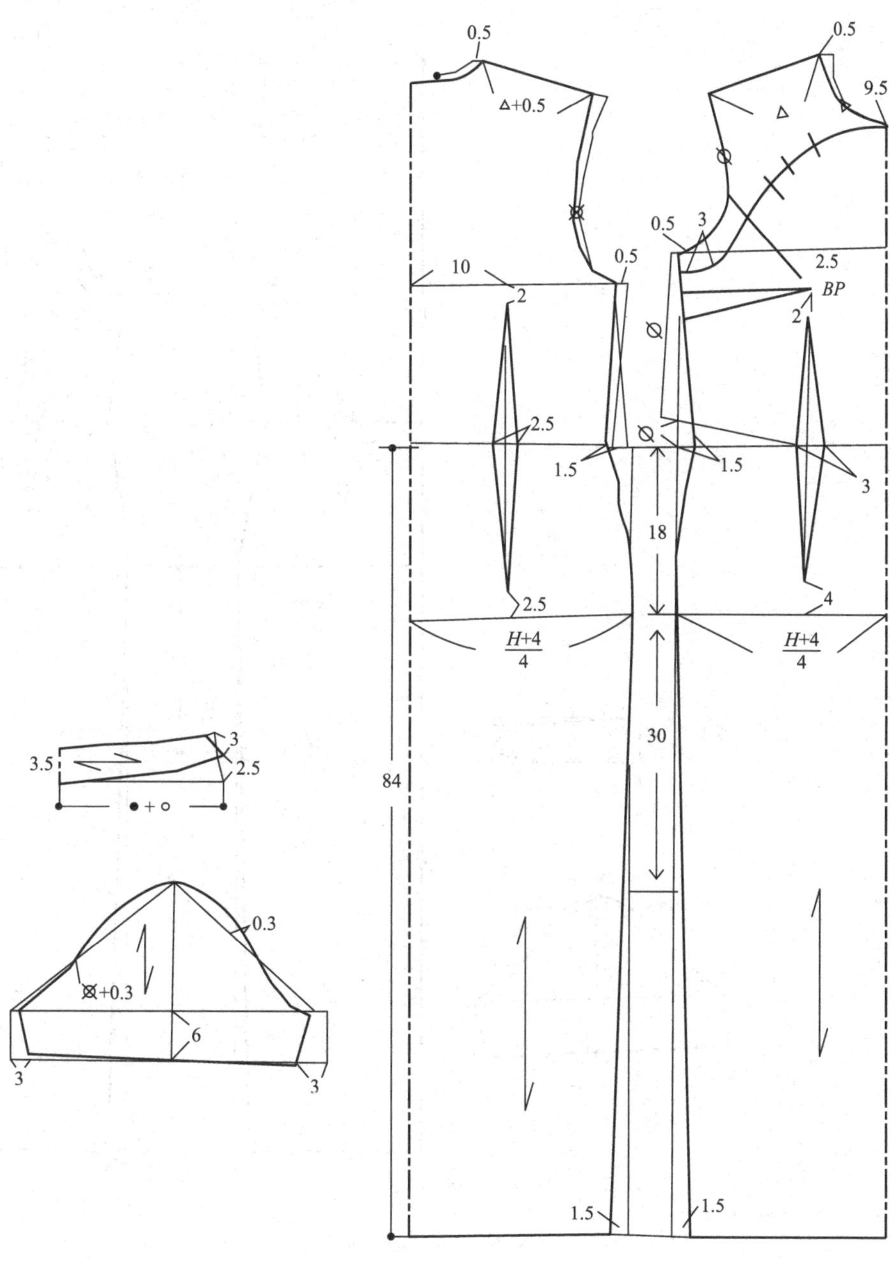

普通筒式旗袍

成品规格　　　　　　　　　　　　　　　　单位：cm

衣长	胸围	腰围	臀围	肩宽	领围	袖长
140	92	74	98	40	38	16

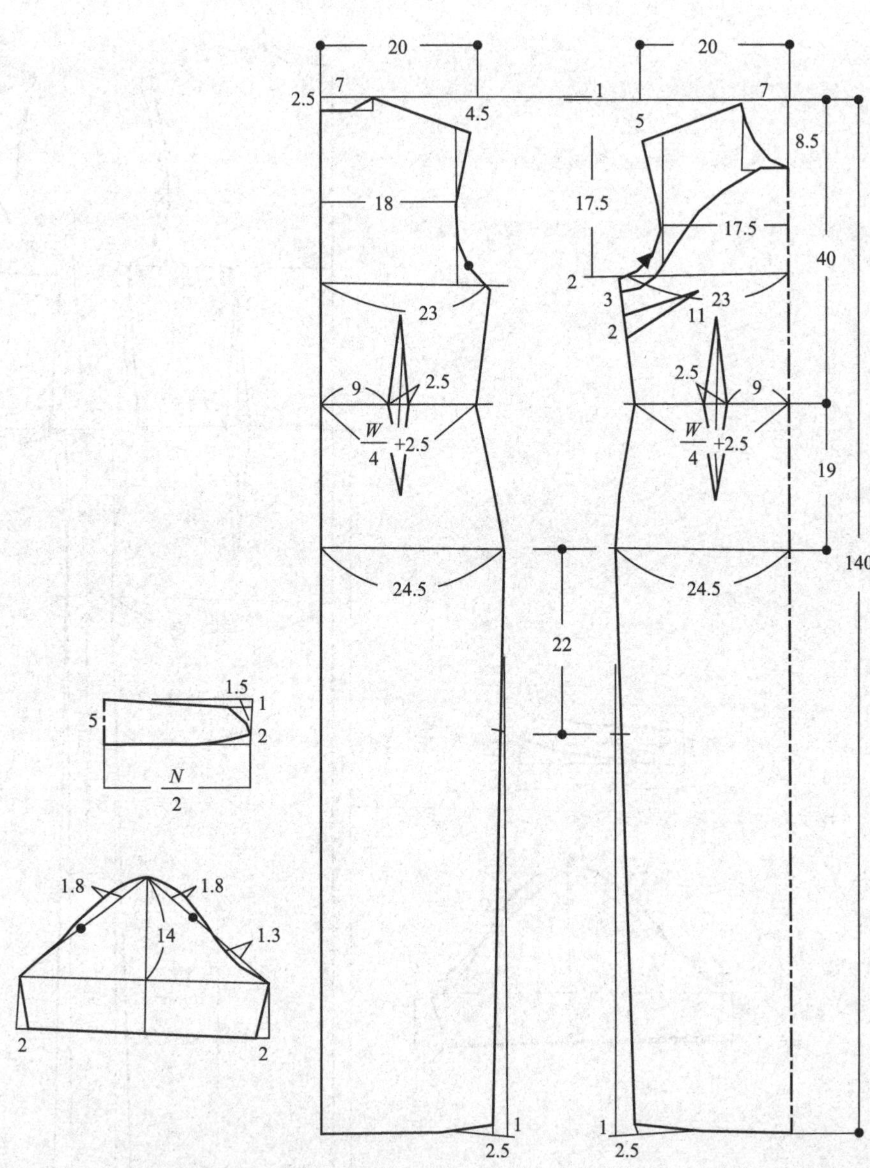

简单大方旗袍

成品规格　　　　　　　　　　　　　　　　单位：cm

衣长	胸围	腰围	臀围	肩宽	领围	袖长
135	92	76	98	40	38	16

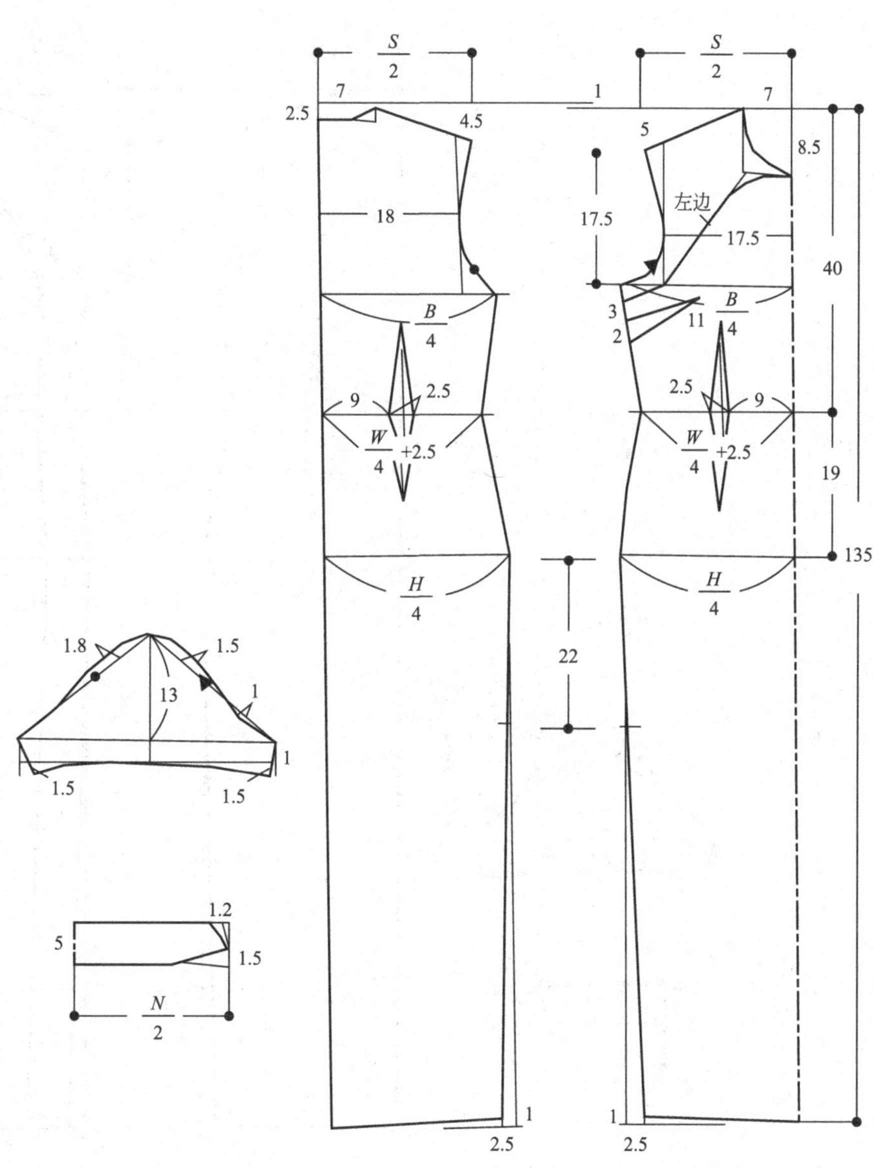

普通绸缎旗袍

成品规格　　　　　　　　　　　　单位：cm

衣长	胸围	腰围	臀围	肩宽	领围	袖长
135	92	76	98	40	38	17

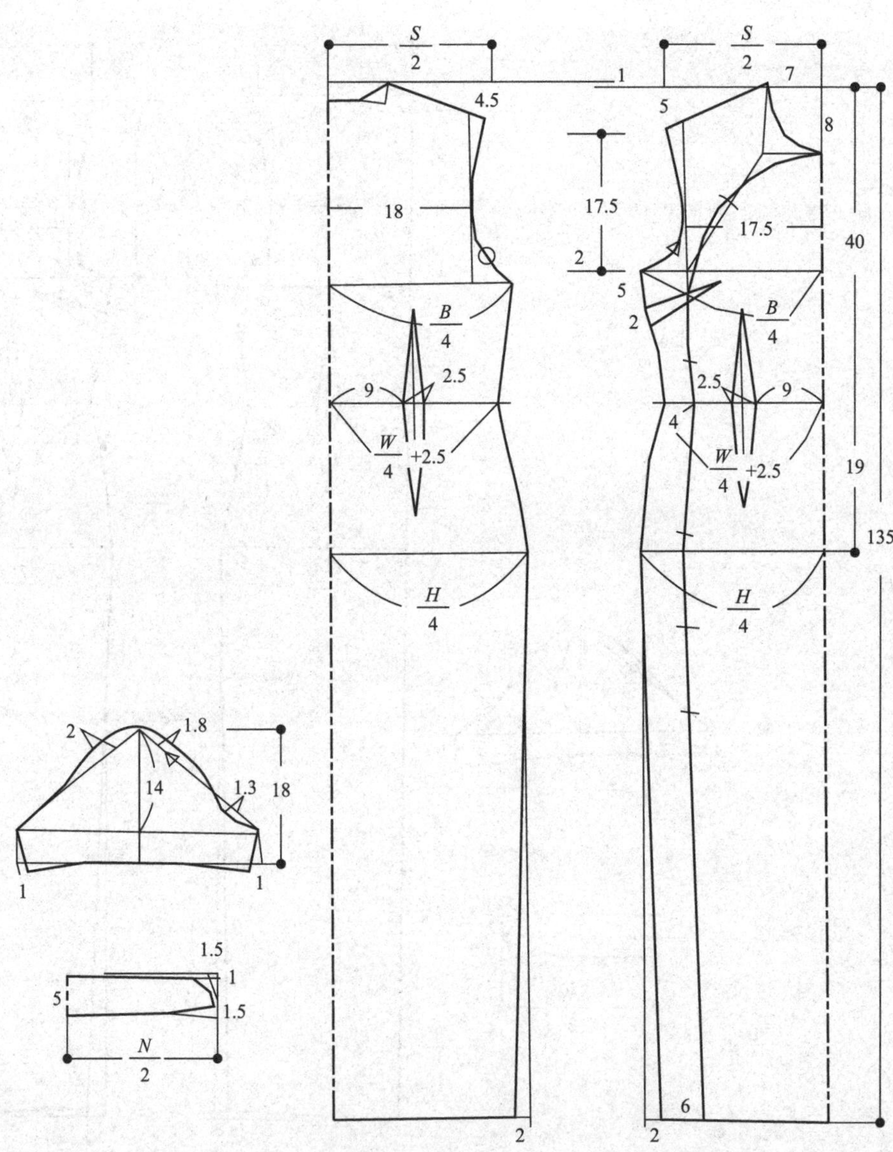

侧开襟旗袍

成品规格　　　　　　　　单位：cm

衣长	胸围	肩宽	袖口	领围
140	92	40	18	37

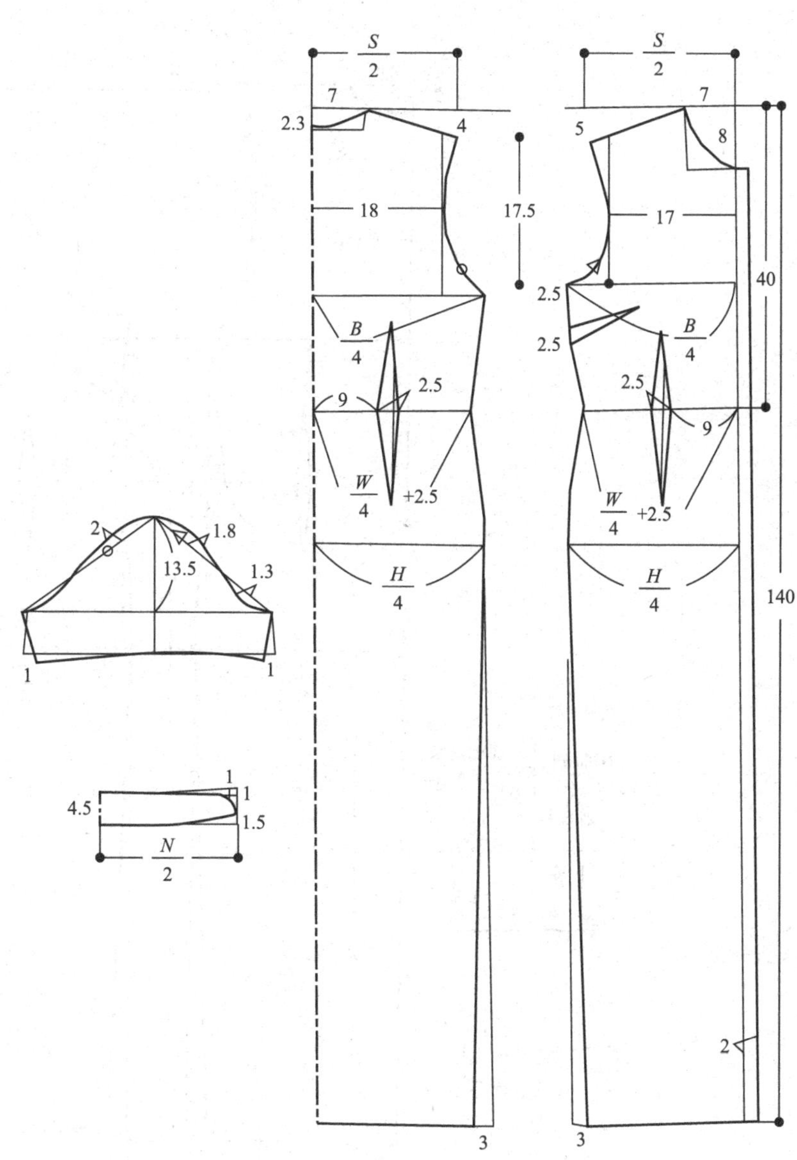

喜庆面料旗袍

成品规格　　　　　　　　　　　　　　　　单位：cm

衣长	胸围	肩宽	袖长	领围	腰围	臀围
125	100	40	20	39	70	100

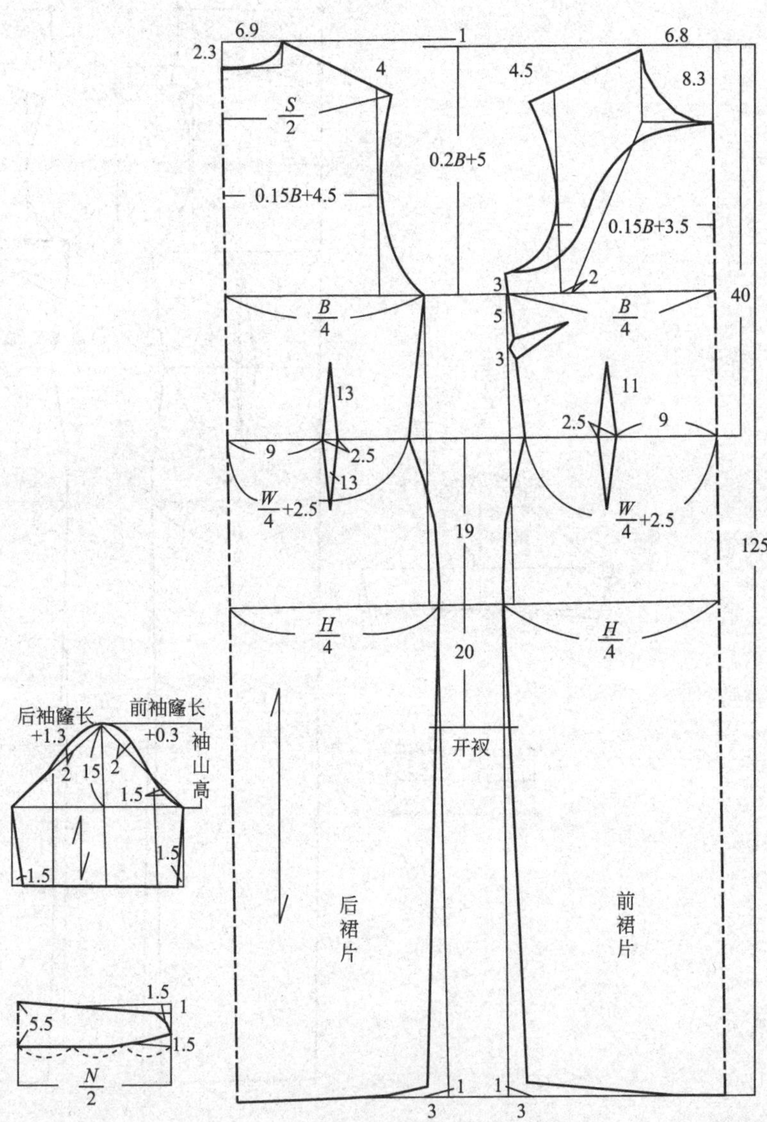

斜开襟纽襻旗袍

成品规格　　　　　　　　　　　　　　　单位：cm

衣长	胸围	腰围	臀围	肩宽	领围	袖长
135	92	72	96	40	38	47

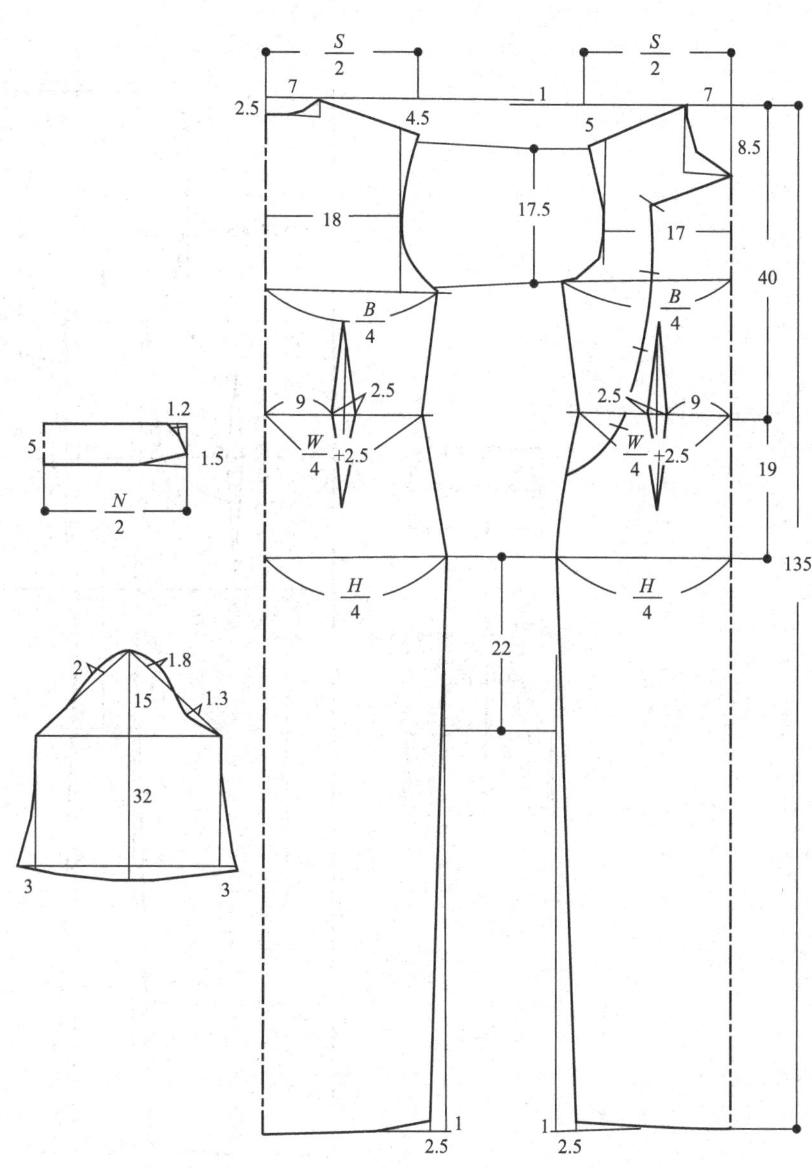

侧开襟七分袖旗袍

成品规格　　　　　　　　　　　　　　　　单位：cm

衣长	胸围	肩宽	袖长	领围	腰围	臀围
145	92	40	25	38	72	100

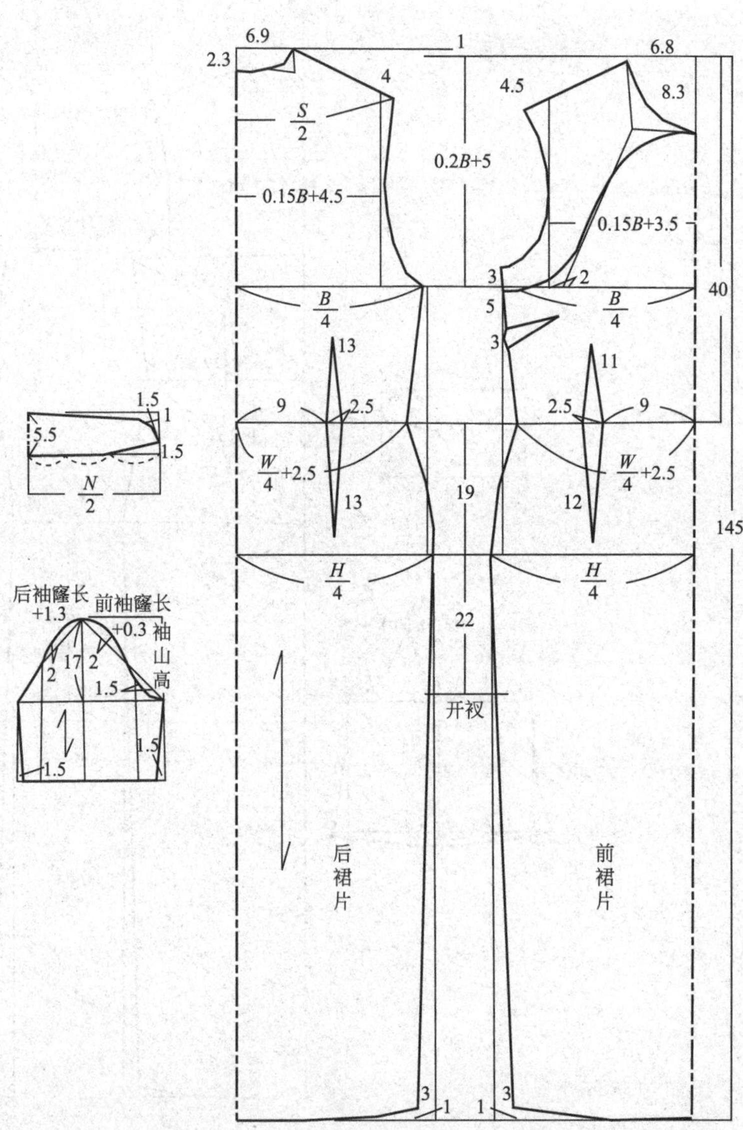

侧开襟纽襻旗袍

成品规格　　　　　　　　　　　　　　　　单位：cm

衣长	胸围	肩宽	袖长	领围	腰围	臀围
145	96	41	25	38	68	100

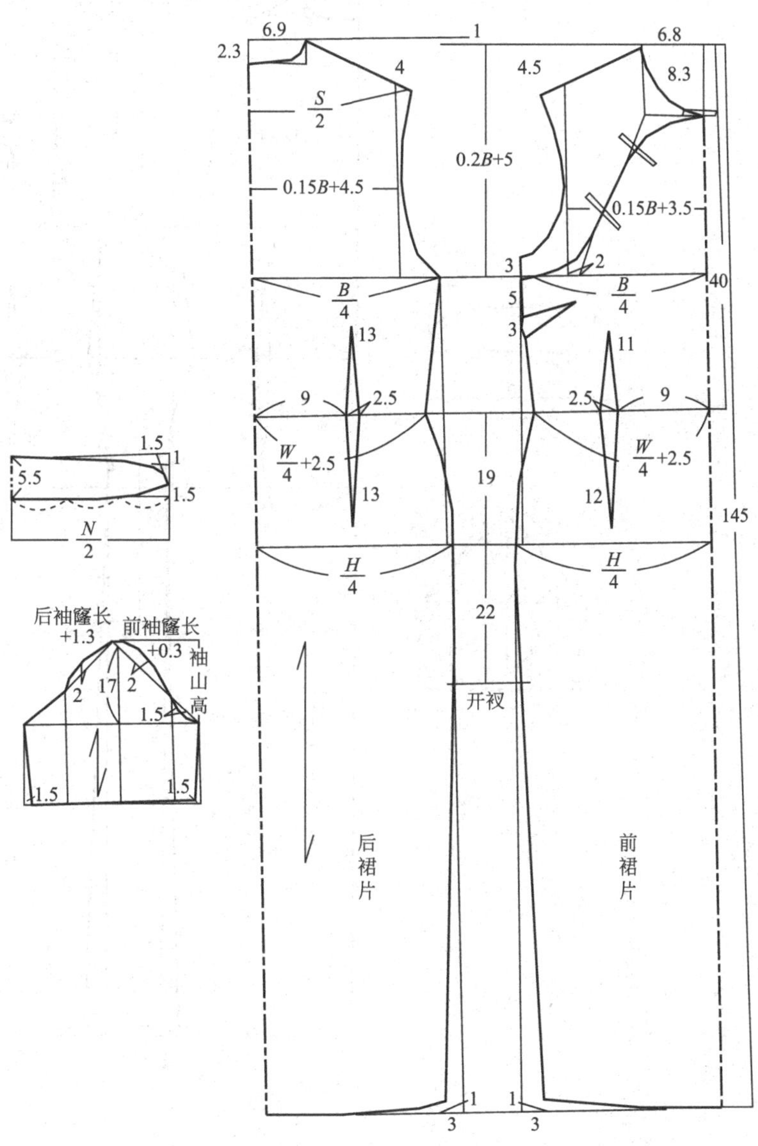

红色吉祥面料旗袍

成品规格　　　　　　　　　　　　　　　单位：cm

衣长	胸围	肩宽	袖长	领围	腰围	臀围
145	88	39	20	38	74	98

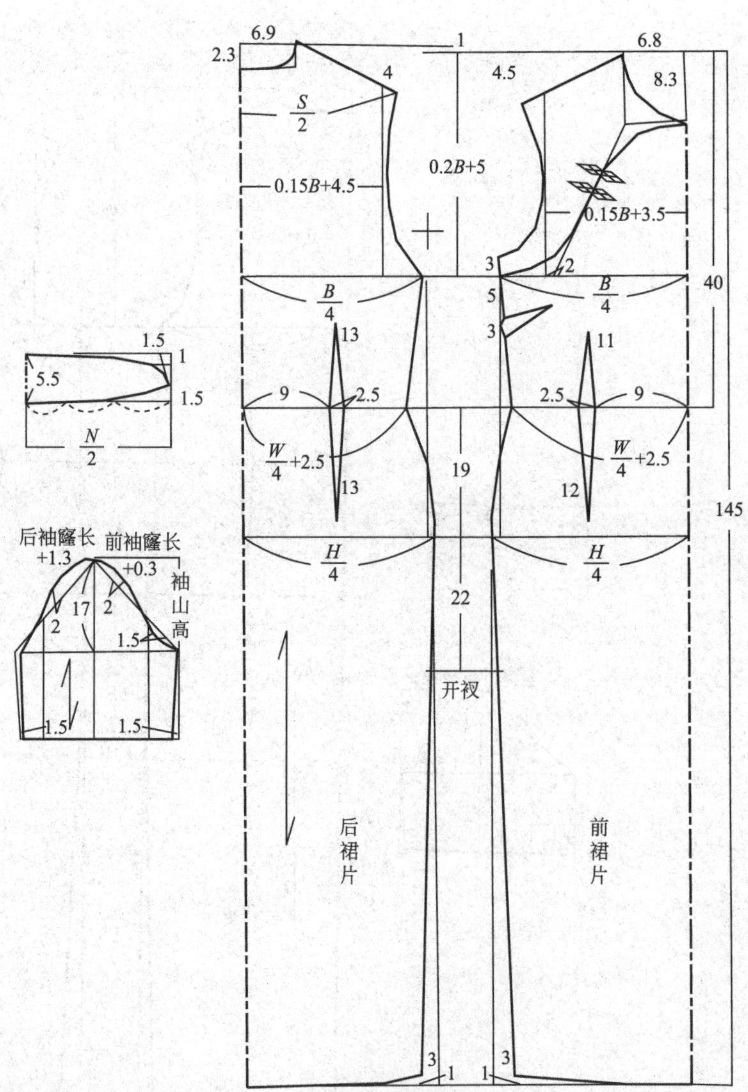

古典艺术画面料旗袍

成品规格　　　　　　　　　　　　　　　　　单位：cm

衣长	胸围	肩宽	袖长	领围	腰围	臀围
145	96	41	22	38	68	100

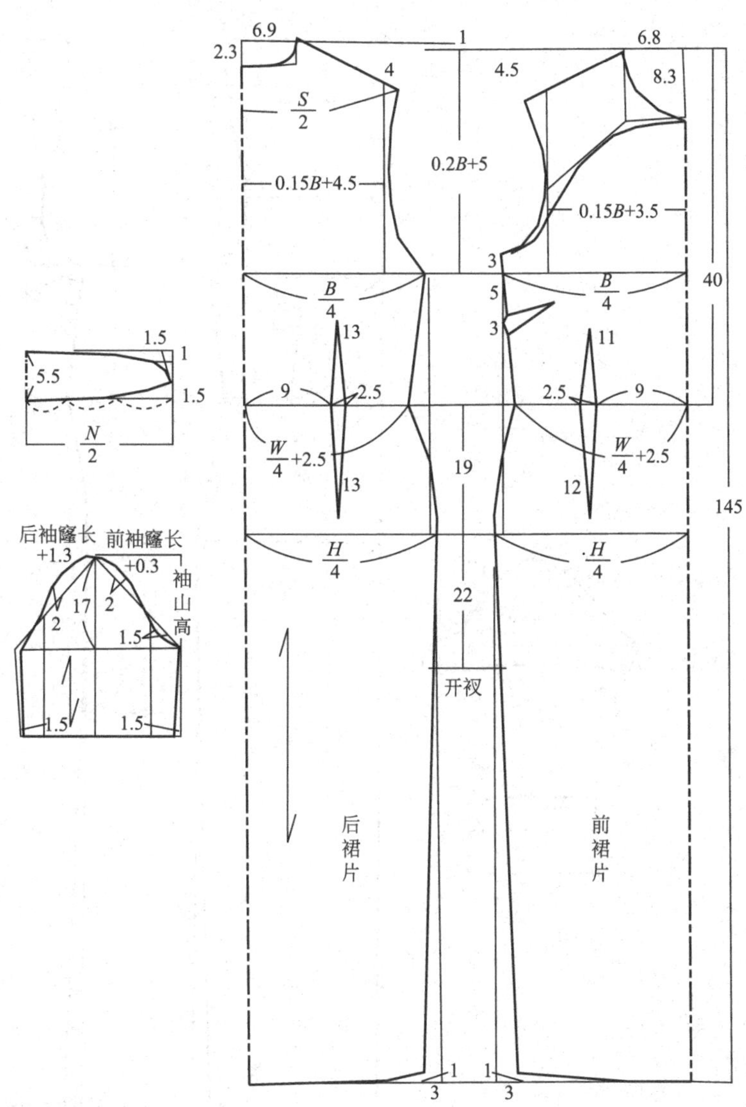

花朵图案面料旗袍

成品规格　　　　　　　　　　　　　　　单位：cm

衣长	胸围	腰围	臀围	肩宽	领围	袖长
135	92	72	96	39	37	16

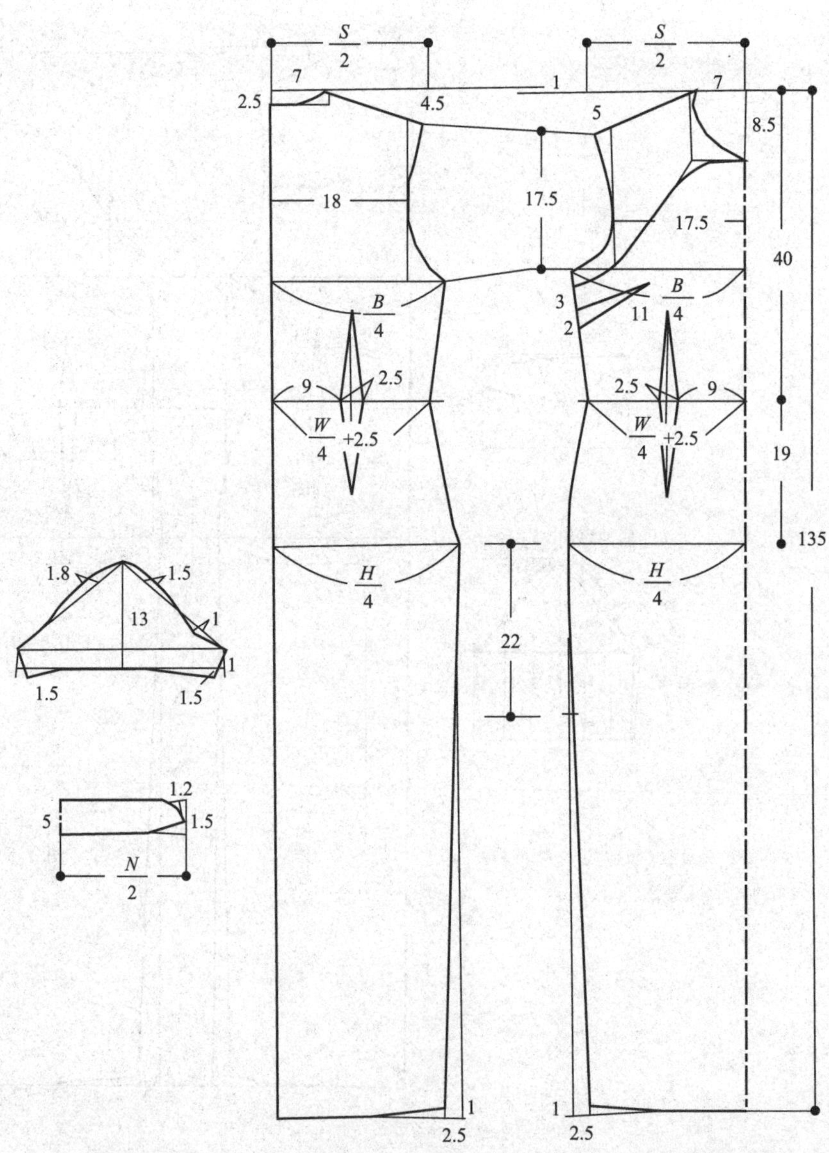

高级缎面旗袍

成品规格　　　　　　　　　　　　　单位：cm

衣长	胸围	腰围	臀围	肩宽	领围	袖长
140	92	72	96	39	37	18

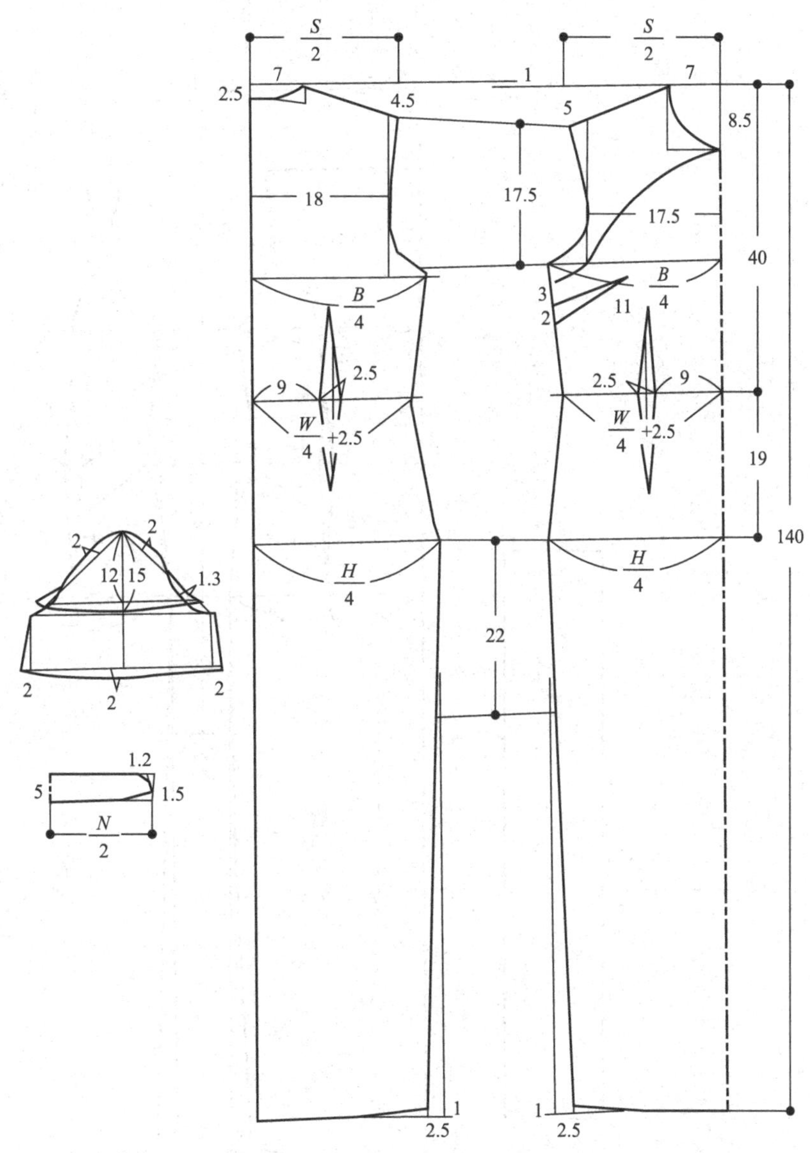

棉毛料手工刺绣旗袍

成品规格　　　　　　　　单位：cm

衣长	胸围	肩宽	腰围	臀围
145	82	39	70	95

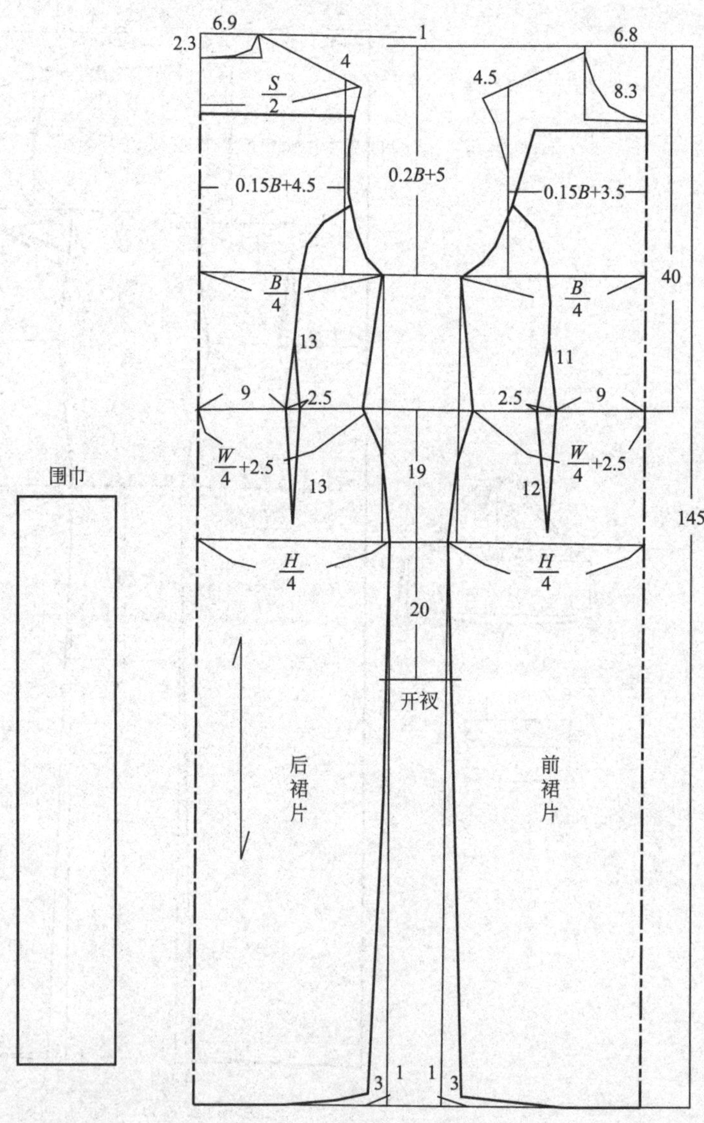

方开襟无领旗袍

成品规格　　　　　　　　　　单位：cm

衣长	胸围	肩宽	袖长	领围	腰围	臀围
148	82	39	24	38	70	92

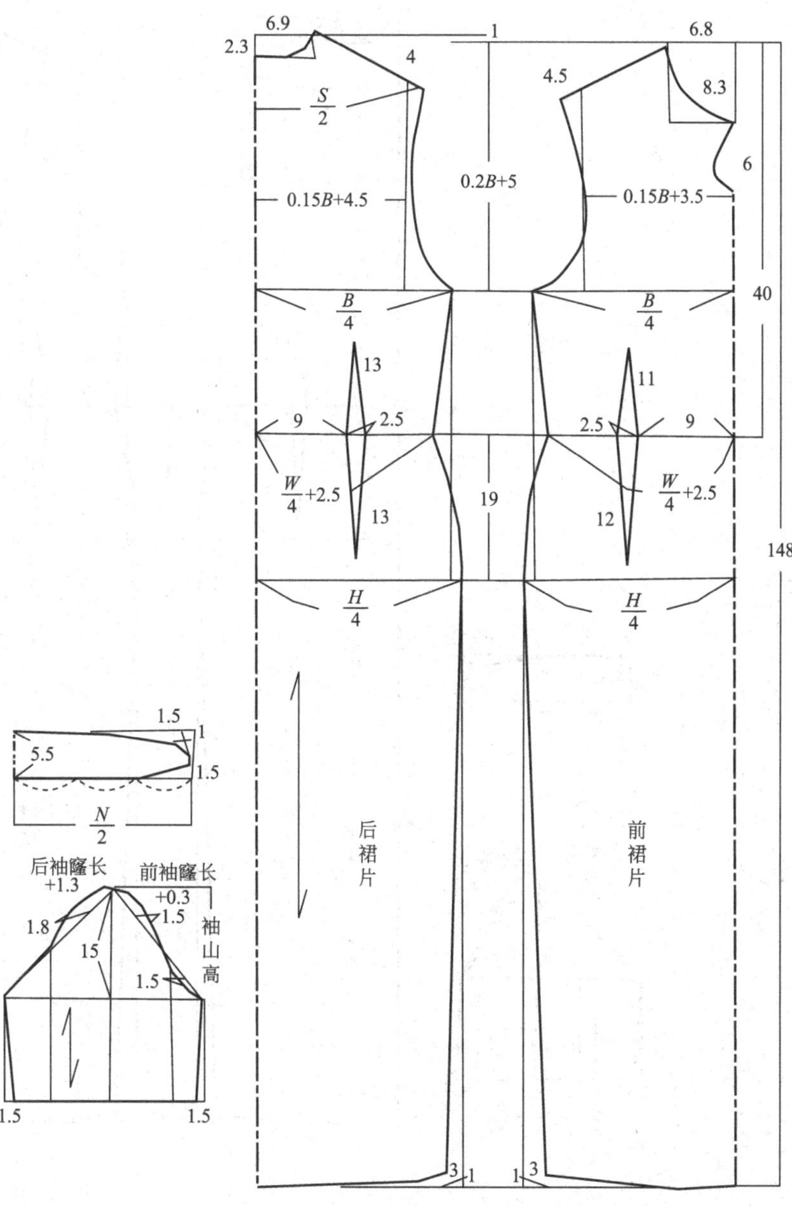

黑底红苹果图案旗袍

成品规格　　　　　　　　　　　　　　单位：cm

衣长	胸围	肩宽	袖长	领围	腰围	臀围
152	82	39	24	38	70	92

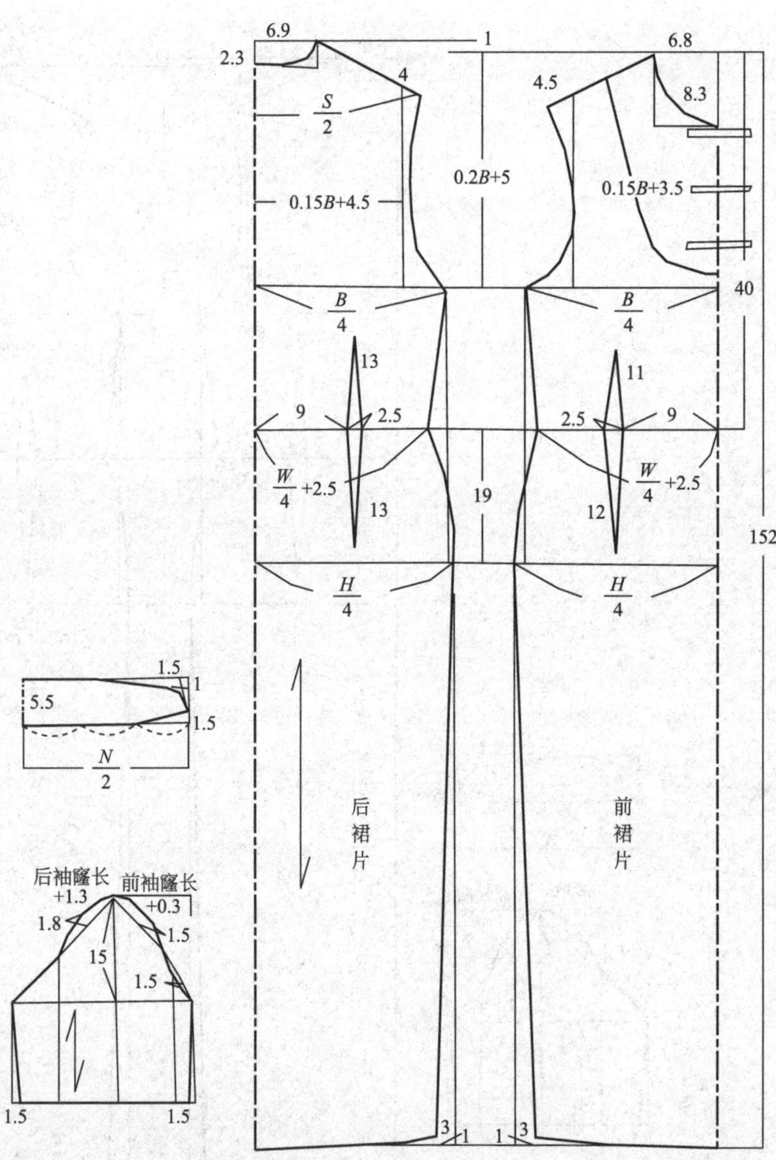

装饰纽襻旗袍

成品规格　　　　　　　　　　　　单位：cm

衣长	胸围	肩宽	袖长	领围	腰围	臀围
145	82	39	22	38	70	92

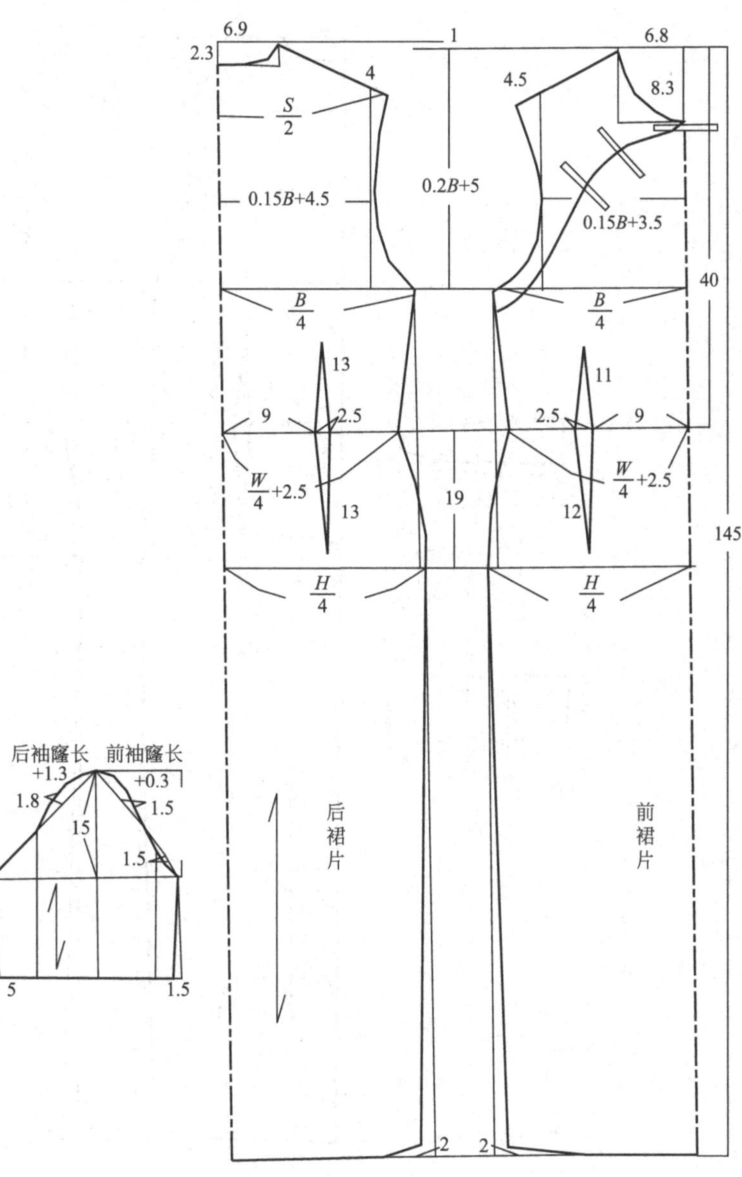

装饰边旗袍

成品规格　　　　　　　　　　　　　　　　　单位：cm

衣长	胸围	肩宽	袖长	领围	腰围	臀围
148	82	39	24	38	70	92

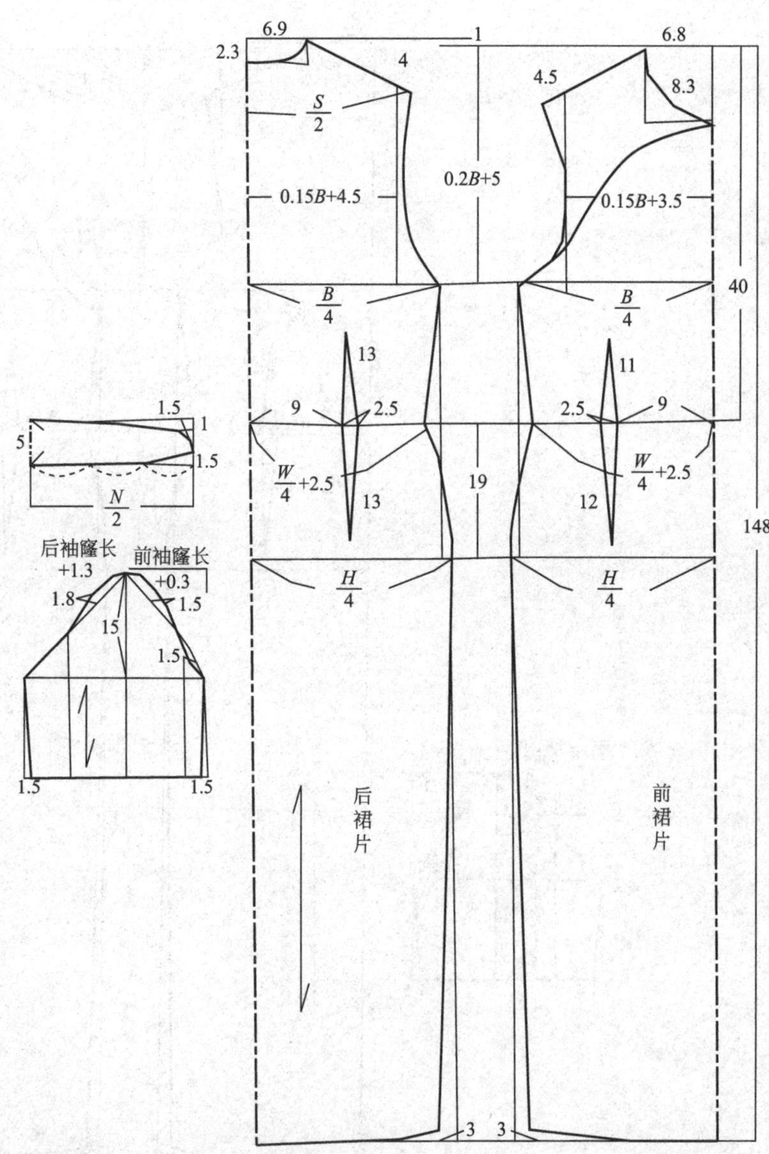

新婚喜庆旗袍

成品规格　　　　　　　　　　　　　　单位：cm

衣长	胸围	肩宽	袖长	领围	腰围	臀围
145	82	39	24	38	70	92

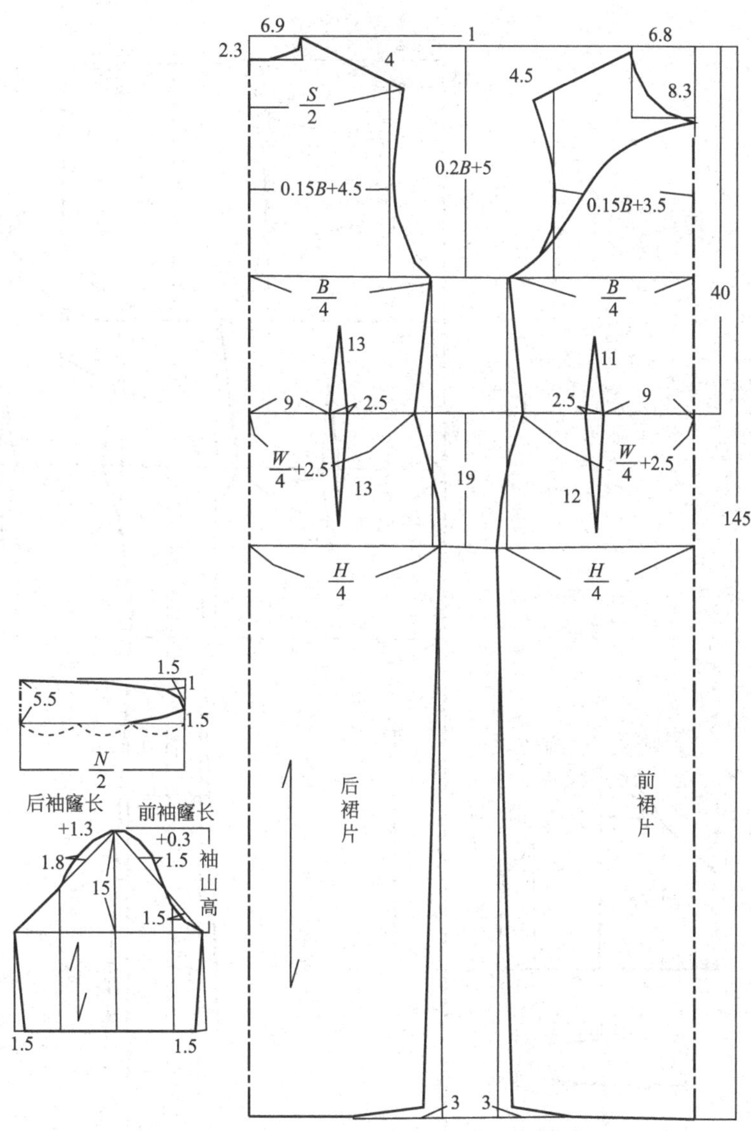

大花类绸缎类旗袍

成品规格　　　　　　　　　　　　　　　单位：cm

衣长	胸围	肩宽	袖长	领围	腰围	臀围
145	94	39	25	38	70	98

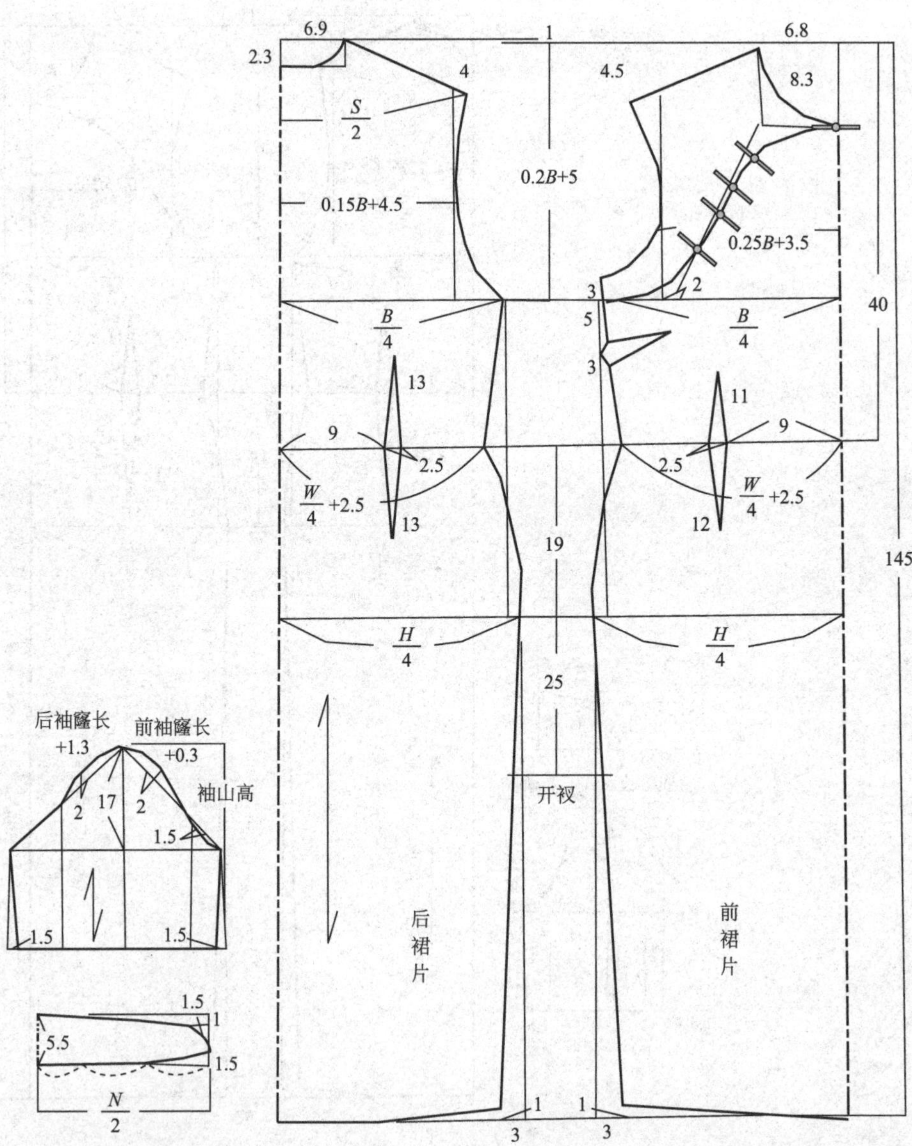

真丝印花面料旗袍

成品规格　　　　　　　　　　　　　　　单位：cm

衣长	胸围	肩宽	袖长	领围	腰围	臀围
148	82	39	24	38	70	92

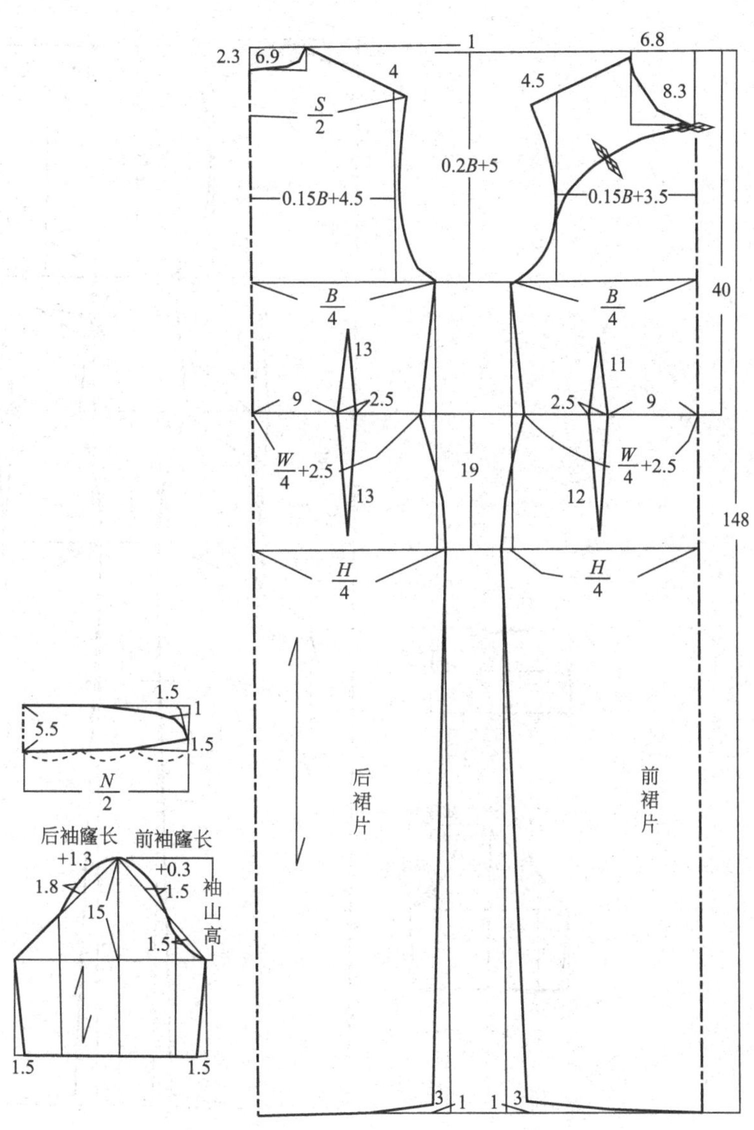

丝类面料旗袍

成品规格　　　　　　　　　　　　　　　　单位：cm

衣长	胸围	肩宽	袖长	领围	腰围	臀围
145	88	40	25	38	74	94

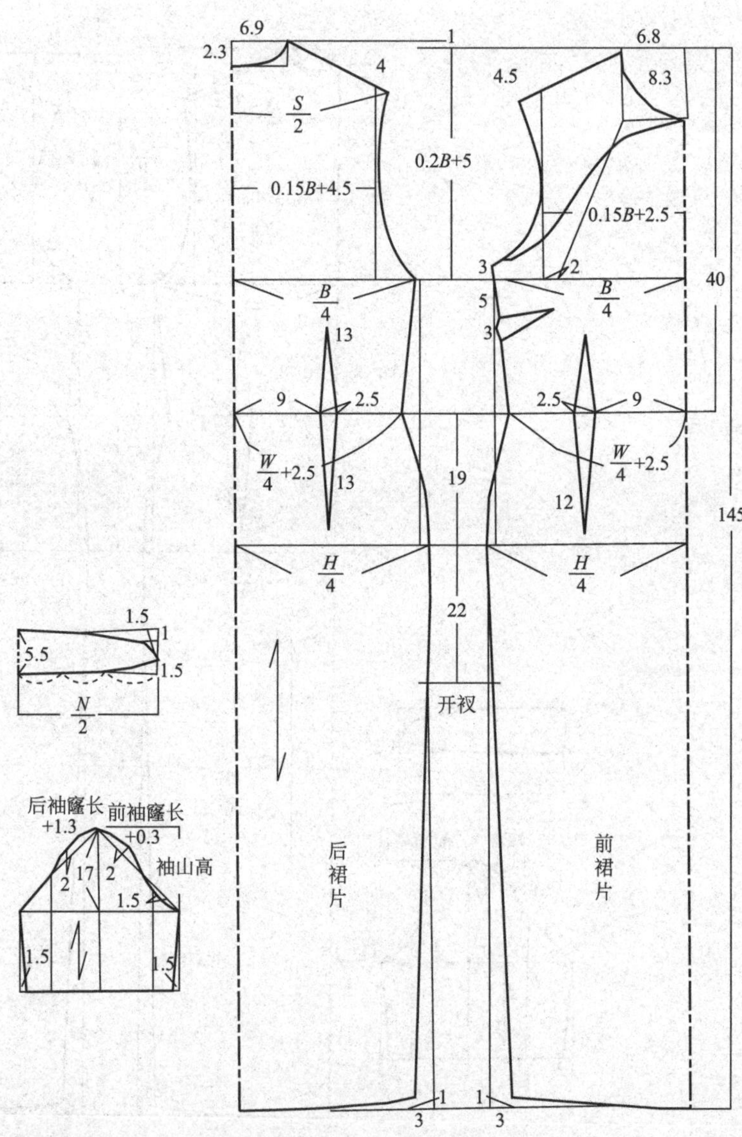

黑大绒旗袍

成品规格　　　　　　　　　　　　　　单位：cm

衣长	胸围	肩宽	袖长	领围	腰围	臀围
148	82	39	24	38	70	92

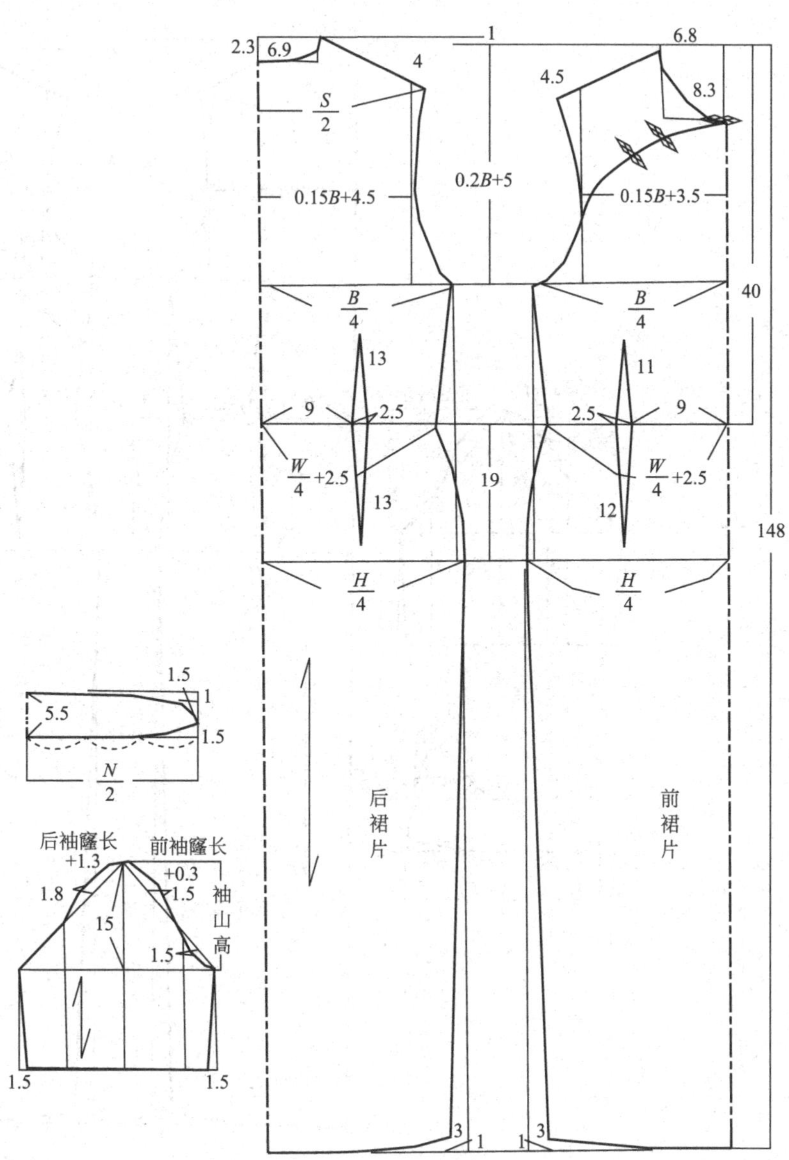

绸缎类纽襻旗袍

成品规格　　　　　　　　　　　　　　　　单位：cm

衣长	胸围	肩宽	袖长	领围	腰围	臀围
150	82	39	55	38	70	92

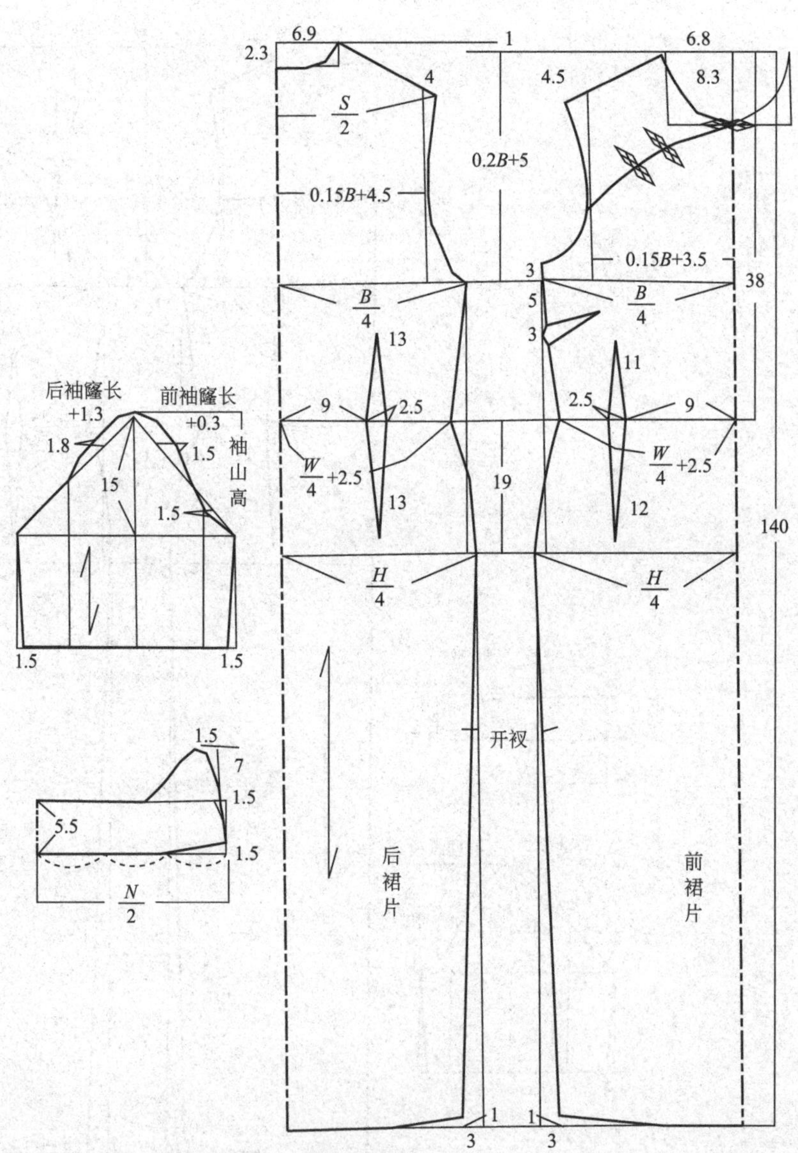

特殊三开领旗袍

成品规格　　　　　　　　　　　　　单位：cm

衣长	胸围	肩宽	袖长	领围	腰围	臀围
150	82	39	24	38	70	92

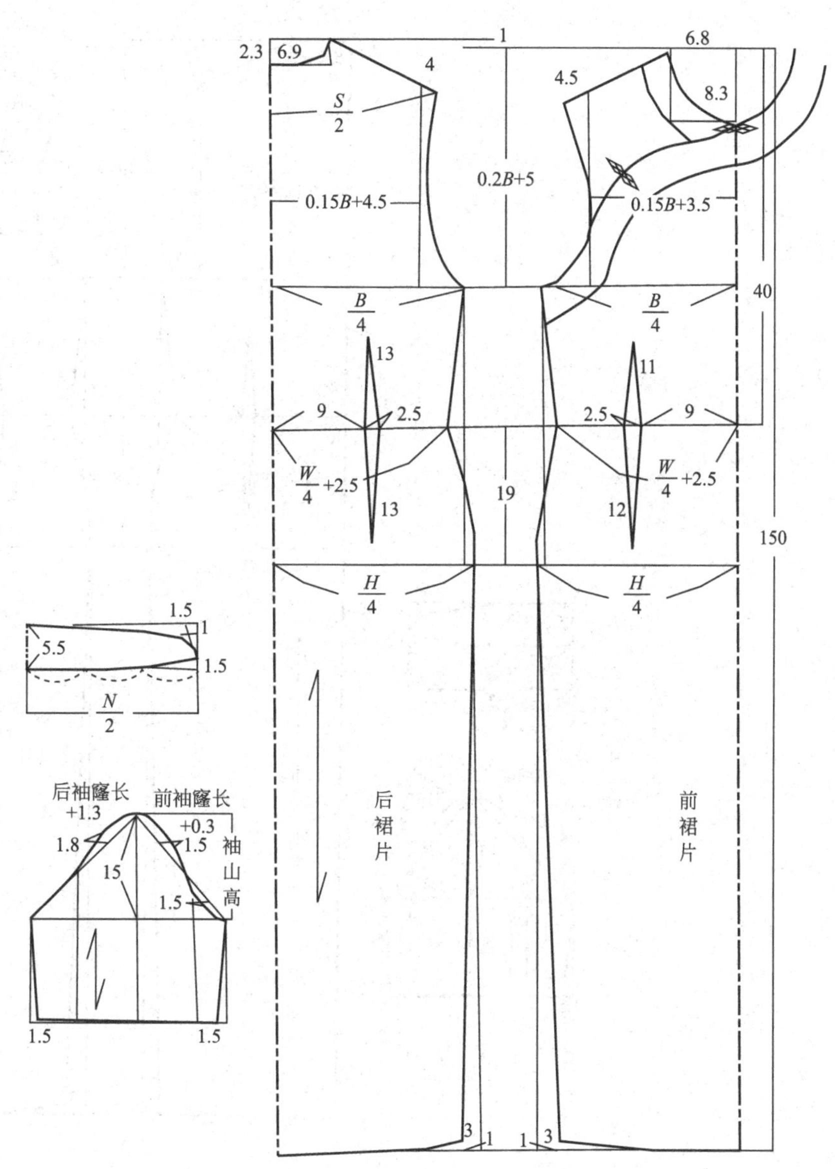

添加装饰边旗袍

成品规格　　　　　　　　　　　　　　　单位：cm

衣长	胸围	肩宽	袖长	领围	腰围	臀围
150	82	39	24	38	70	92

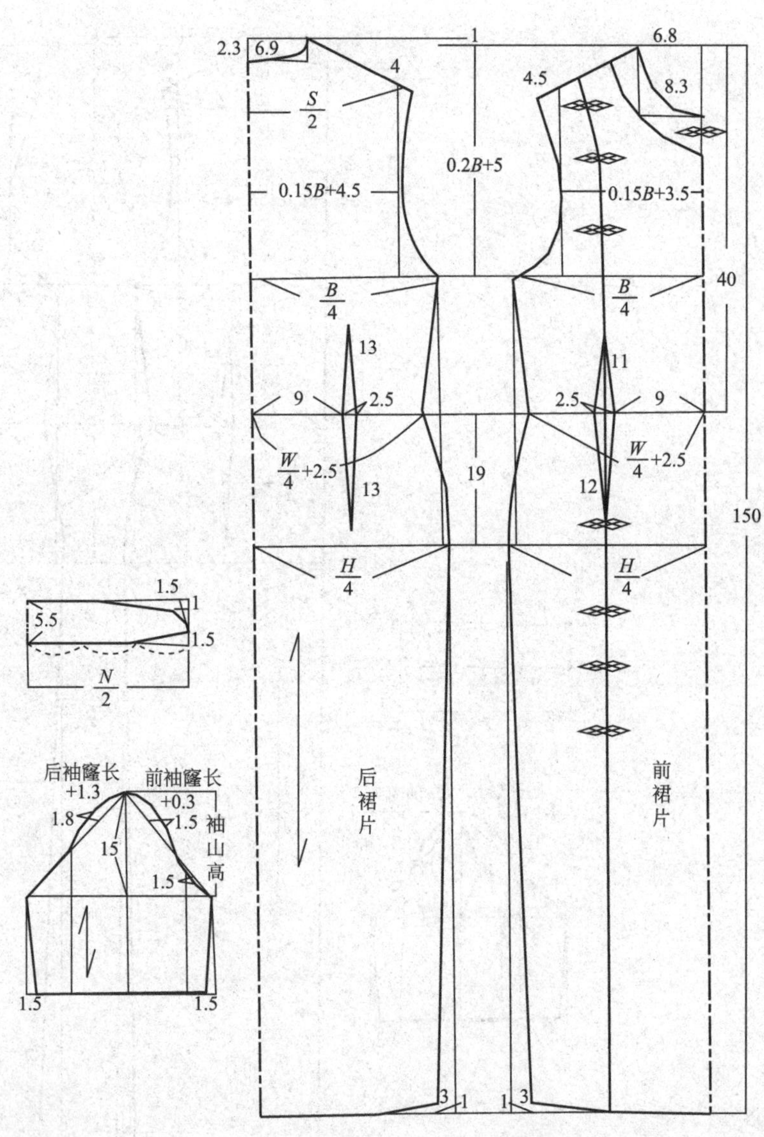

侧开襟纽襻装饰旗袍

成品规格　　　　　　　　　　　　　　　　单位：cm

衣长	胸围	肩宽	袖长	领围	腰围	臀围
125	80	39	24	38	70	92

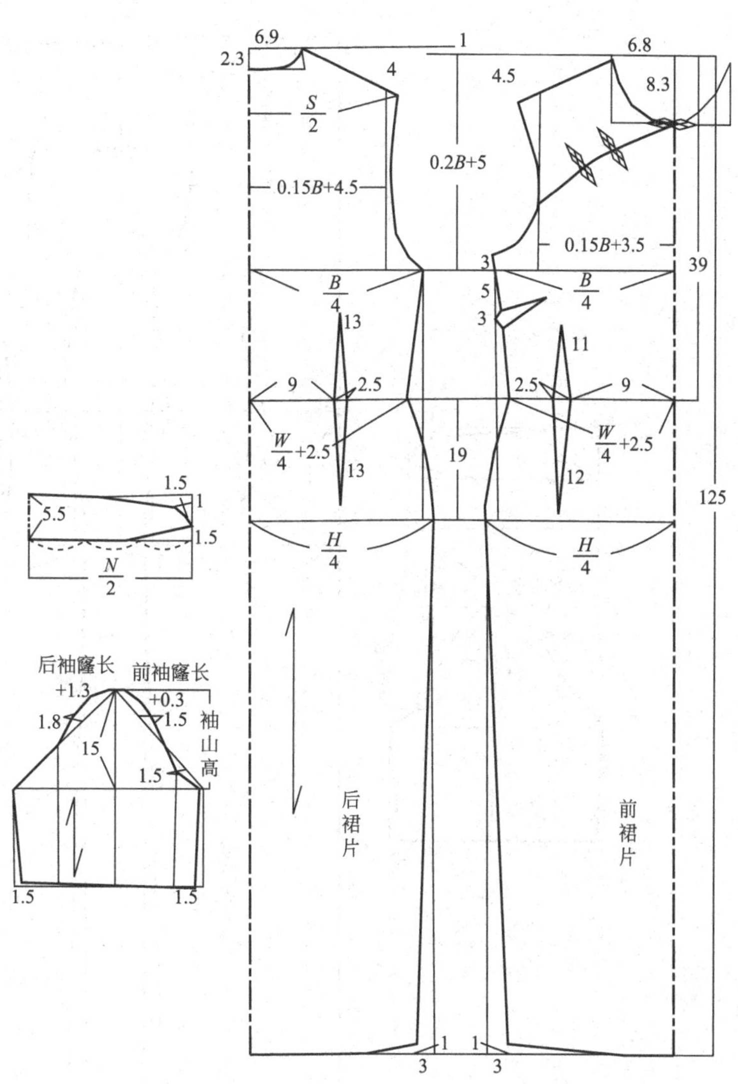

中年妇女简朴旗袍

成品规格　　　　　　　　　　　　　　　　　单位：cm

衣长	胸围	肩宽	袖长	领围	腰围	臀围
125	80	39	24	38	70	92

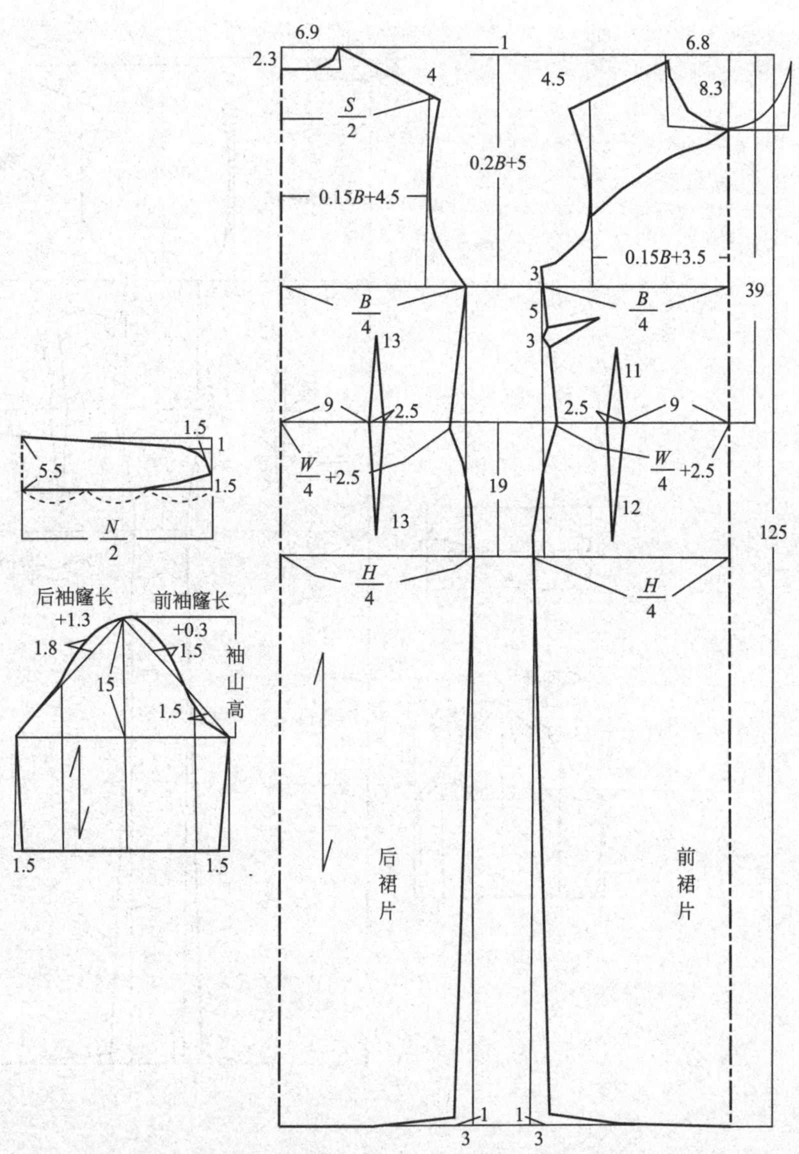

侧开襟大绒旗袍

成品规格 单位：cm

衣长	胸围	肩宽	袖长	领围	腰围	臀围
150	88	39	30	38	74	98

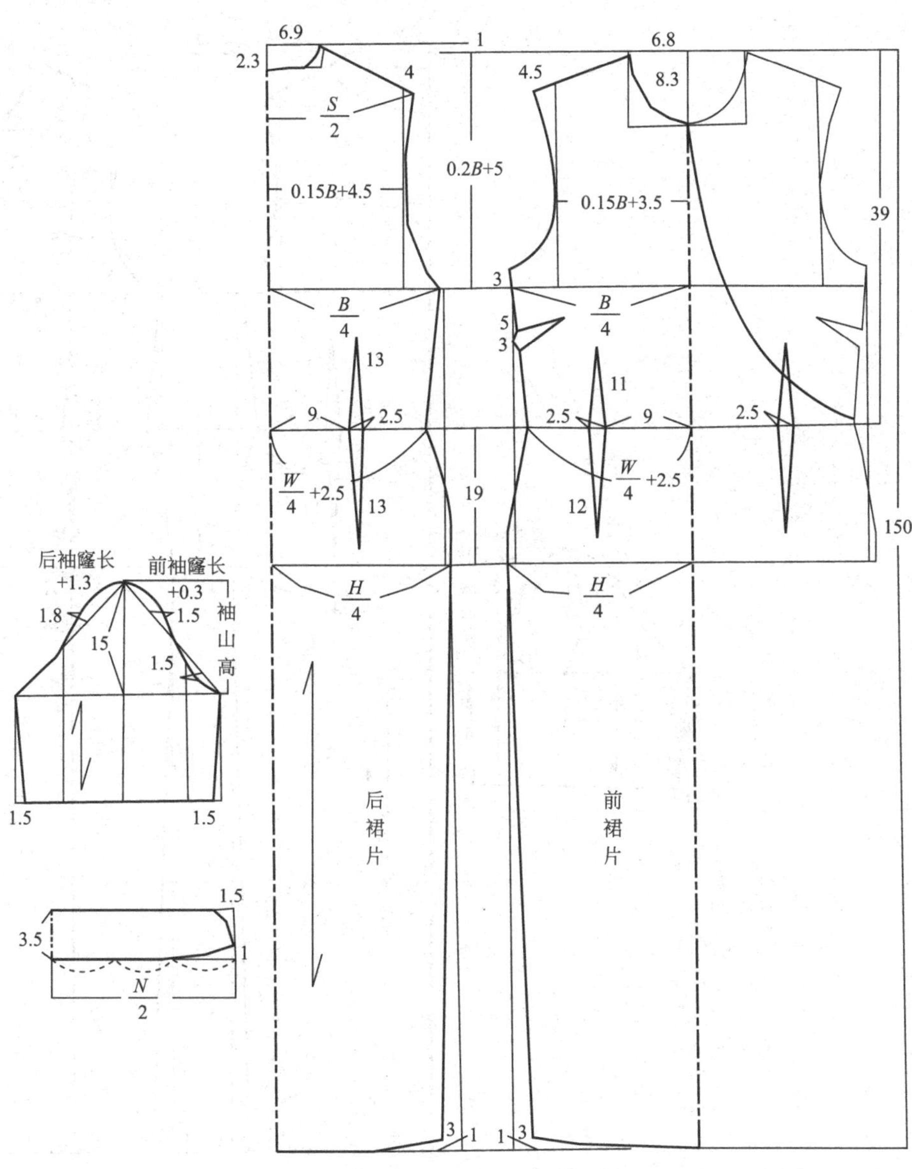

双面料搭配旗袍

成品规格　　　　　　　　　　　　　　　　单位：cm

衣长	胸围	肩宽	袖长	领围	腰围	臀围
148	82	39	24	38	70	92

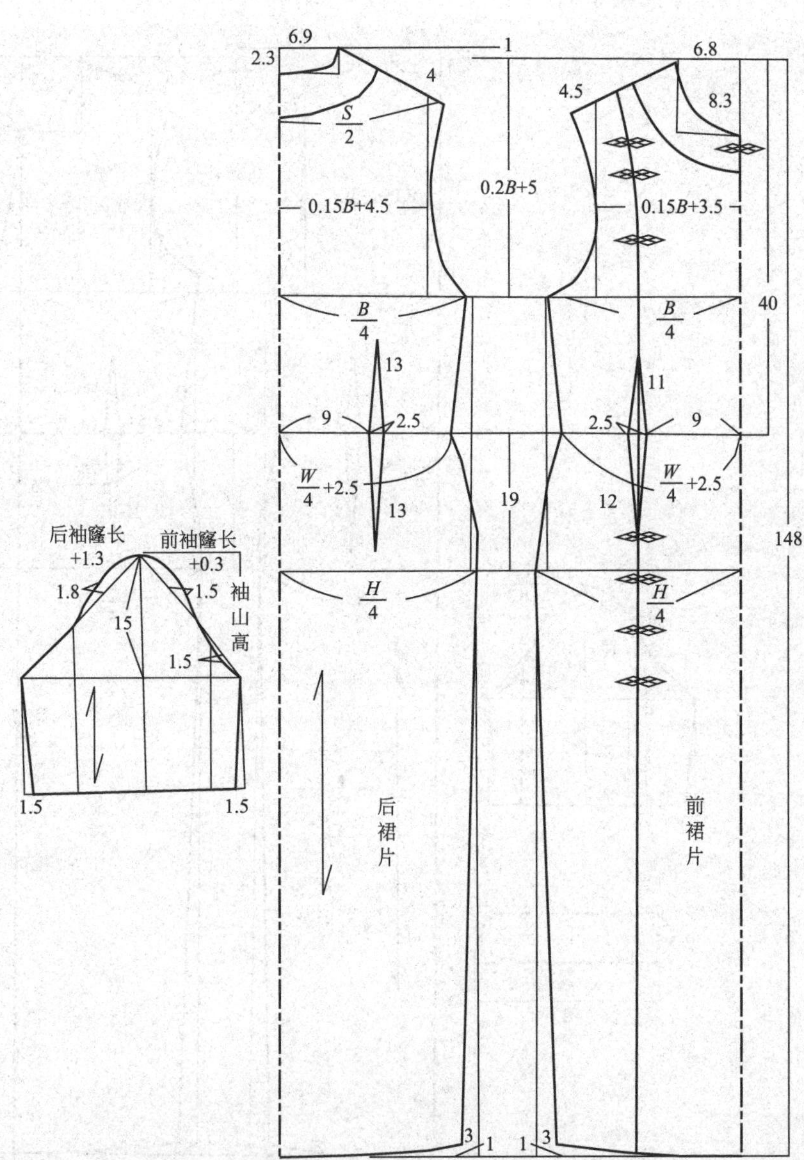

侧开襟双色面料旗袍

成品规格　　　　　　　　　　　单位：cm

衣长	胸围	肩宽	领围	腰围	臀围
150	82	39	38	70	95

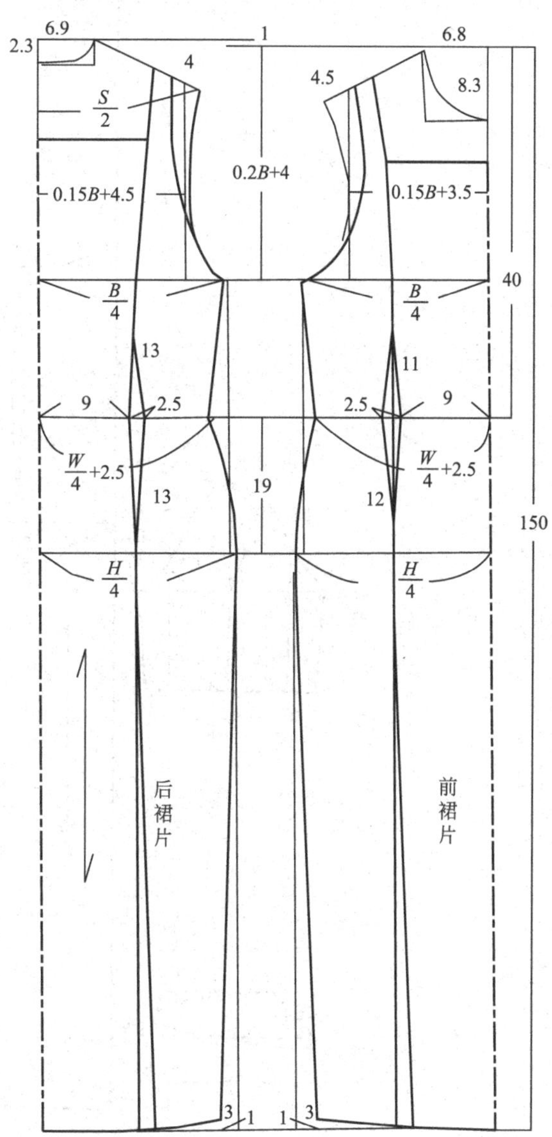

包肩袖毛领旗袍

成品规格　　　　　　　　　　　　　　单位：cm

衣长	胸围	肩宽	袖长	领围	腰围	臀围
152	82	39	24	38	70	92

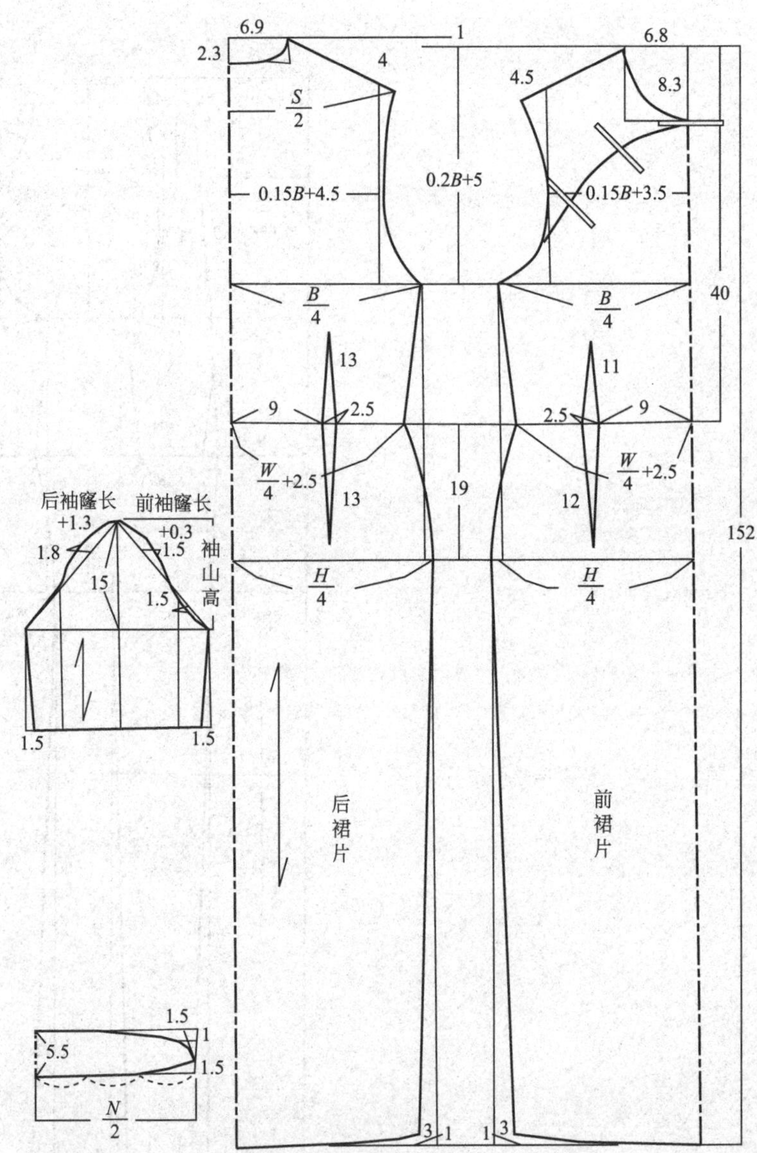

嫩肤色面料旗袍

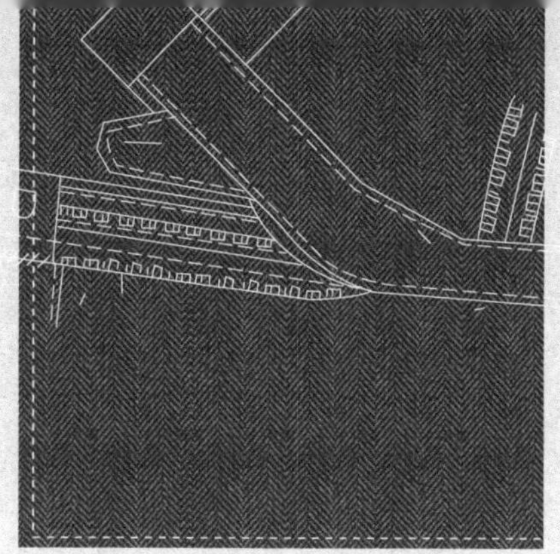

CHAPTER 3

无袖旗袍

成品规格　　　　　　　　　　单位：cm

衣长	胸围	肩宽	领围	腰围	臀围
150	82	39	38	70	95

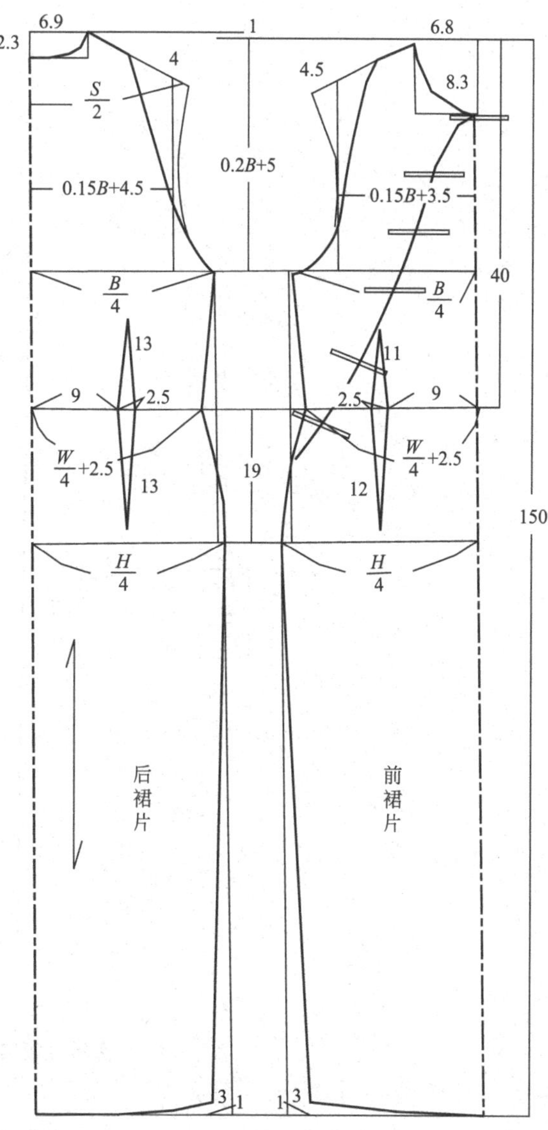

斜襟纽襻旗袍

成品规格 单位：cm

衣长	胸围	肩宽	领围	腰围	臀围
152	80	39	38	68	92

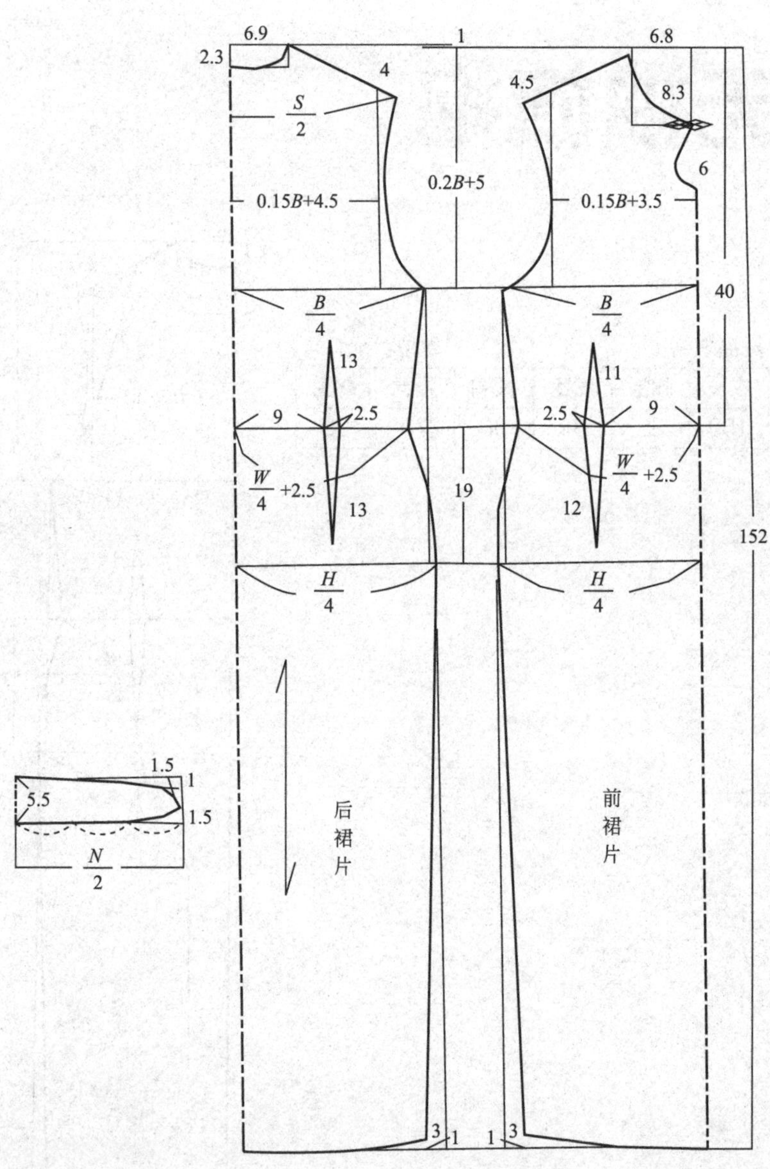

大绒立领镂空旗袍

成品规格　　　　　　　　　　　单位：cm

衣长	胸围	腰围	臀围	肩宽	领围
140	94	74	98	38	37

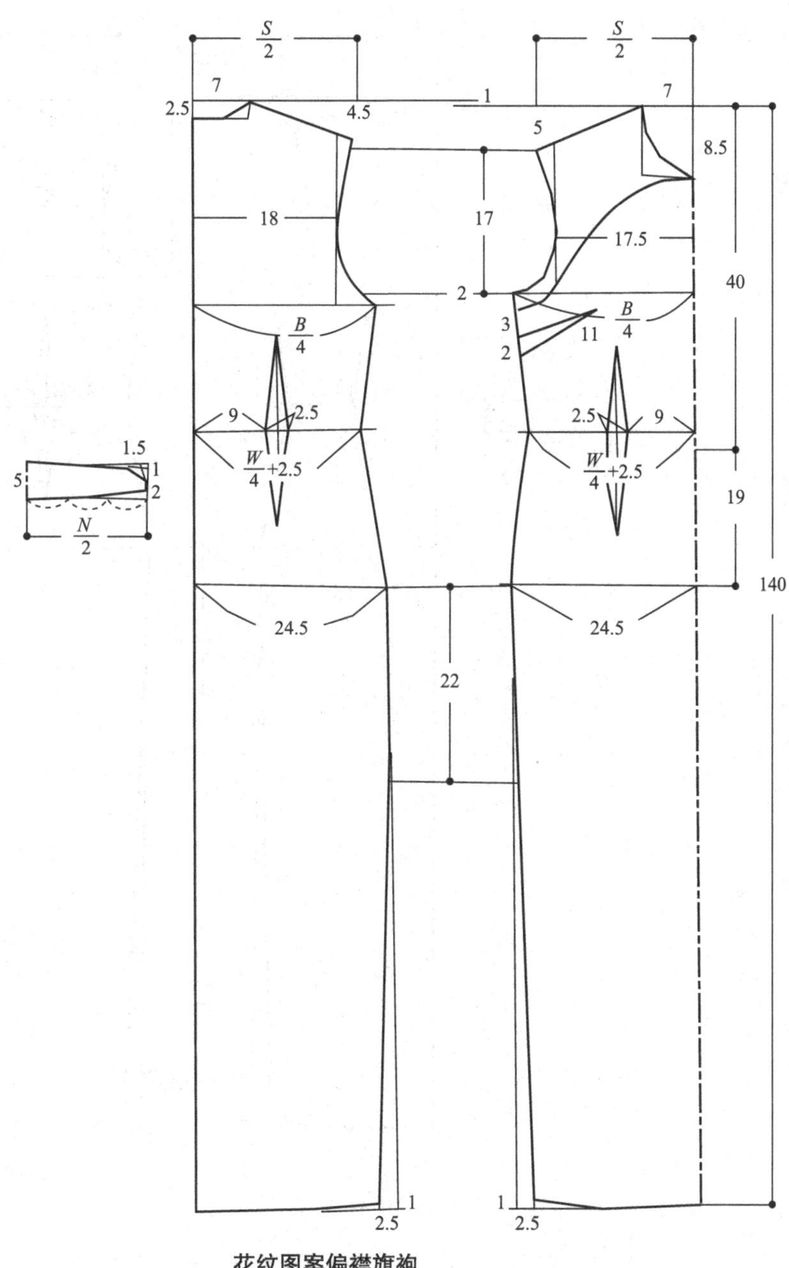

花纹图案偏襟旗袍

成品规格　　　　　　　　　　单位：cm

衣长	胸围	肩宽	领围	腰围	臀围
135	92	36	38	74	98

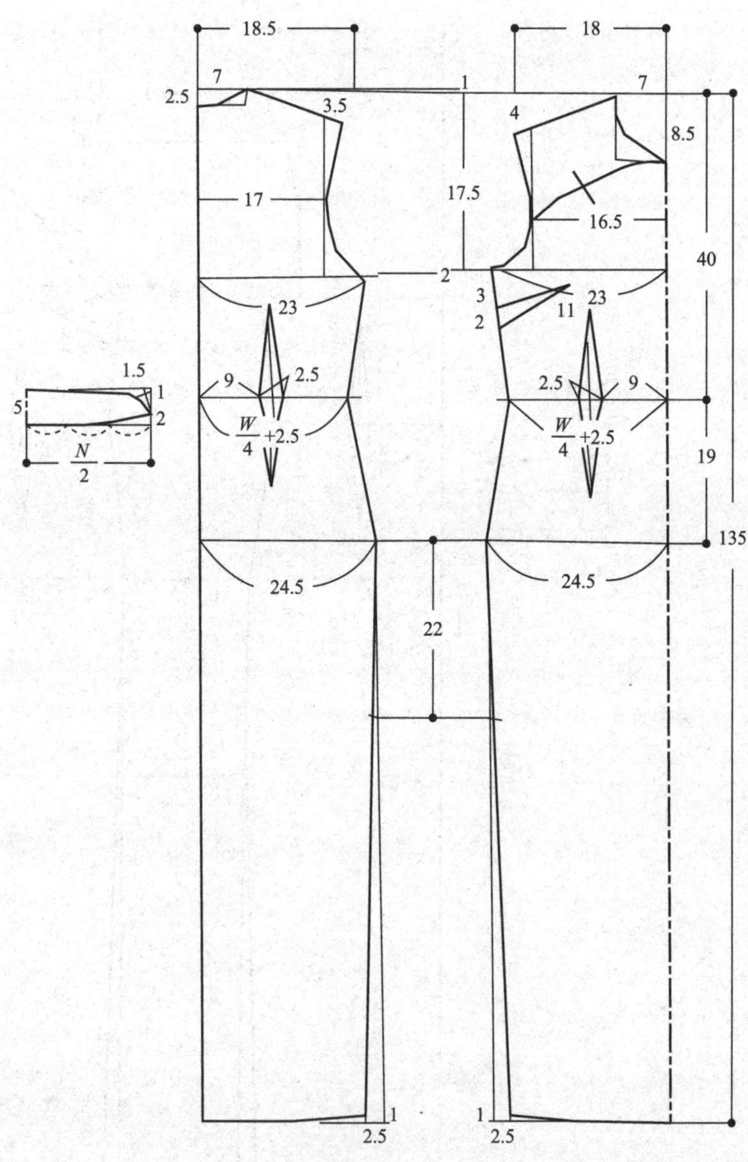

偏襟缎面旗袍

成品规格　　　　　　　　　　　　单位：cm

衣长	胸围	肩宽	领围	腰围	臀围
135	92	38	38	74	96

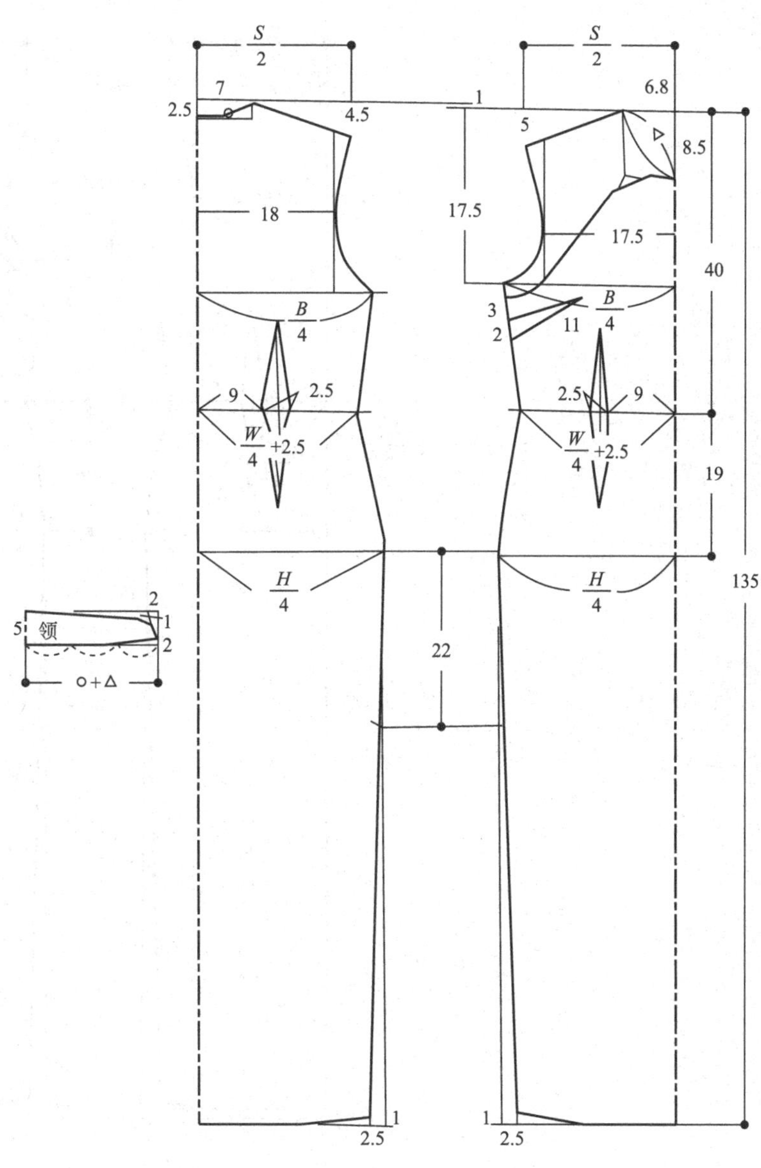

大花图案棉布旗袍

成品规格　　　　　　　　　　单位：cm

衣长	胸围	腰围	臀围	肩宽	领围
135	96	76	100	38	38

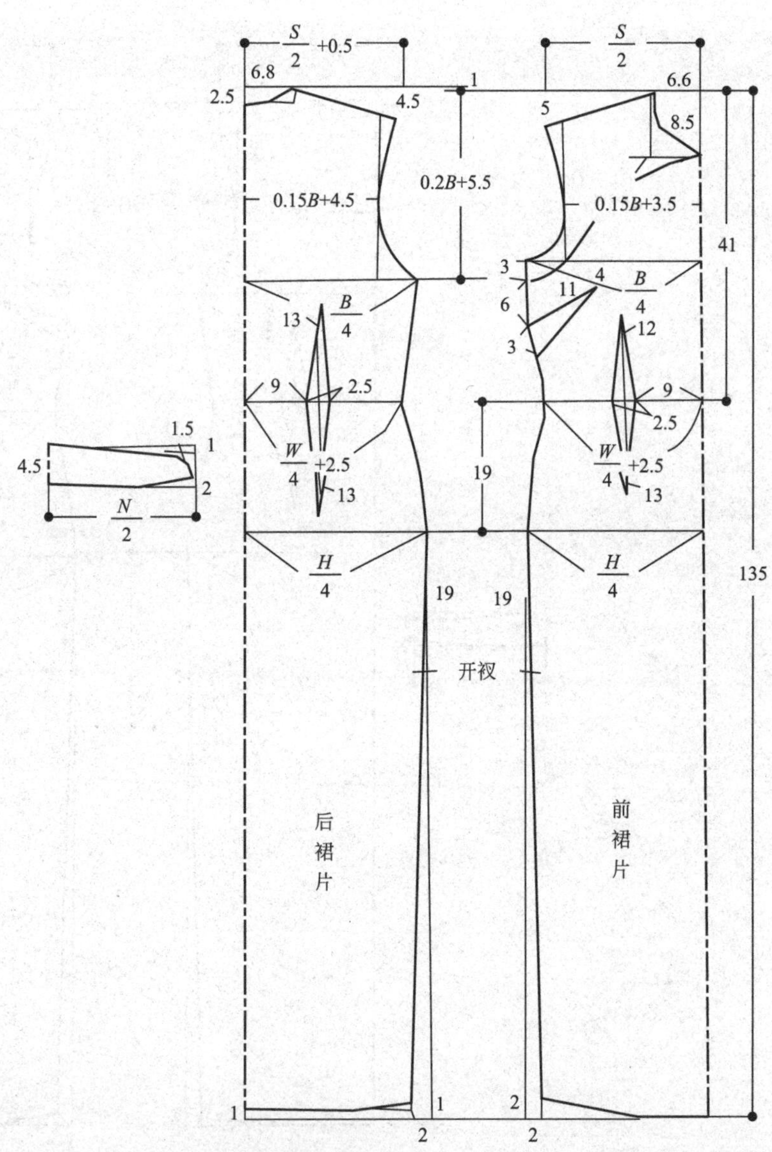

绸缎类花纹图案旗袍

成品规格　　　　　　　　　　单位：cm

衣长	胸围	肩宽	领围	腰围	臀围
150	82	39	38	70	95

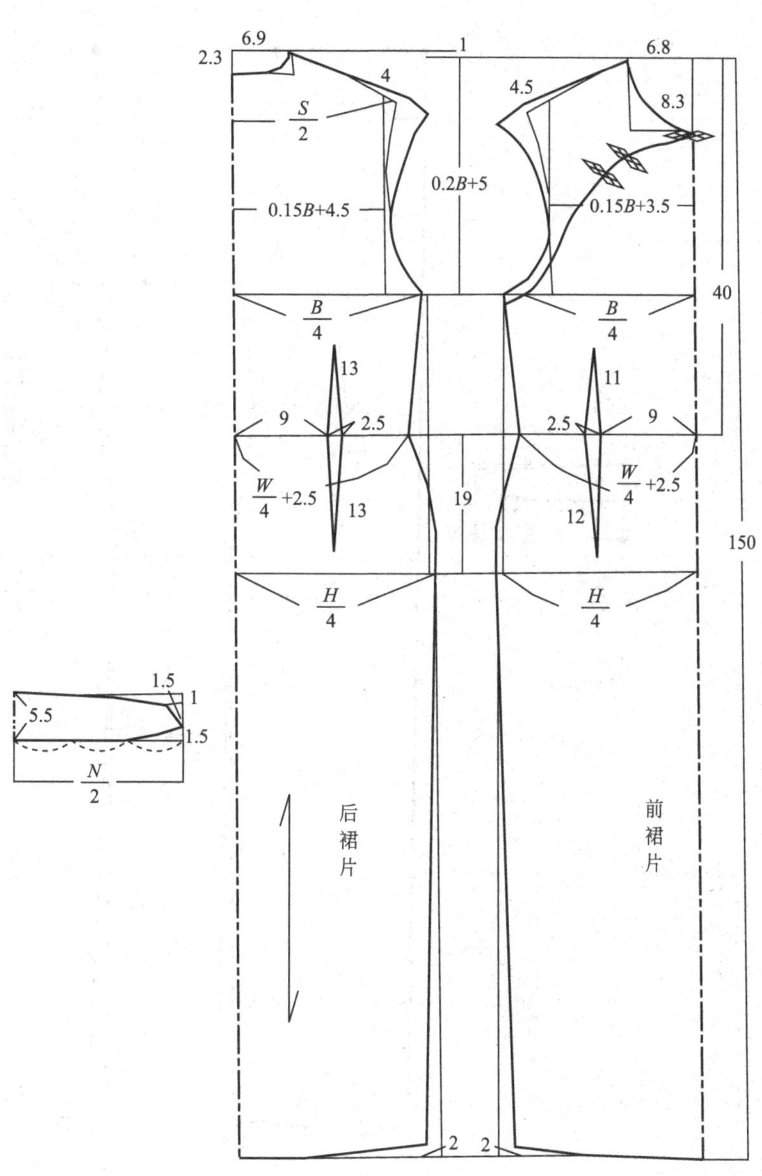

大绒纽襻类旗袍

成品规格　　　　　　　　　　　　　　单位：cm

衣长	胸围	肩宽	袖长	领围	腰围
135	94	40	38	74	96

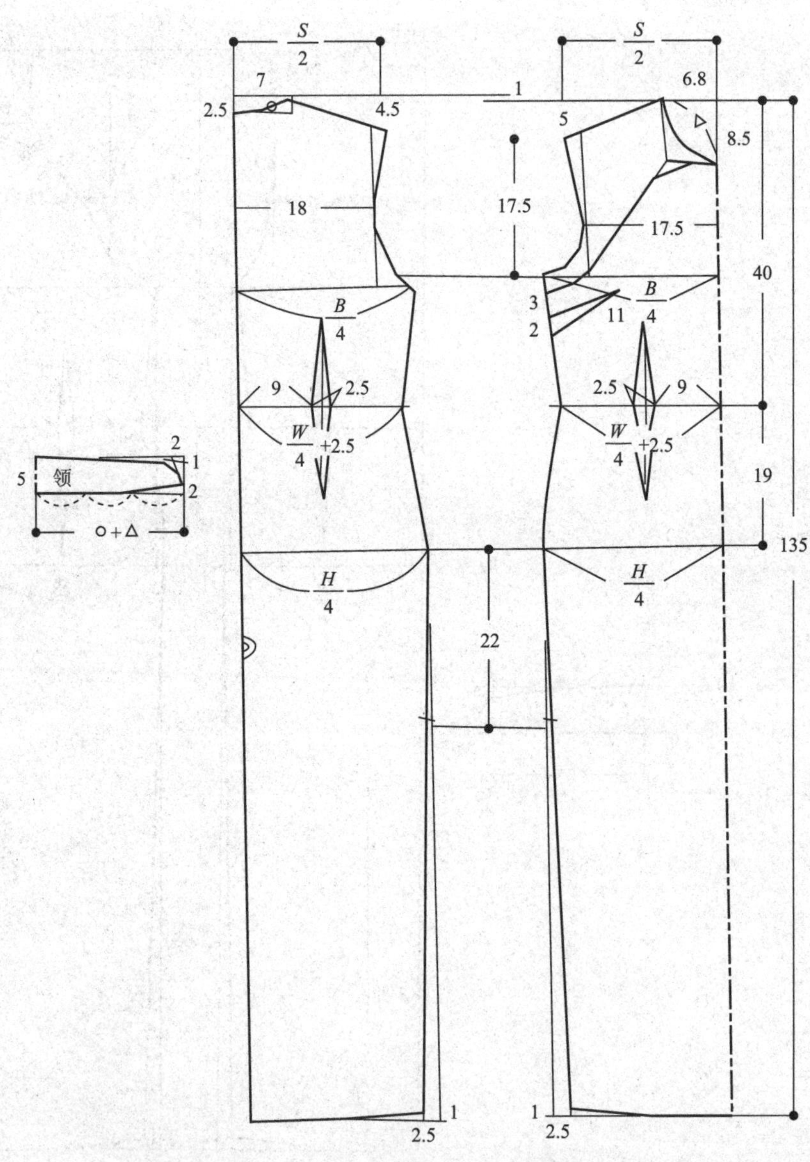

纱料绣花旗袍

成品规格　　　　　　　　　　　　　　单位：cm

衣长	胸围	肩宽	领围	腰围	臀围	袖长
135	92	39	37	72	96	16

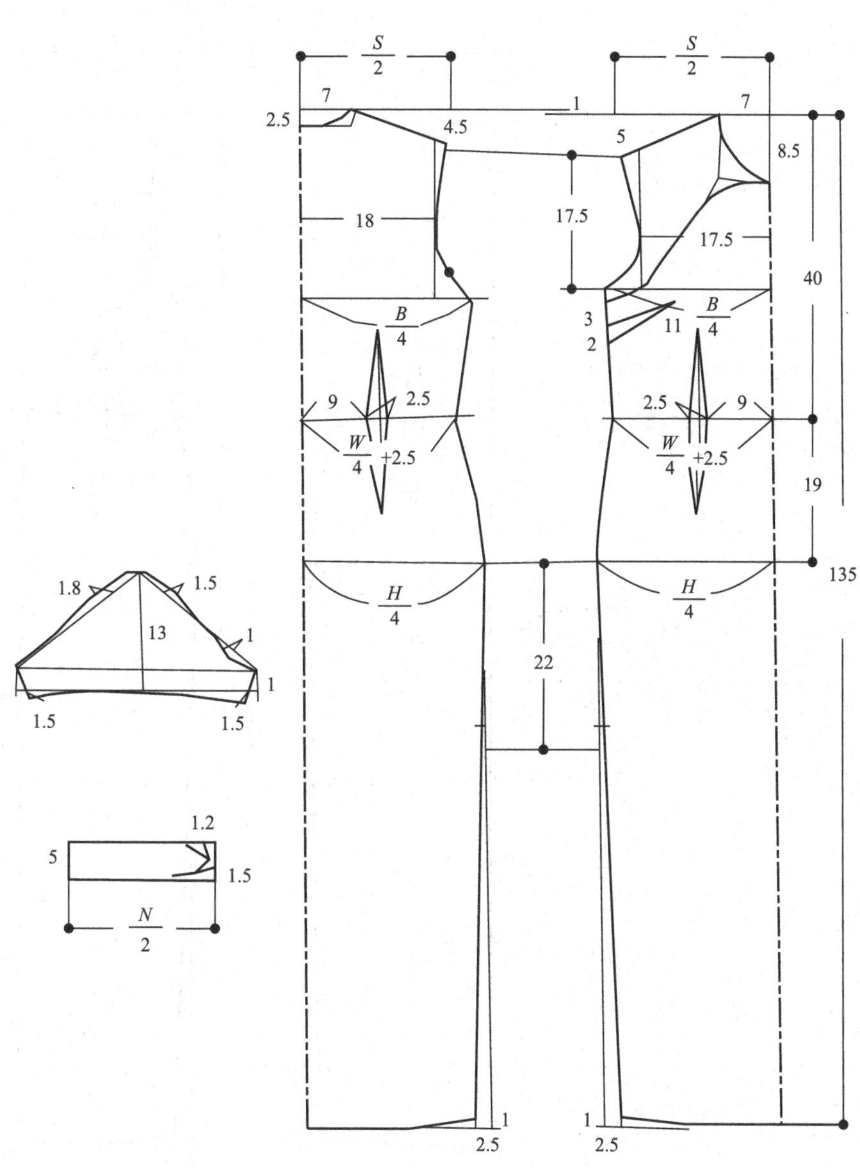

传统立领旗袍

成品规格　　　　　　　　　　　单位：cm

衣长	胸围	腰围	臀围	肩宽	领围
140	92	74	98	36	36

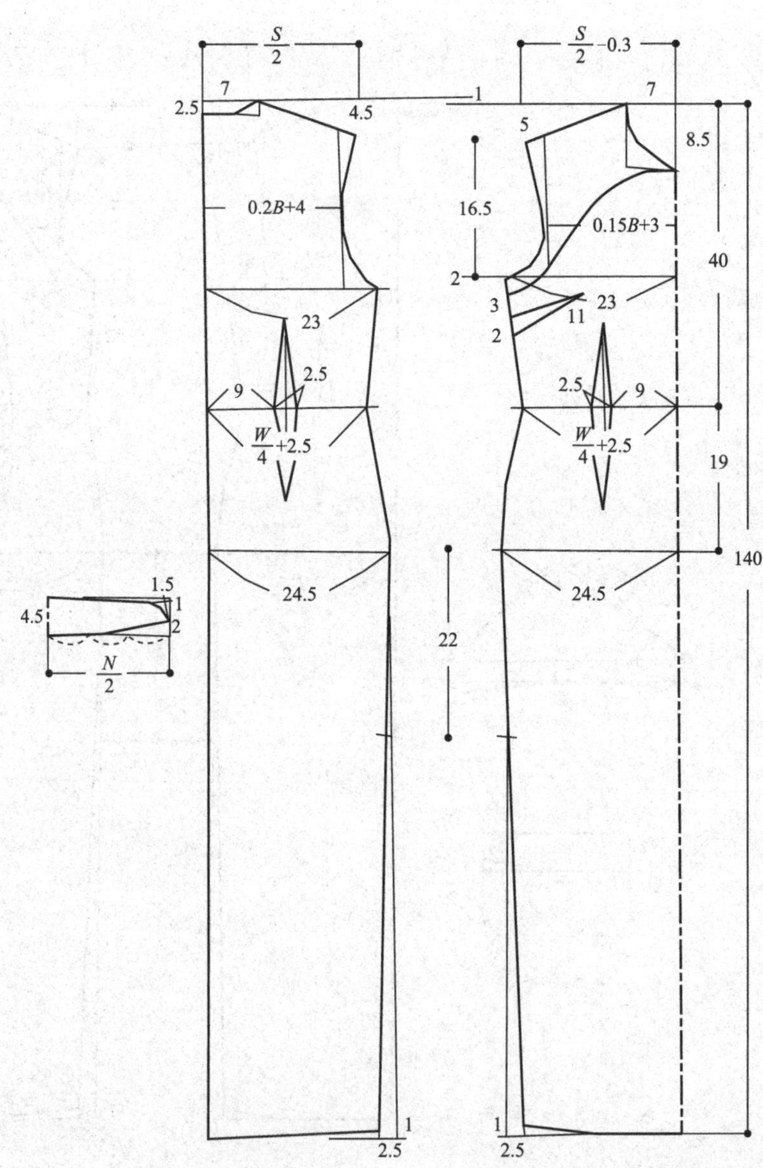

蜡染布图案旗袍

成品规格　　　　　　　　　　　　　　　　单位：cm

衣长	胸围	腰围	臀围	肩宽	领围
140	92	74	96	36	37

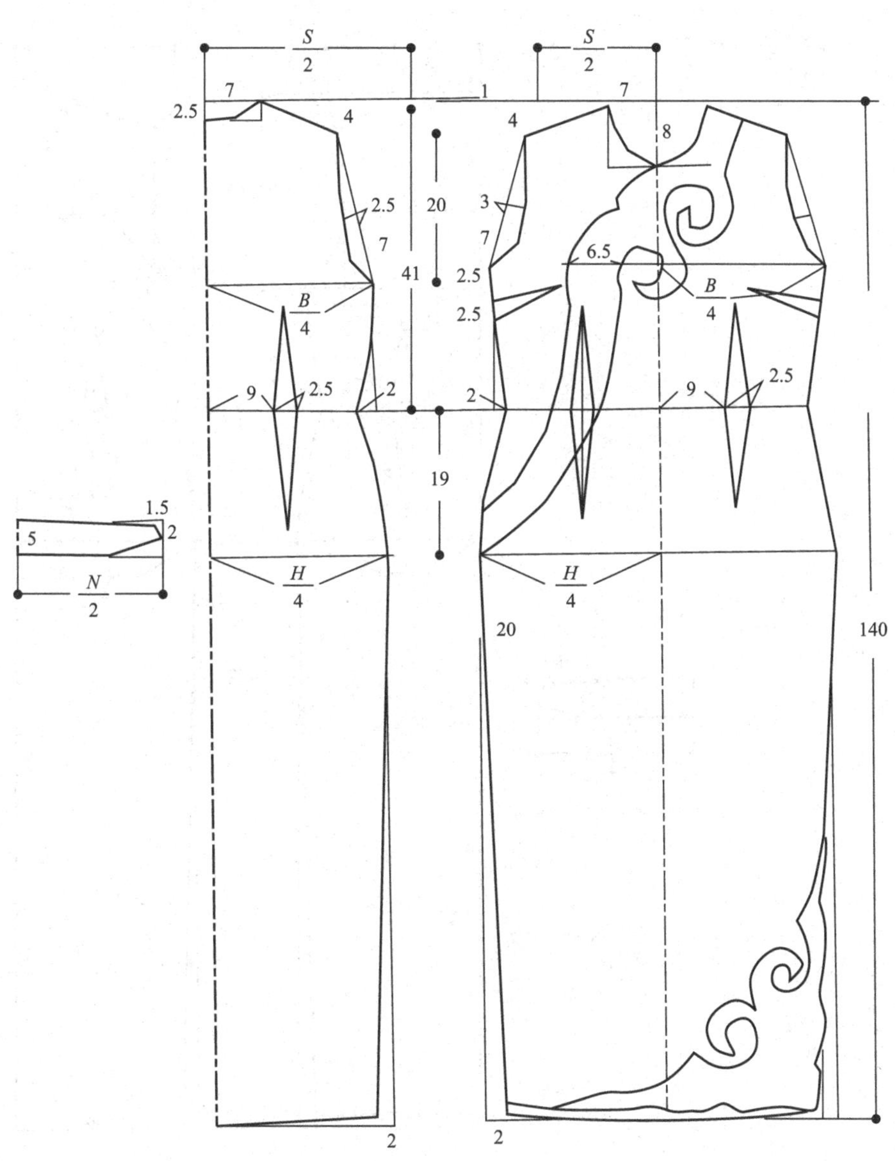

婚庆喜庆旗袍

成品规格　　　　　　　　　　　　　　单位：cm

衣长	胸围	腰围	臀围	肩宽	领围
135	94	74	96	40	38

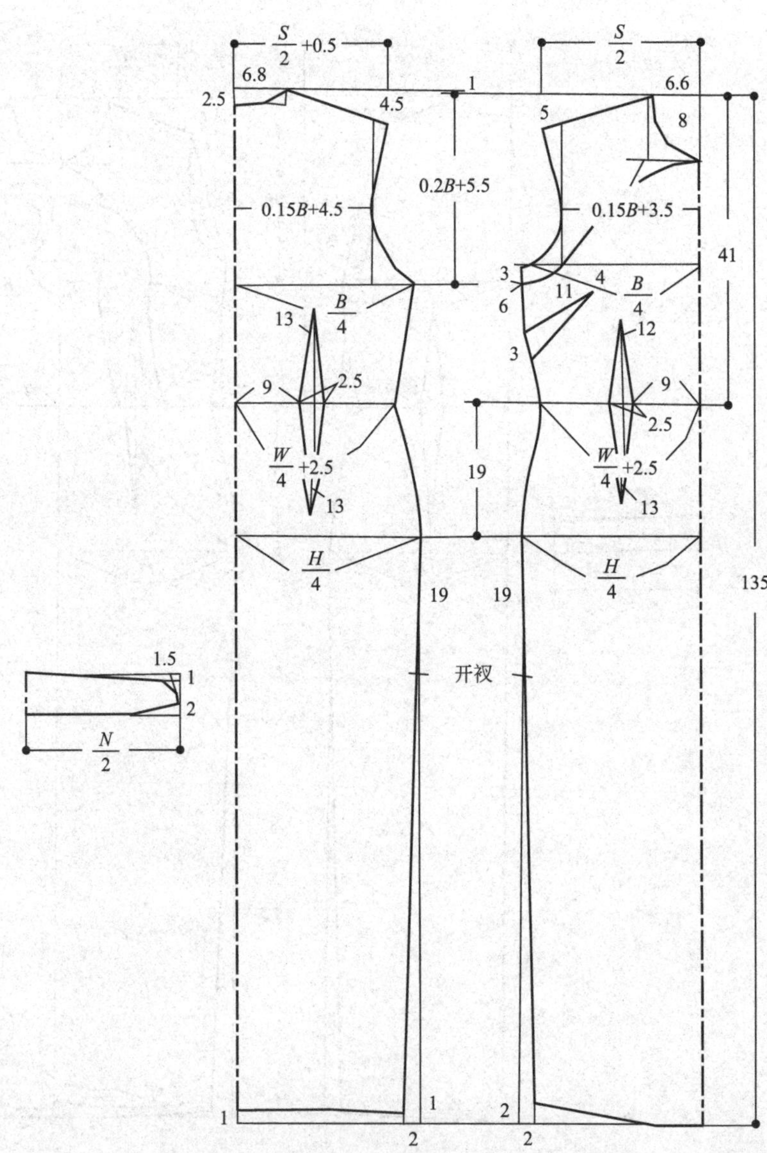

龙形图案旗袍

成品规格　　　　　　　　　　　单位：cm

衣长	胸围	腰围	臀围	肩宽	领围
140	94	74	96	39	38

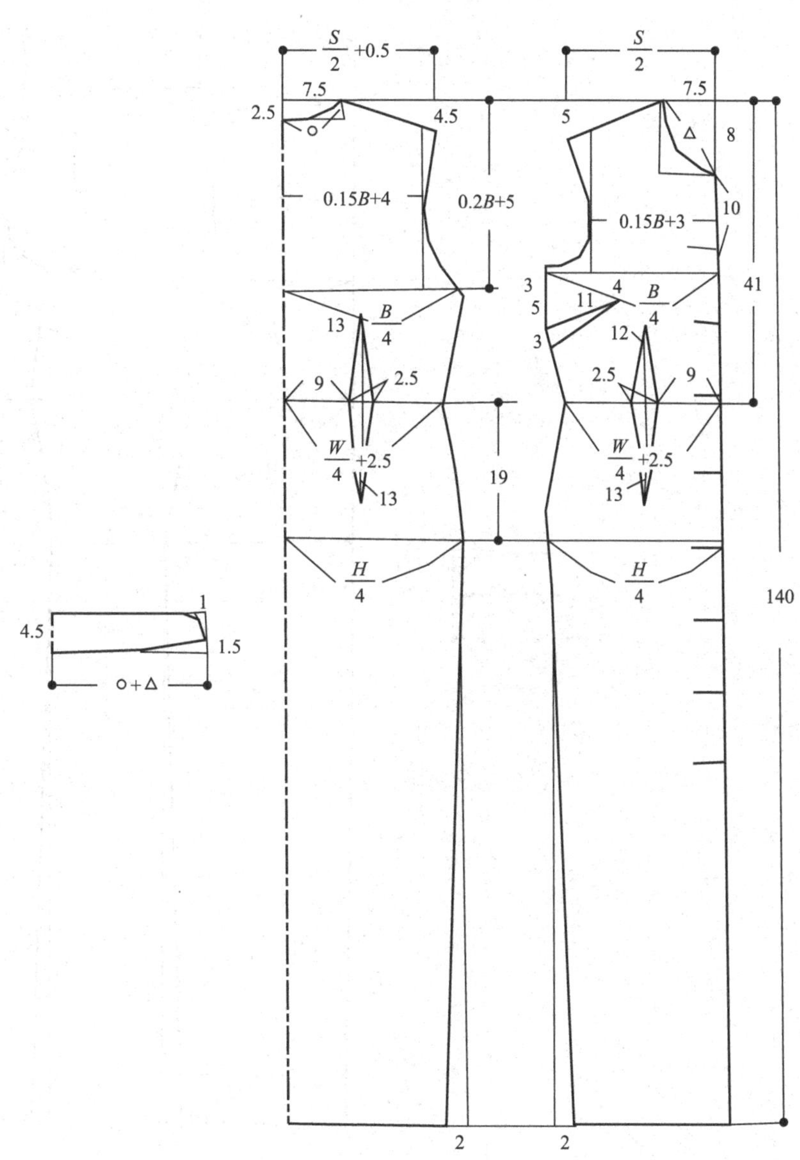

纽襻类素雅旗袍

成品规格　　　　　　　　　　　　单位：cm

衣长	胸围	腰围	臀围	肩宽	领围
135	92	74	98	36	38

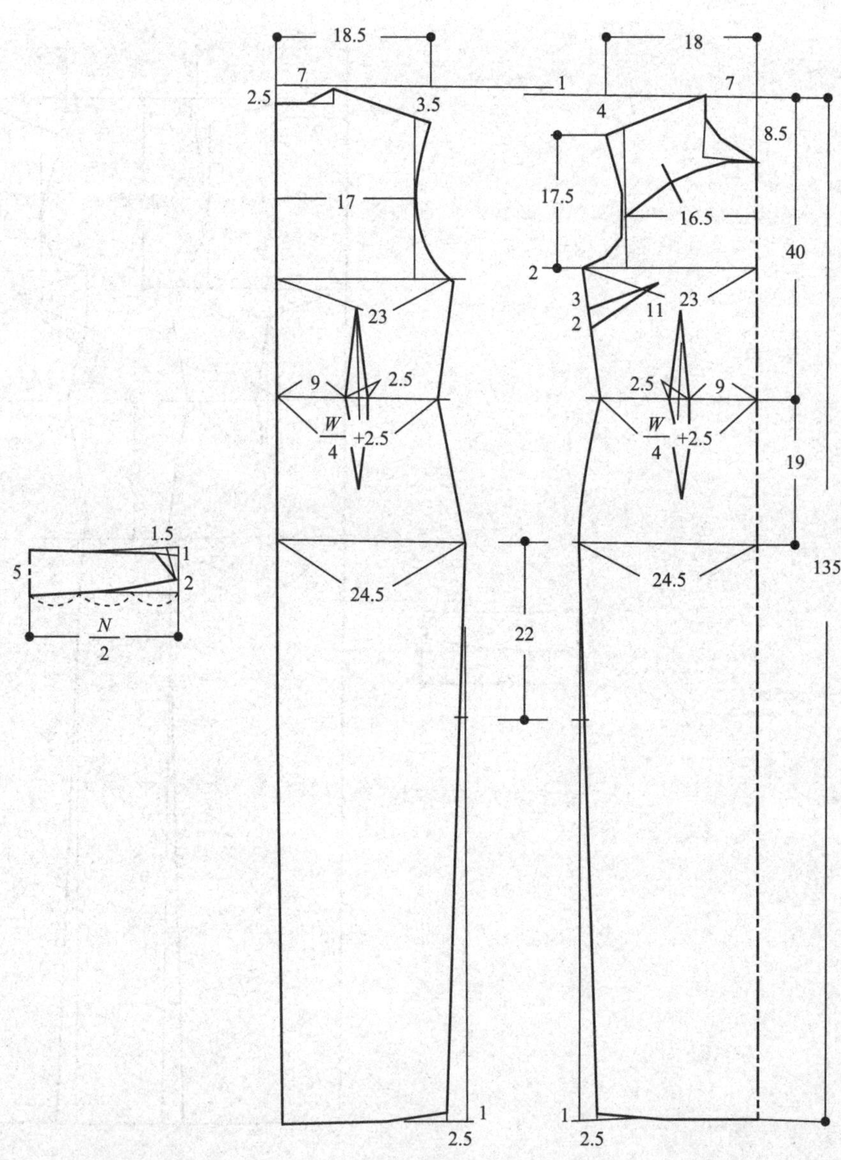

高端大气绸缎类旗袍

成品规格　　　　　　　　　　单位：cm

衣长	胸围	腰围	臀围	肩宽	领围
135	92	76	98	35	37

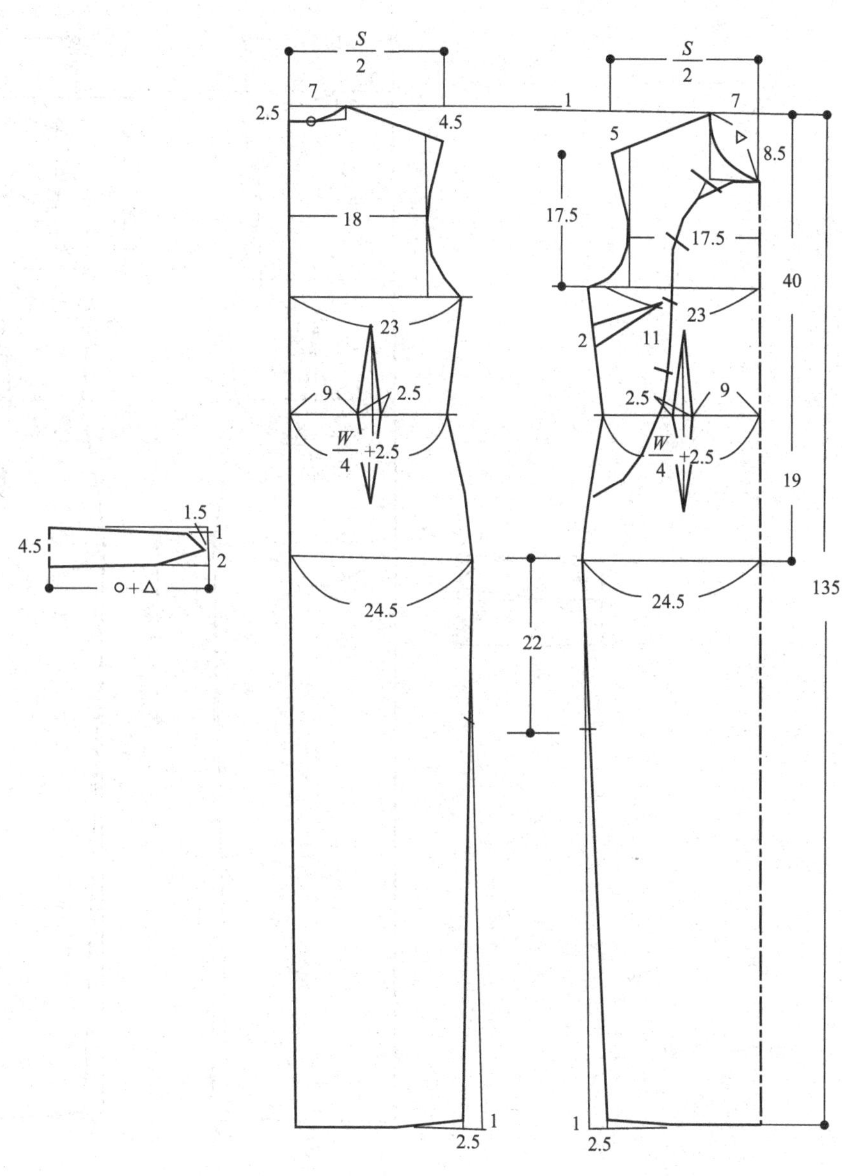

碎花类清新旗袍

成品规格 单位：cm

衣长	胸围	腰围	臀围	肩宽	领围
135	92	72	98	36	38

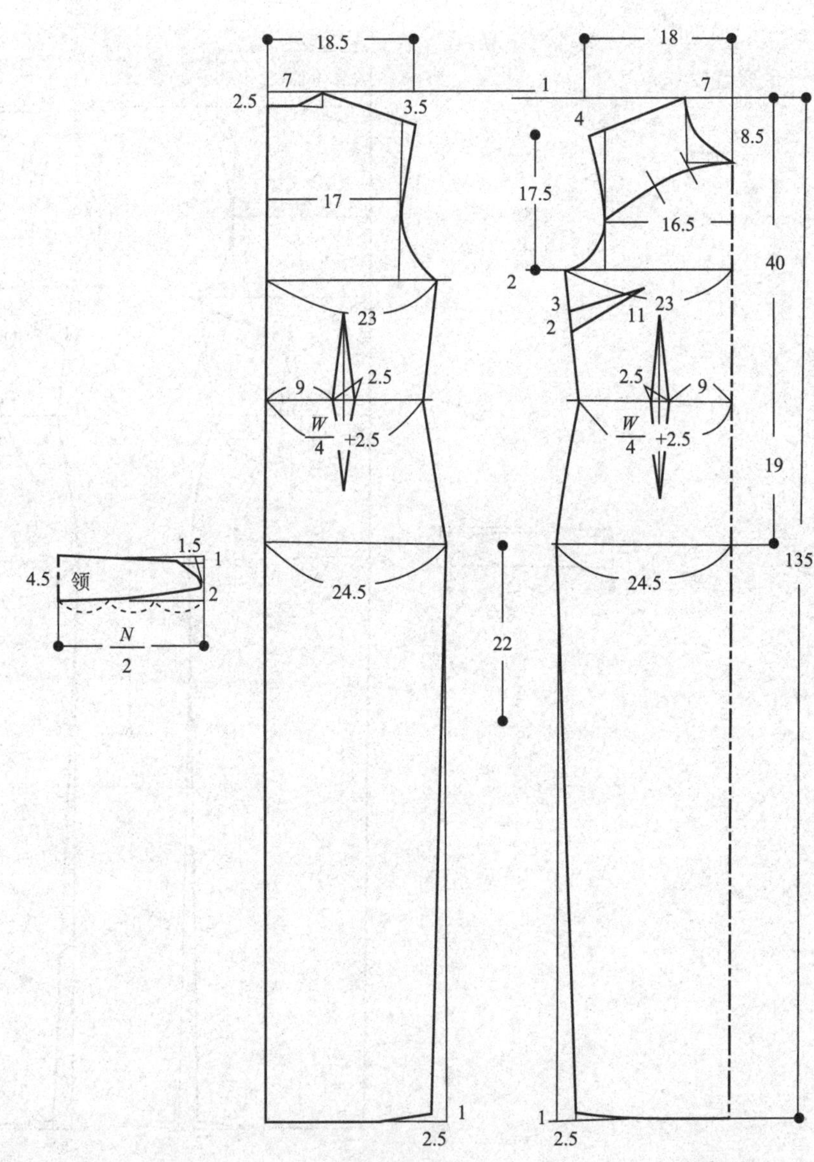

花团锦簇富贵旗袍

成品规格　　　　　　　　　　　　单位：cm

衣长	胸围	肩宽	领围	腰围	臀围
140	82	39	38	70	92

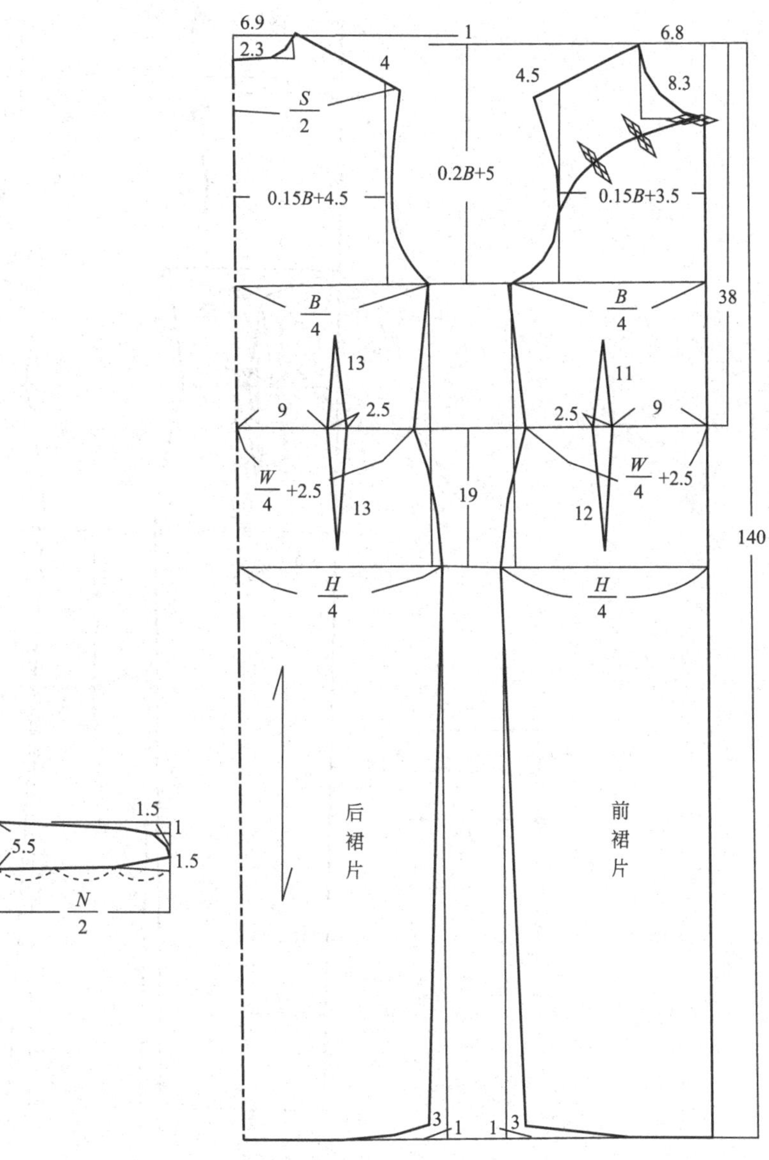

牡丹图案绸缎旗袍

成品规格　　　　　　　　　　单位：cm

衣长	胸围	腰围	臀围	肩宽	领围
135	92	72	98	36	38

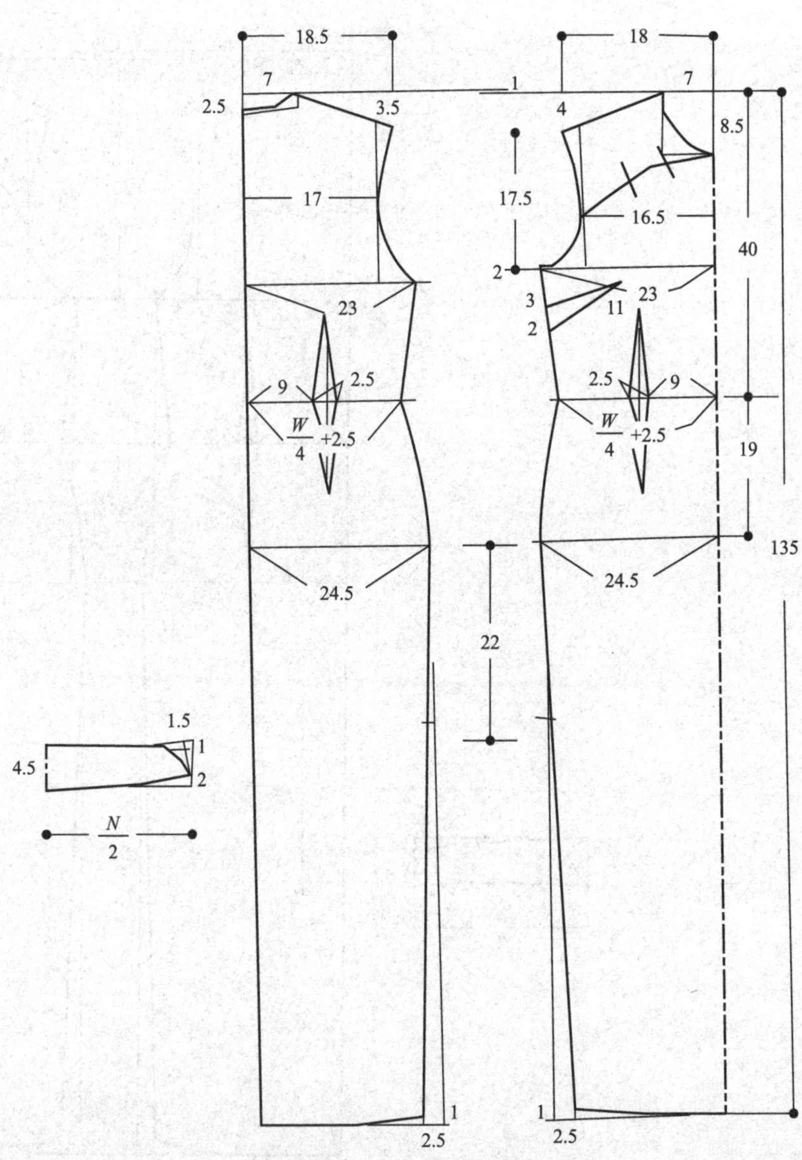

朴素格子面料旗袍

成品规格　　　　　　　　　　单位：cm

衣长	胸围	腰围	臀围	肩宽	领围
140	94	76	74	39	38

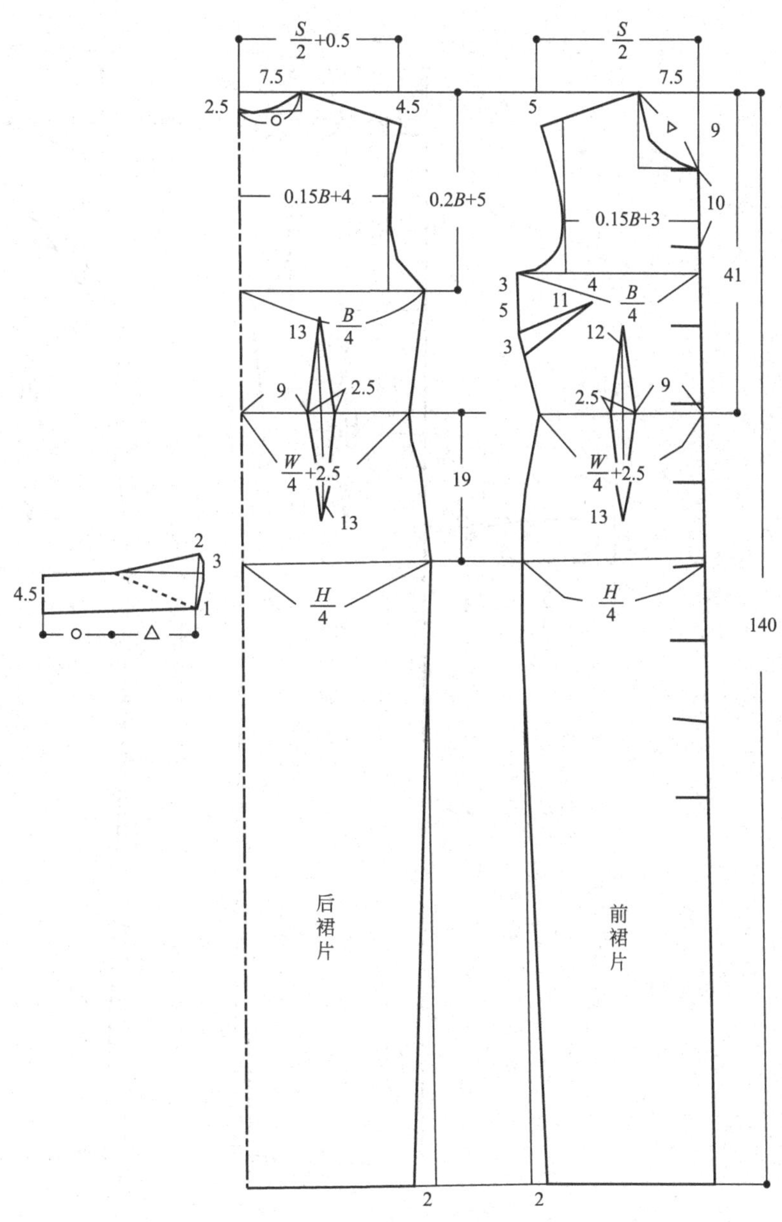

大领对襟旗袍

成品规格　　　　　　　　　　　　单位：cm

衣长	胸围	腰围	臀围	肩宽	领围
135	92	72	98	40	38

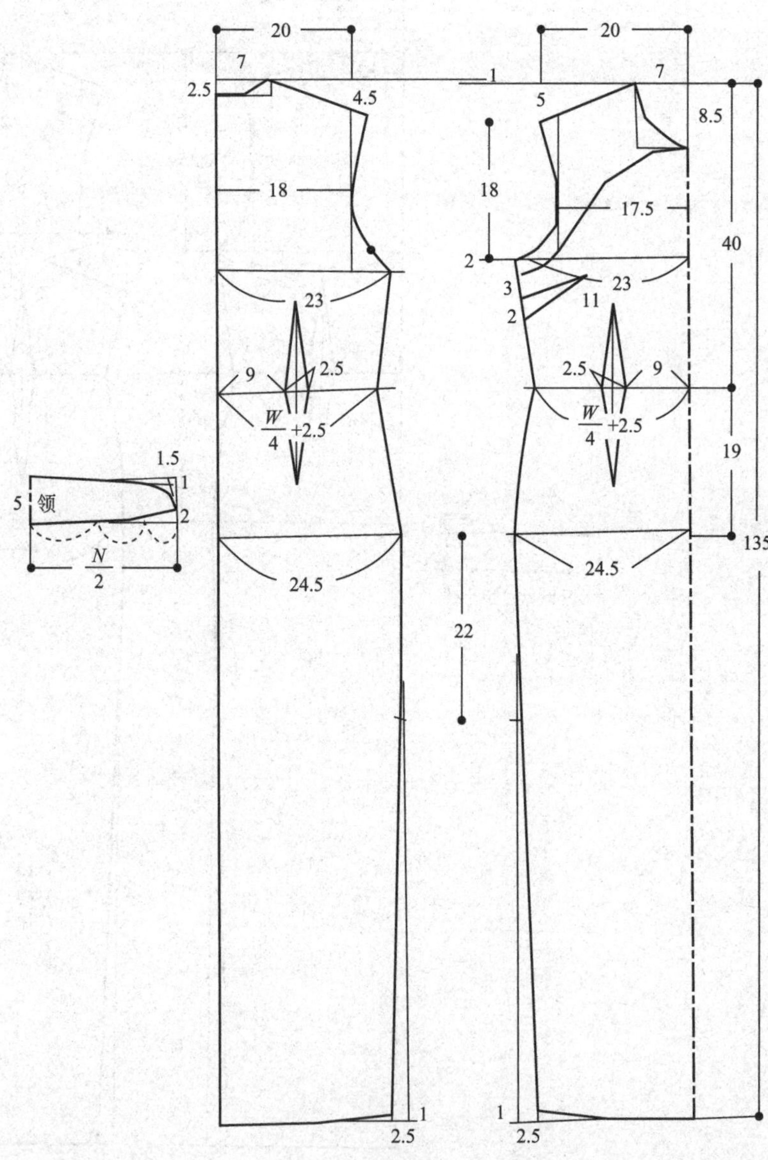

简单朴素旗袍

成品规格　　　　　　　　　　　单位：cm

衣长	胸围	腰围	臀围	肩宽	领围
138	94	76	98	38	37

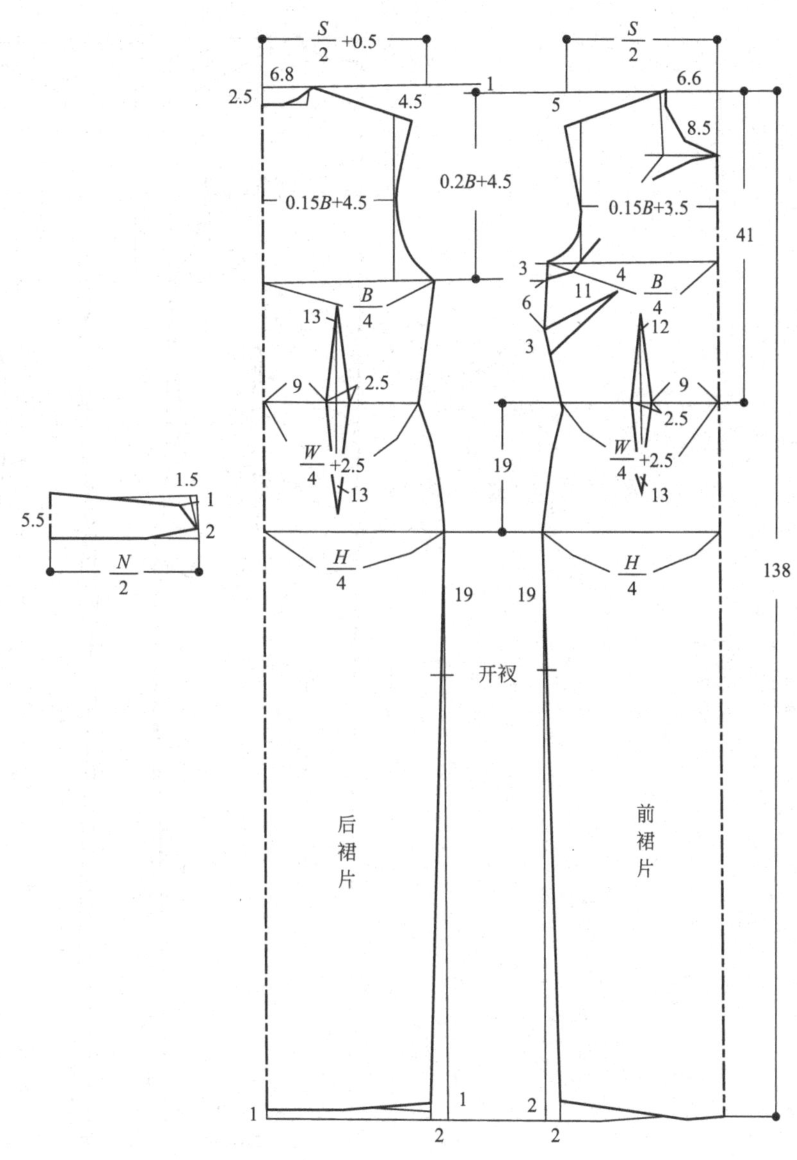

淡雅红梅图案旗袍

成品规格　　　　　　　　　　　　单位：cm

衣长	胸围	肩宽	领围	腰围	臀围
148	82	39	38	70	92

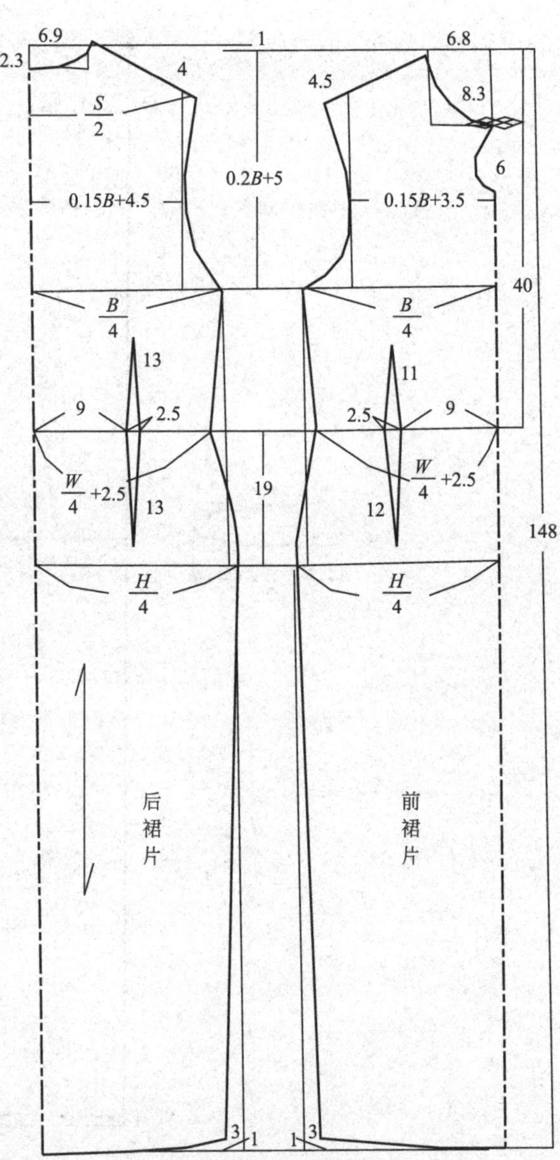

绸缎类高贵旗袍

成品规格　　　　　　　　单位：cm

衣长	胸围	腰围	臀围	肩宽
140	92	74	96	39

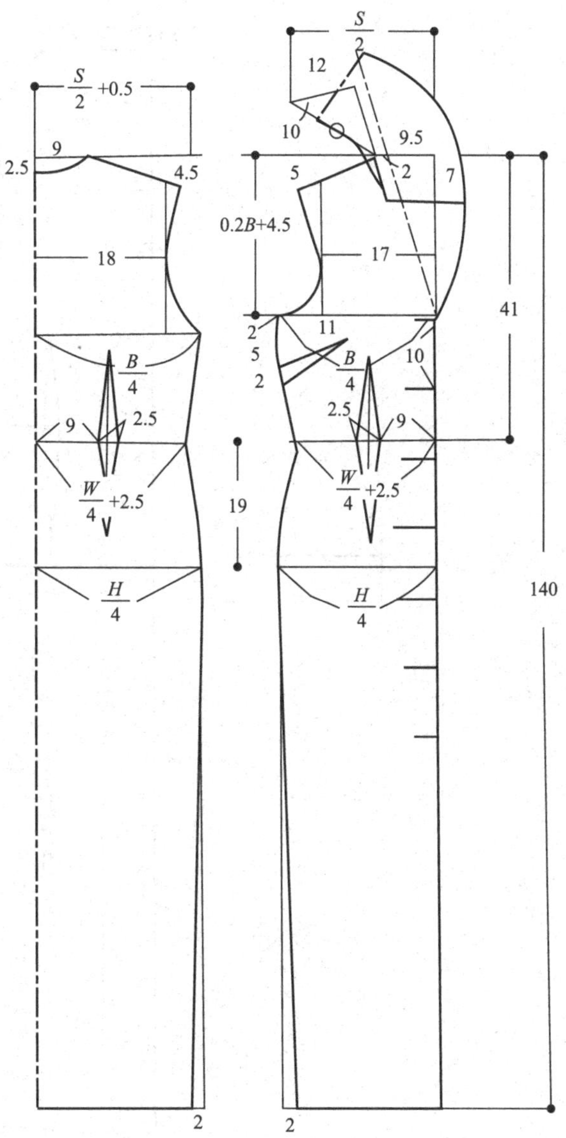

古典高贵前开襟旗袍

成品规格　　　　　　　　　　单位：cm

衣长	胸围	肩宽	领围	腰围	臀围
145	82	39	38	70	95

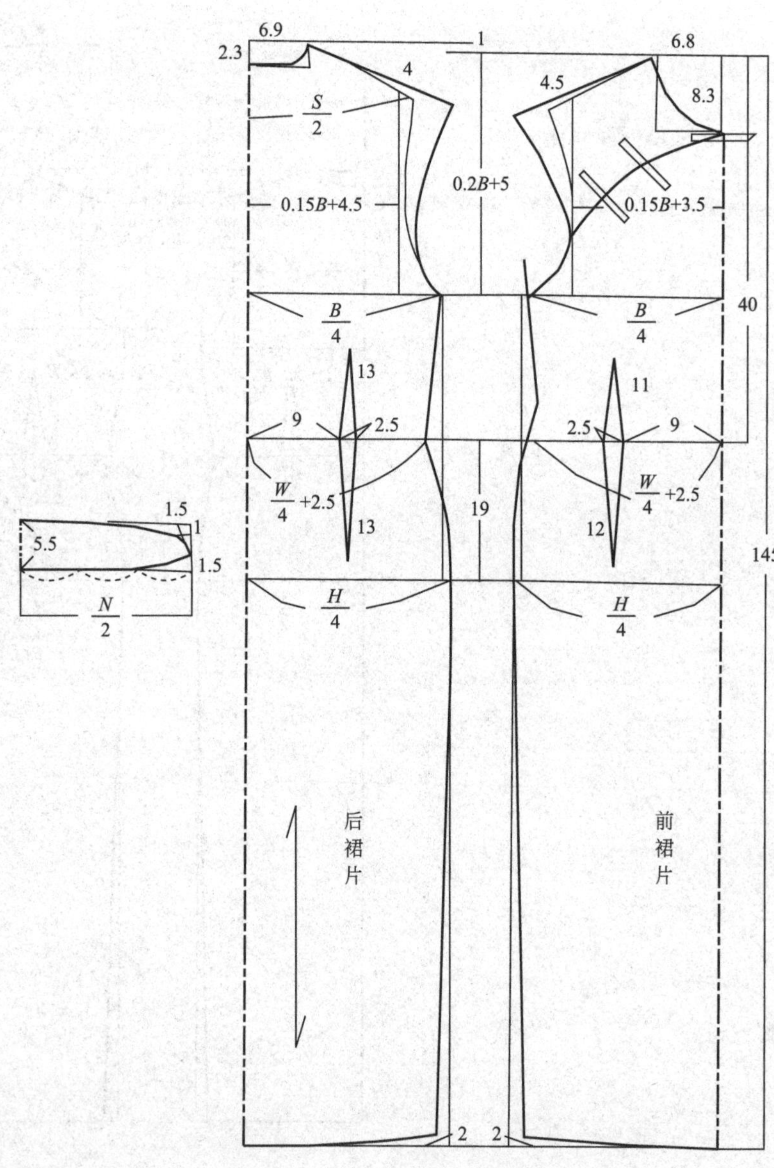

小碎花筒式旗袍

成品规格　　　　　　　　　单位：cm

衣长	胸围	腰围	臀围	肩宽	领围
135	92	72	96	36	38

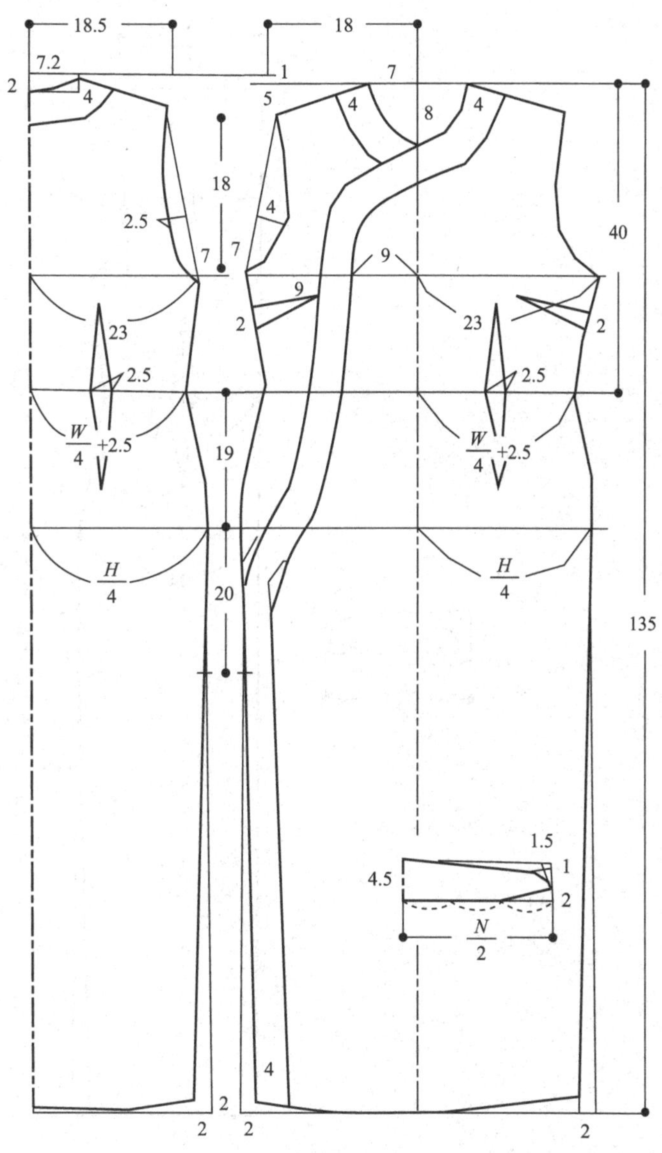

绸缎类镶边旗袍

成品规格　　　　　　　　　　单位：cm

衣长	胸围	腰围	臀围	肩宽	领围
135	92	72	96	38	37

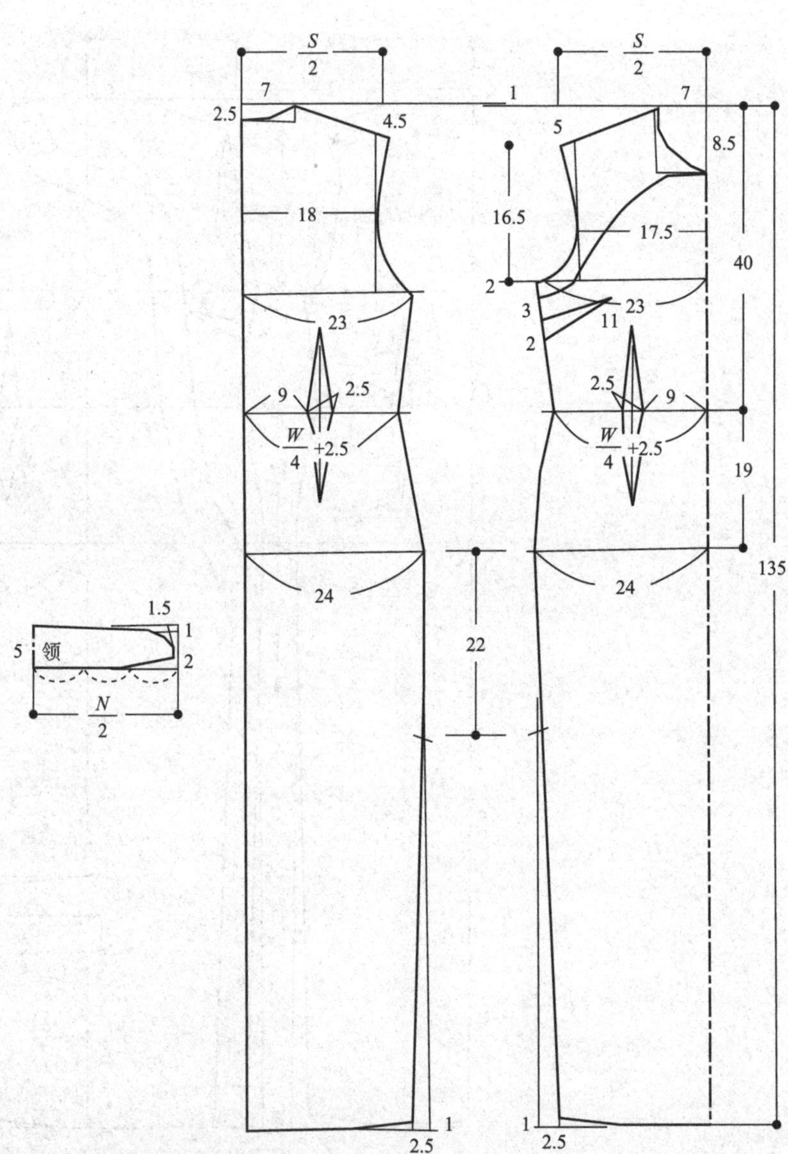

高雅素淡旗袍

成品规格　　　　　　　　单位：cm

衣长	胸围	腰围	臀围	肩宽	领围
140	94	74	96	33	38

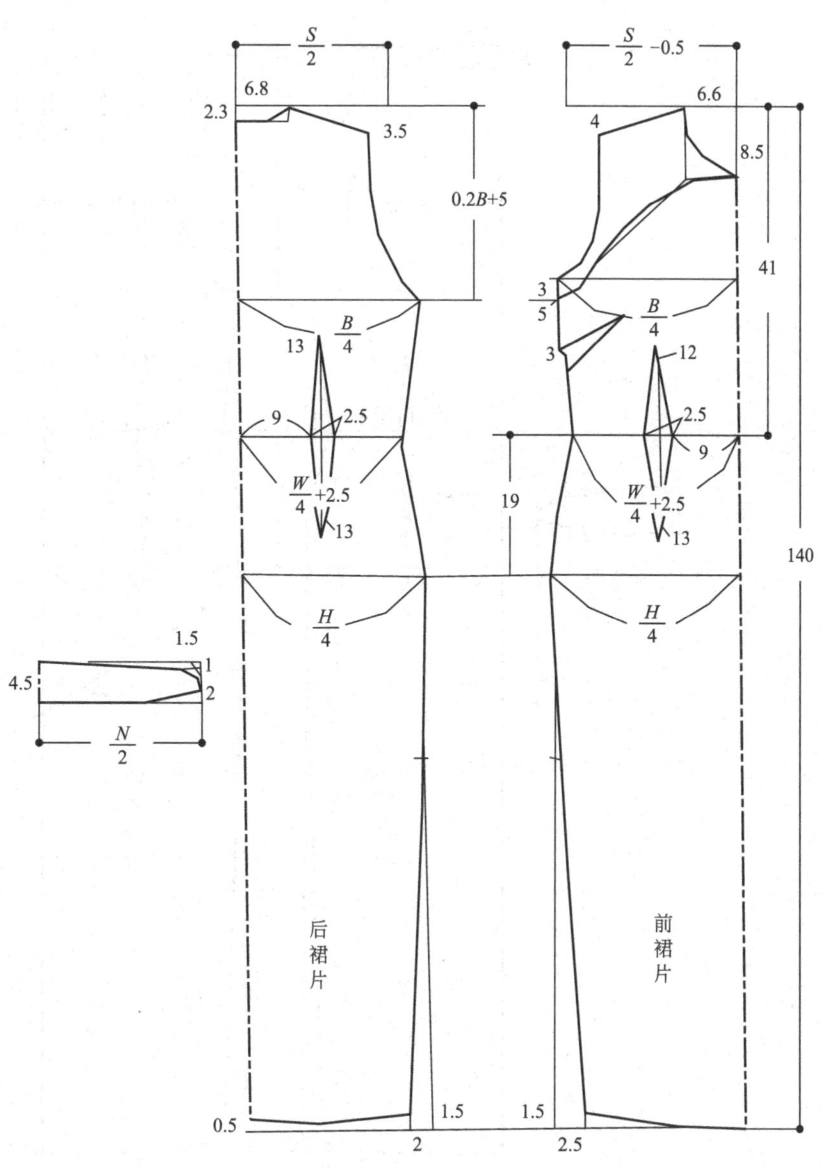

普通斜襟旗袍

成品规格　　　　　　　　　　　　单位：cm

衣长	胸围	肩宽	领围	腰围	臀围
152	82	39	38	70	95

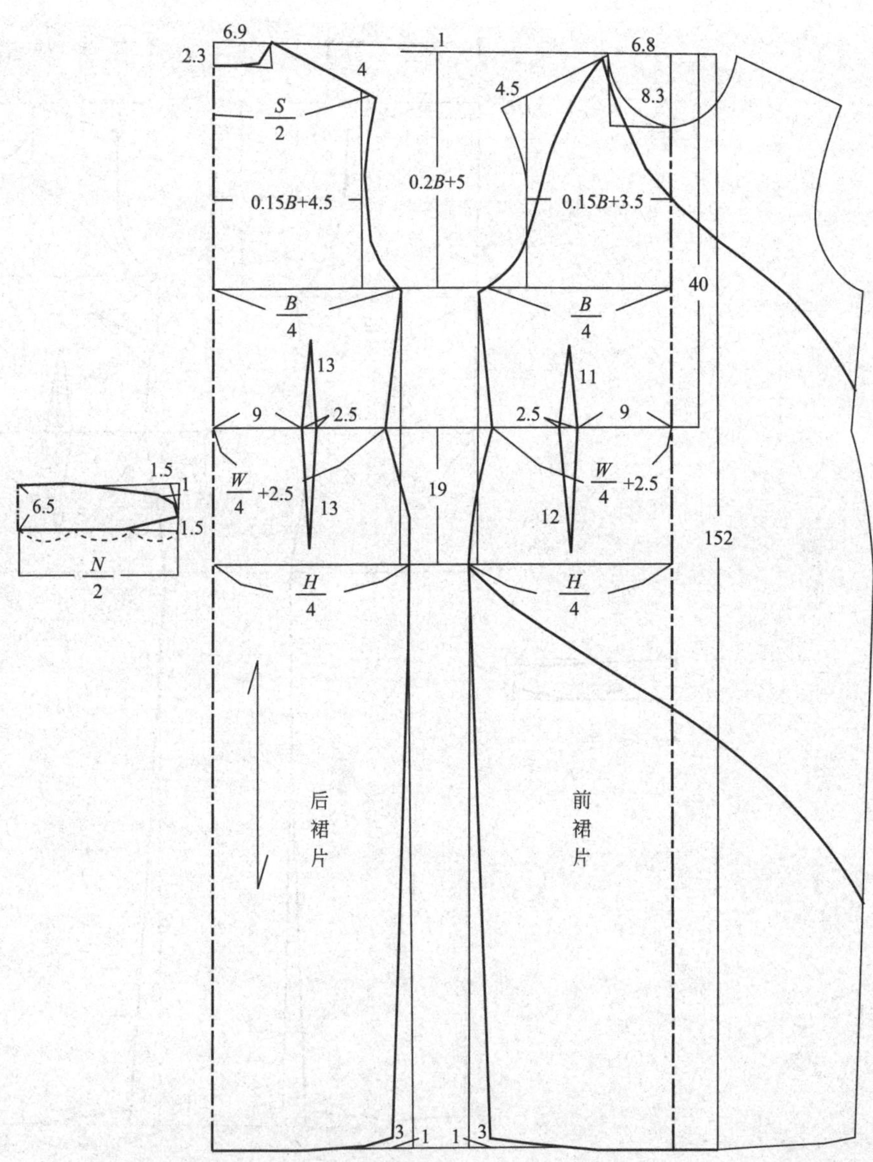

多开剪旗袍

成品规格　　　　　　　　　　单位：cm

衣长	胸围	腰围	臀围	肩宽	领围
135	90	72	96	36	38

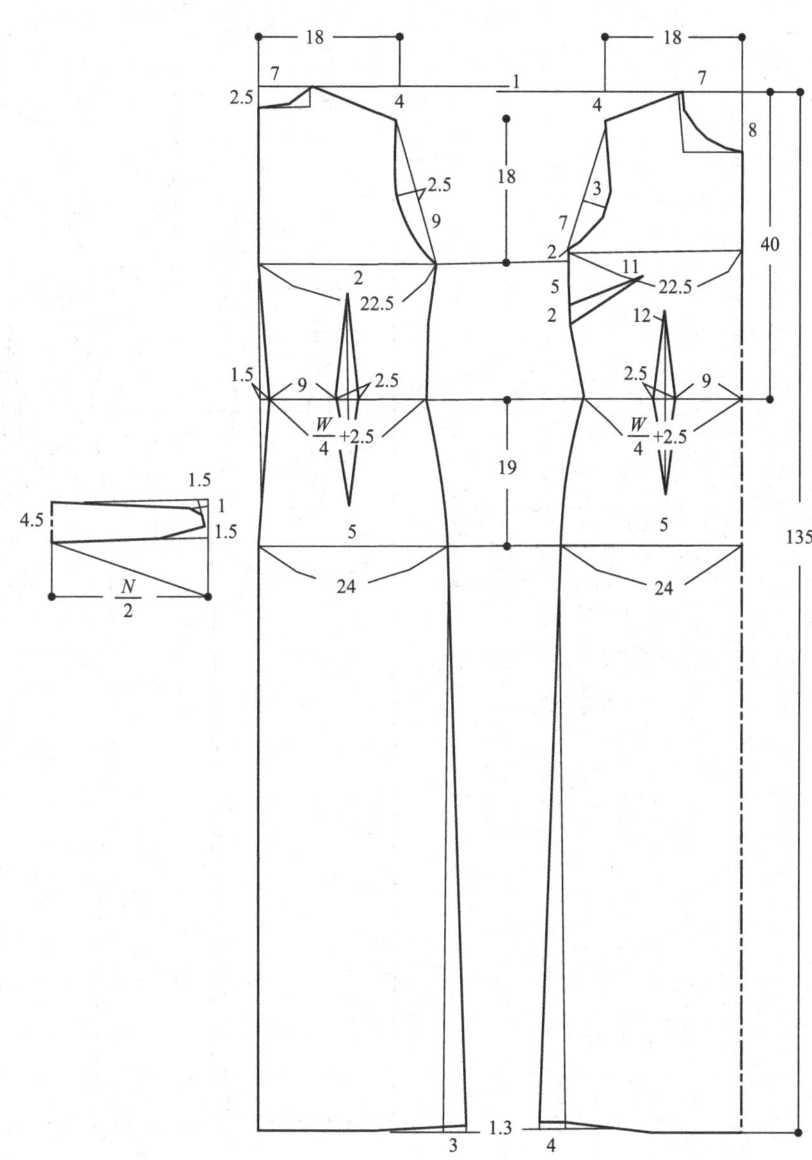

印花图案散摆旗袍

成品规格　　　　　　　　　　单位：cm

衣长	胸围	腰围	臀围	肩宽	领围
138	90	72	96	36	37

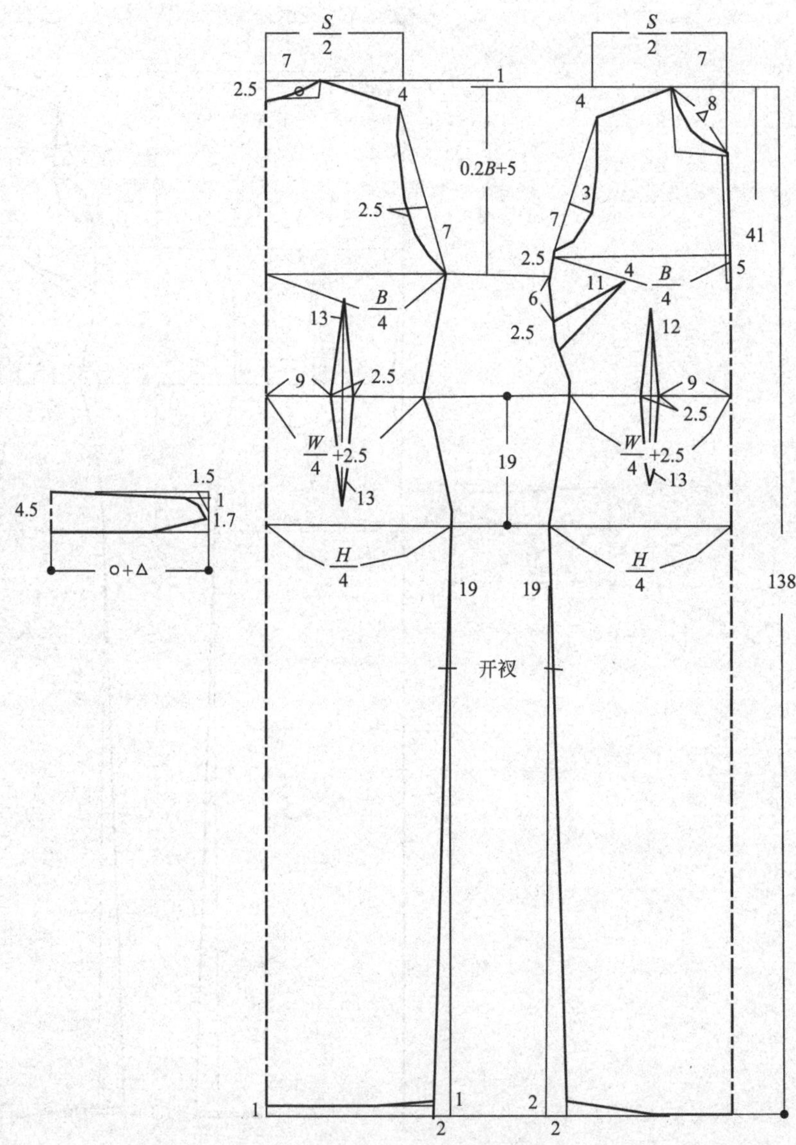

黑色大绒旗袍

成品规格　　　　　　　　　单位：cm

衣长	胸围	腰围	臀围	肩宽	领围
142	90	72	96	34	37

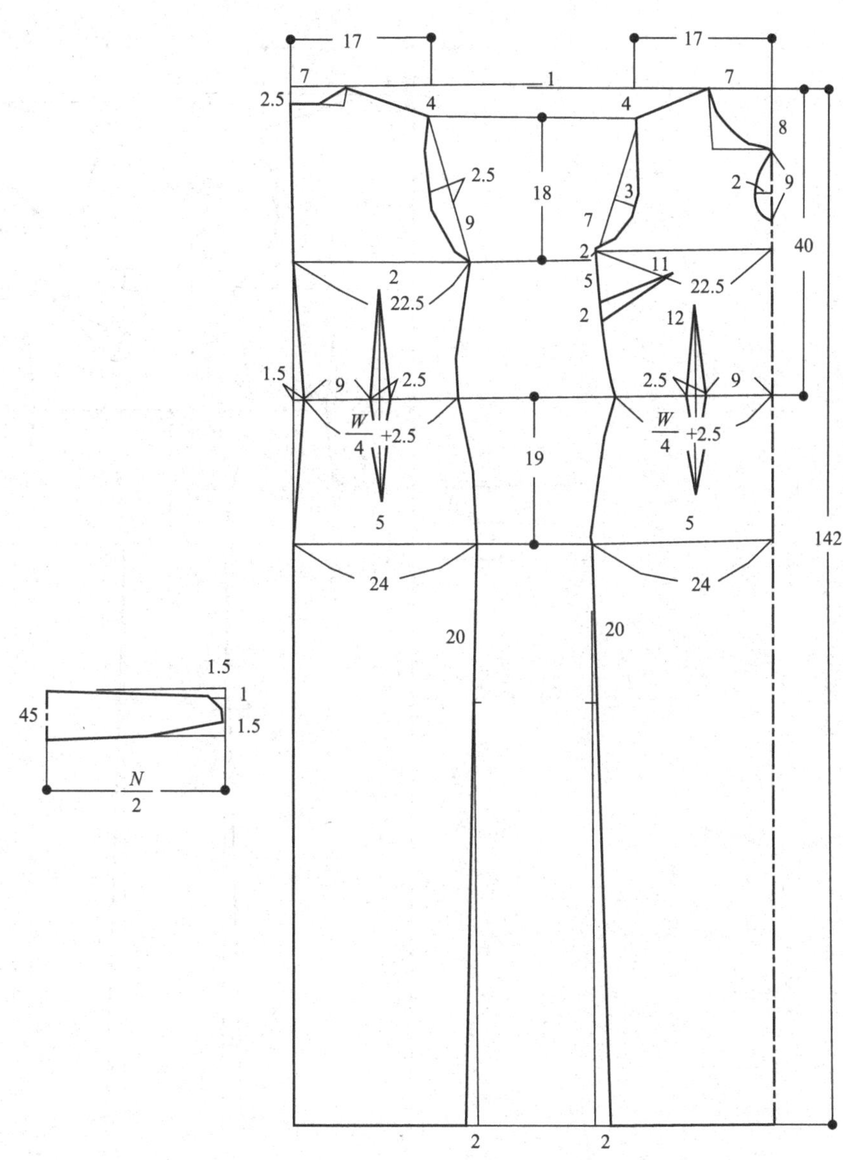

婚庆吉祥旗袍

成品规格　　　　　　　　　　　　　单位：cm

衣长	胸围	腰围	臀围	肩宽	领围
128	92	72	96	41	37

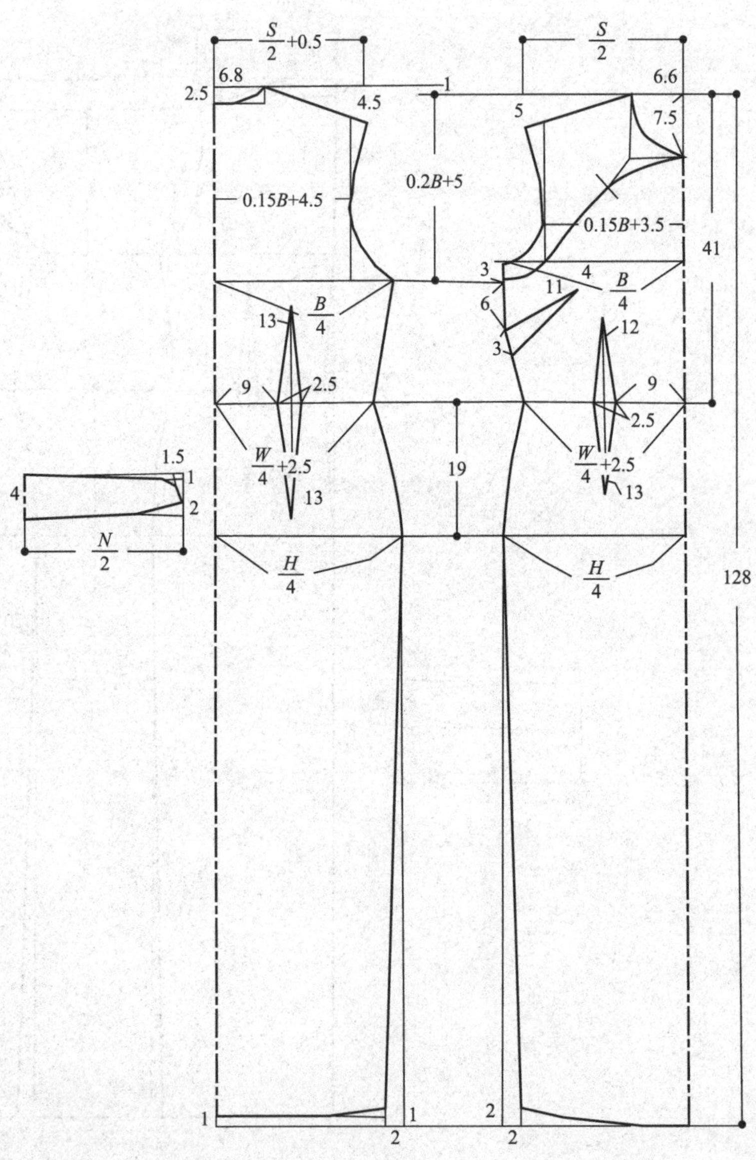

高档次面料旗袍

成品规格　　　　　　　　　　　　　　　　　单位：cm

衣长	胸围	肩宽	袖长	领围	腰围	臀围
150	82	39	55	38	70	92

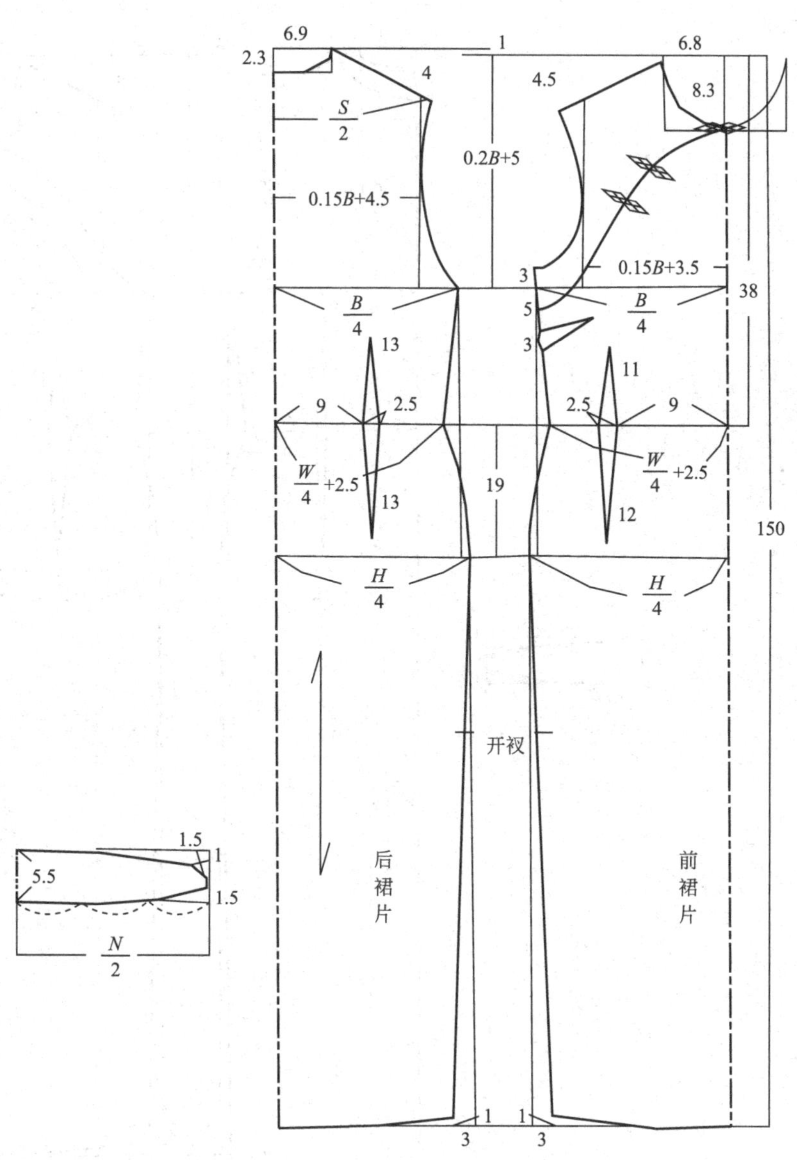

纽襻斜襟旗袍

成品规格　　　　　　　　　　　　单位：cm

衣长	胸围	肩宽	领围	腰围	臀围
150	82	39	38	70	95

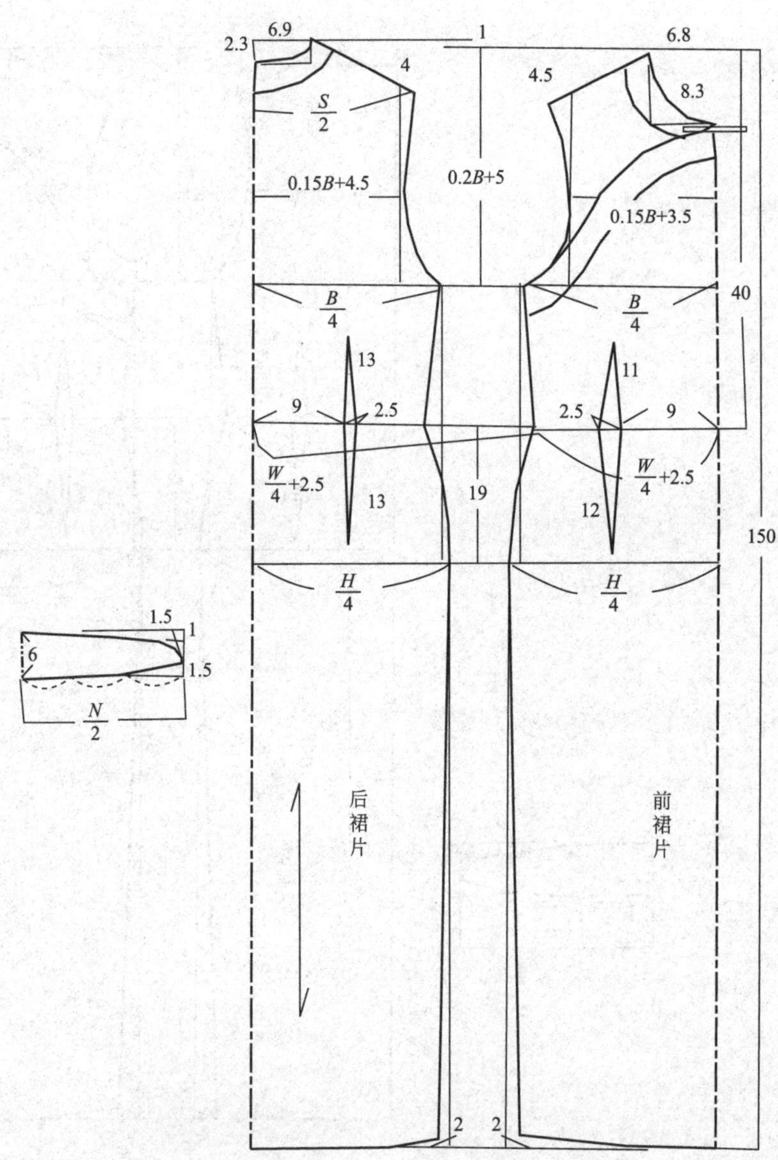

装饰边旗袍

成品规格　　　　　　　　　　　　单位：cm

衣长	胸围	肩宽	领围	腰围	臀围
150	82	39	38	70	95

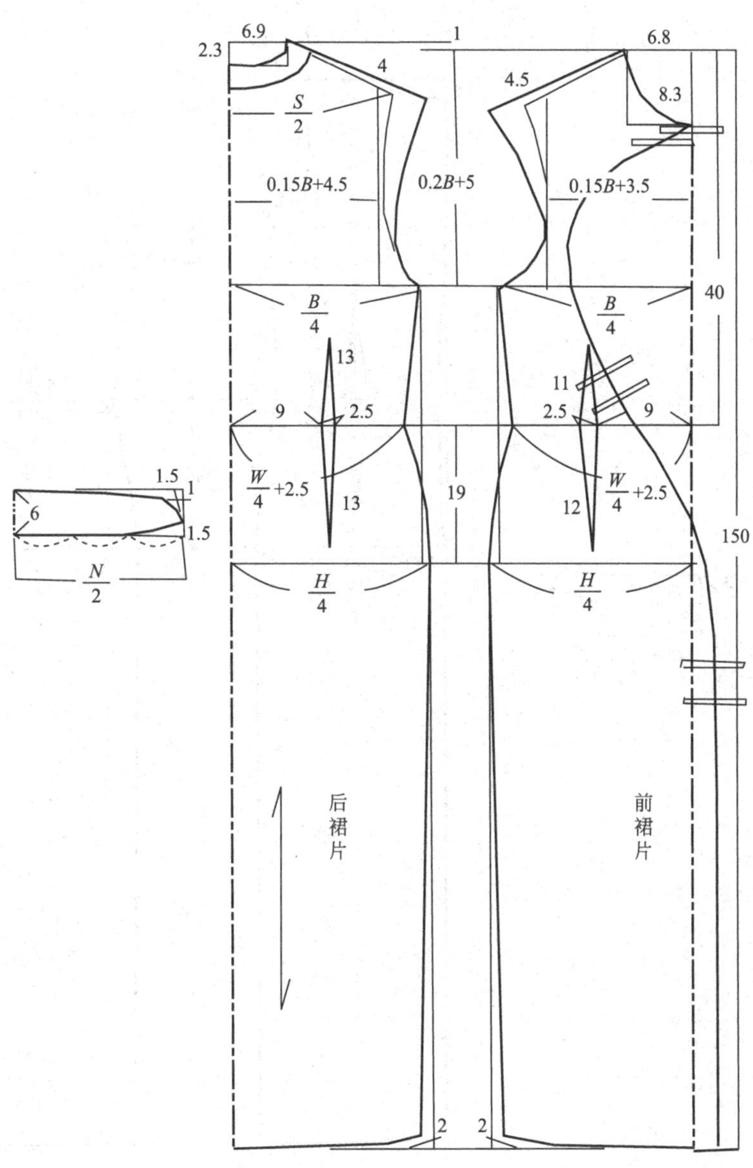

S形开襟旗袍

成品规格　　　　　　　　　单位：cm

衣长	胸围	腰围	臀围	肩宽	领围
140	90	72	96	36	38

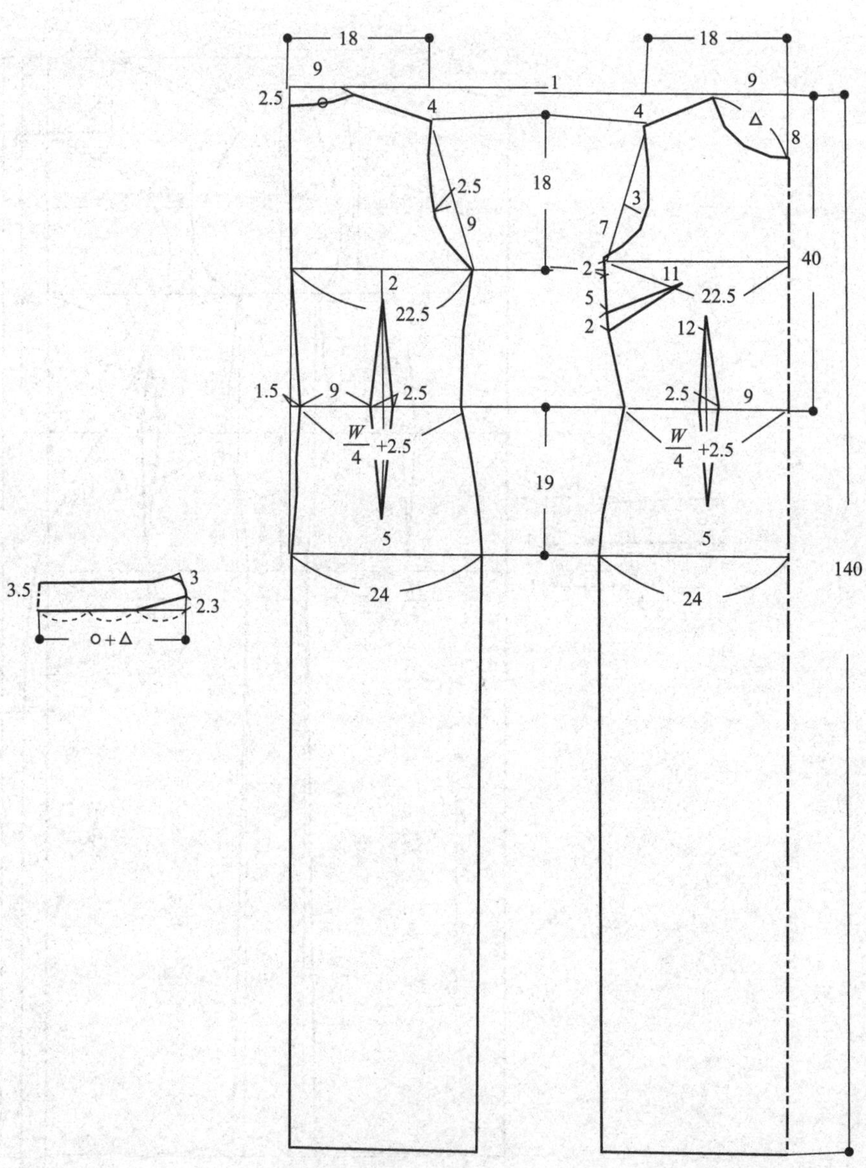

满袖窿旗袍

成品规格　　　　　　　　　　单位：cm

衣长	胸围	腰围	臀围	肩宽	领围
140	92	72	96	38	37

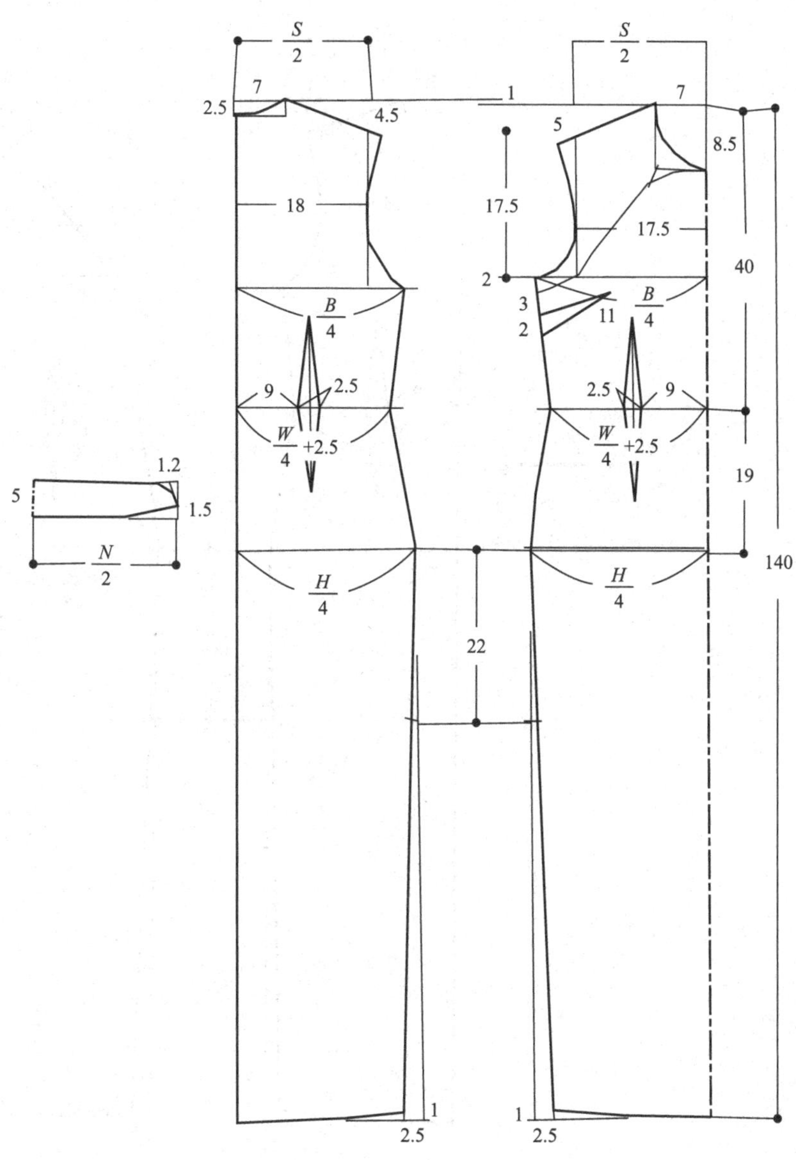

紧身束身旗袍

成品规格　　　　　　　　　　　　　　　单位：cm

衣长	胸围	腰围	臀围	肩宽	领围
130	92	72	96	42	37

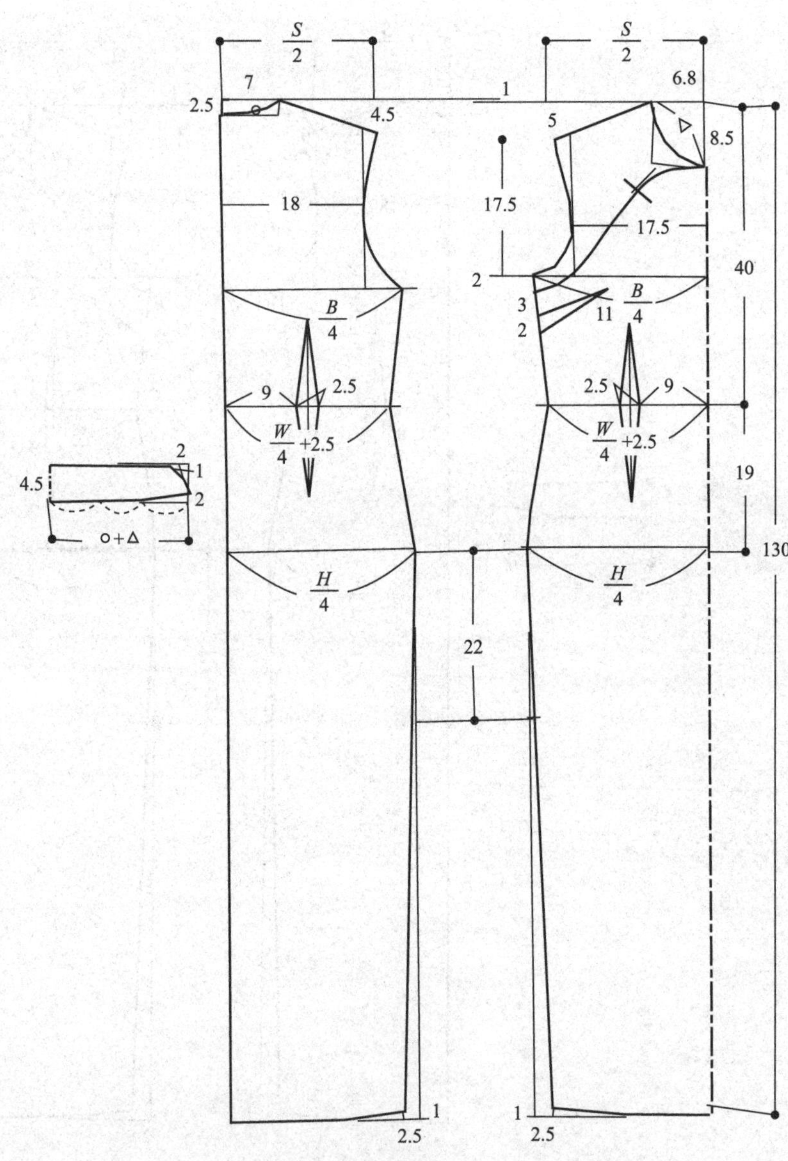

清新淡雅图案旗袍

成品规格　　　　　　　　　　　　　单位：cm

衣长	胸围	腰围	臀围	肩宽	领围
140	92	72	96	43	37

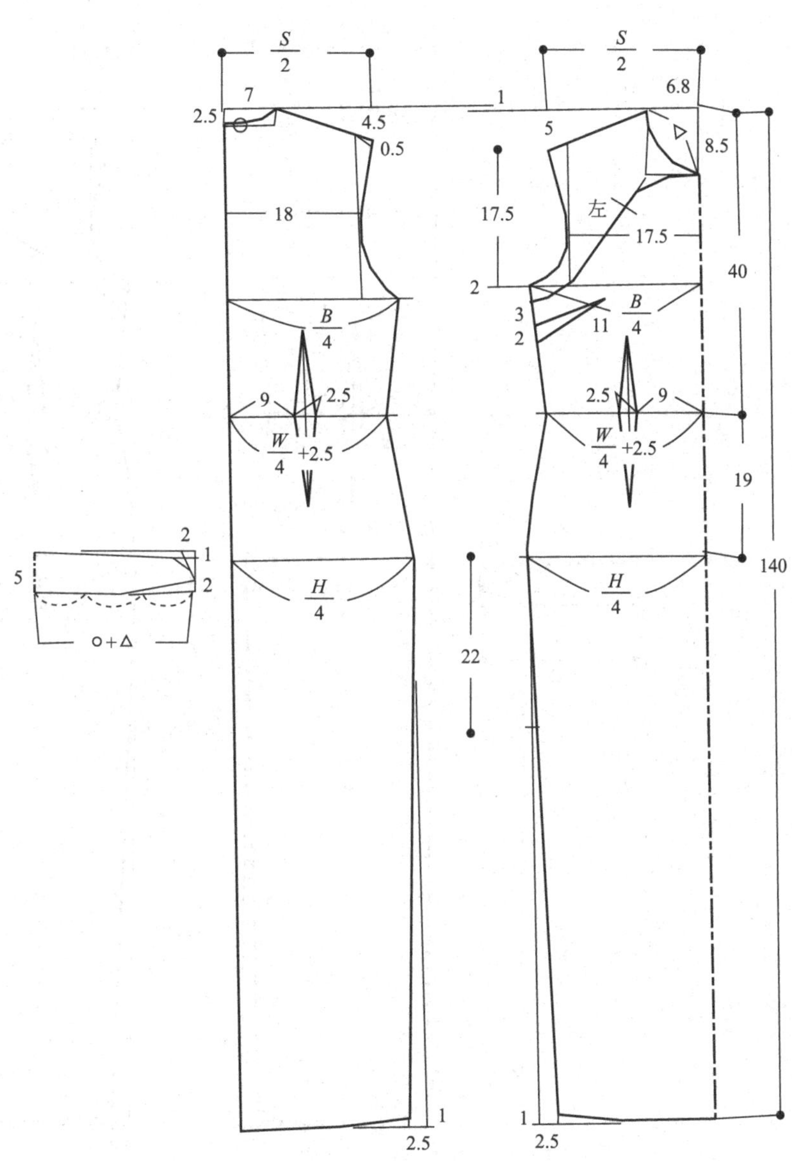

右偏襟红色旗袍

成品规格　　　　　　　　　　　　单位：cm

衣长	胸围	腰围	臀围	肩宽	领围
140	92	72	96	36	37

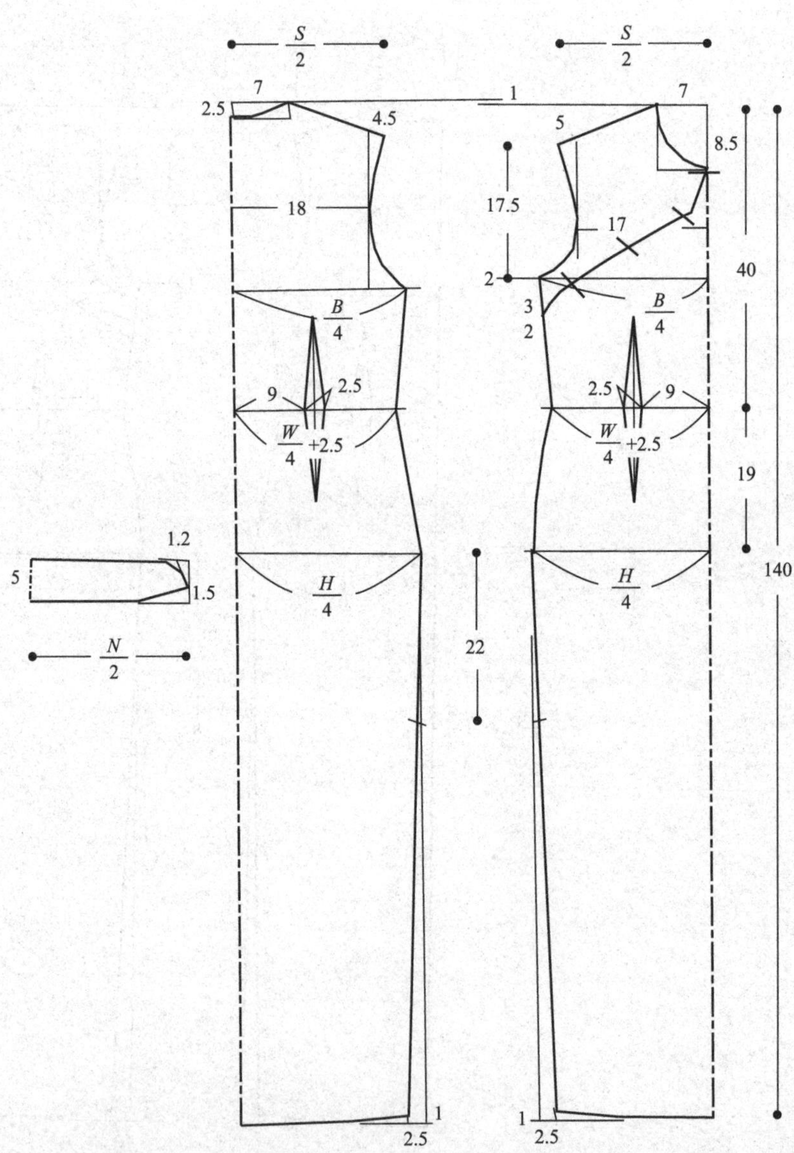

红色滚边旗袍

成品规格　　　　　　　　　　单位：cm

衣长	胸围	腰围	臀围	肩宽	领围
140	90	72	96	36	38

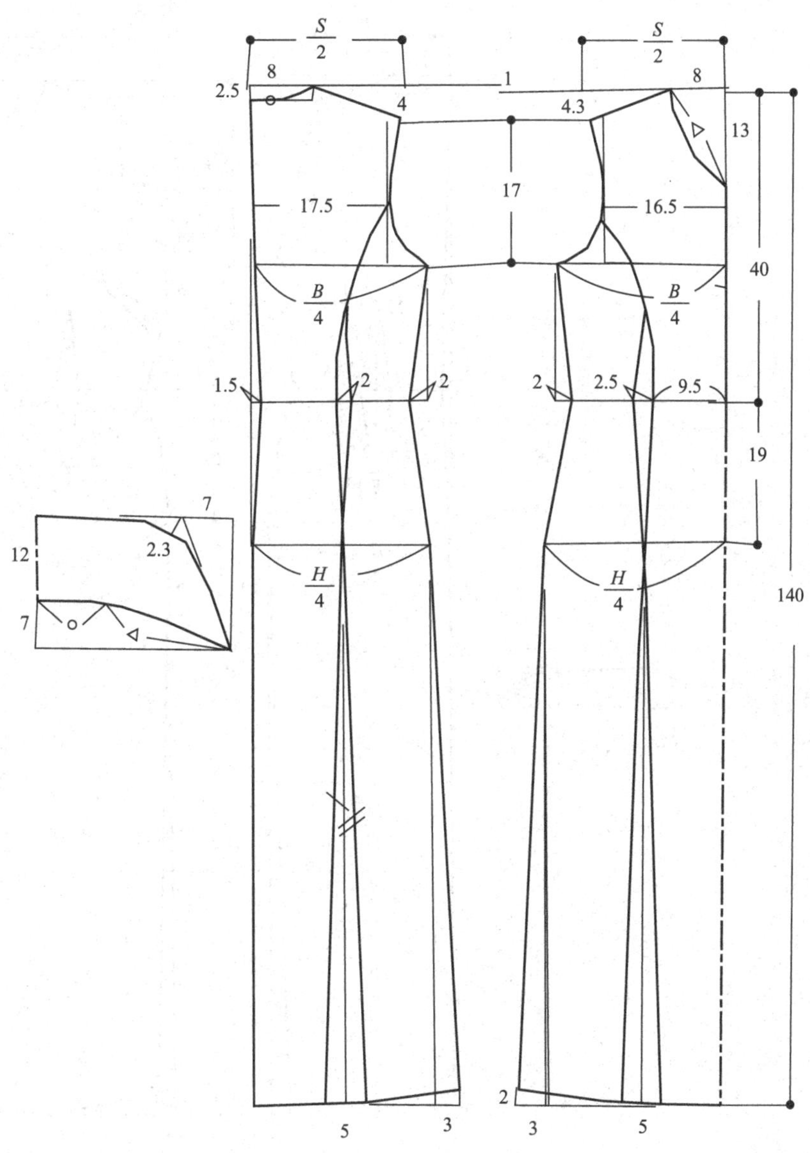

大领散摆旗袍

成品规格　　　　　　　　　　　　单位：cm

衣长	胸围	肩宽	领围	腰围	臀围
140	92	72	38	37	96

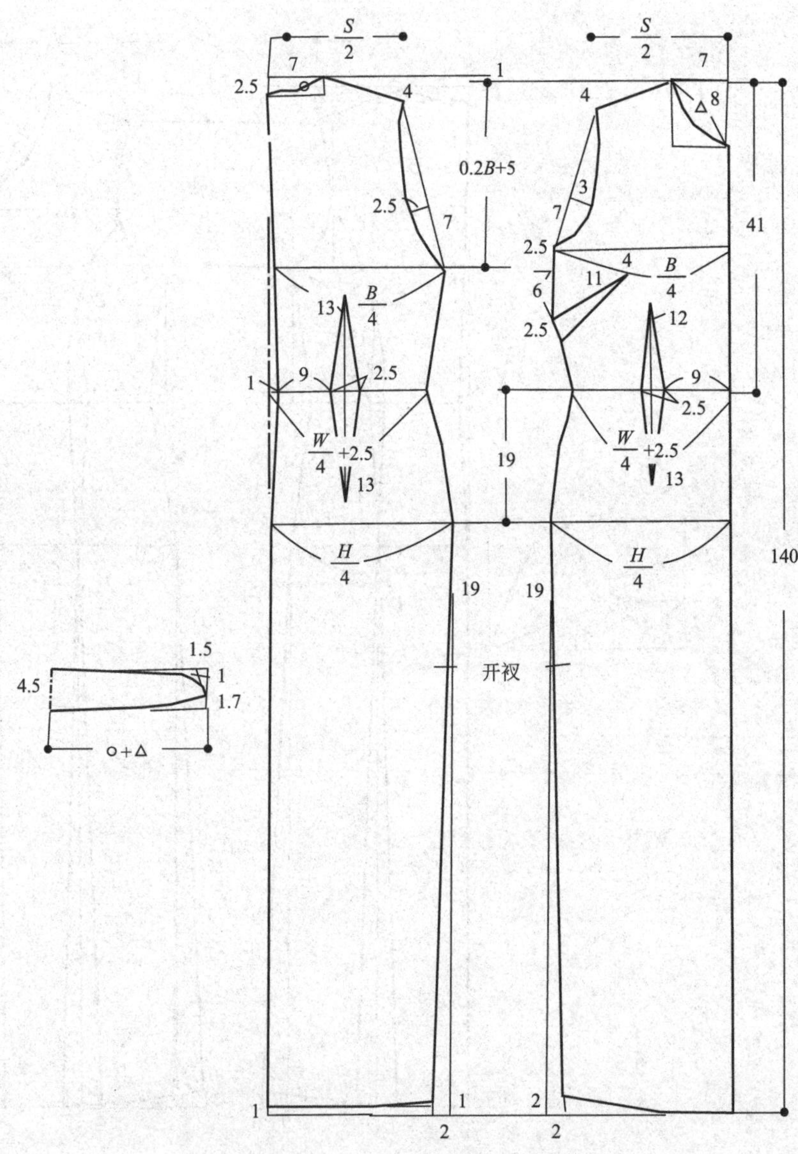

满袖窿传统旗袍

成品规格　　　　　　　　　　　单位：cm

衣长	胸围	腰围	臀围	肩宽	领围
135	94	74	96	40	38

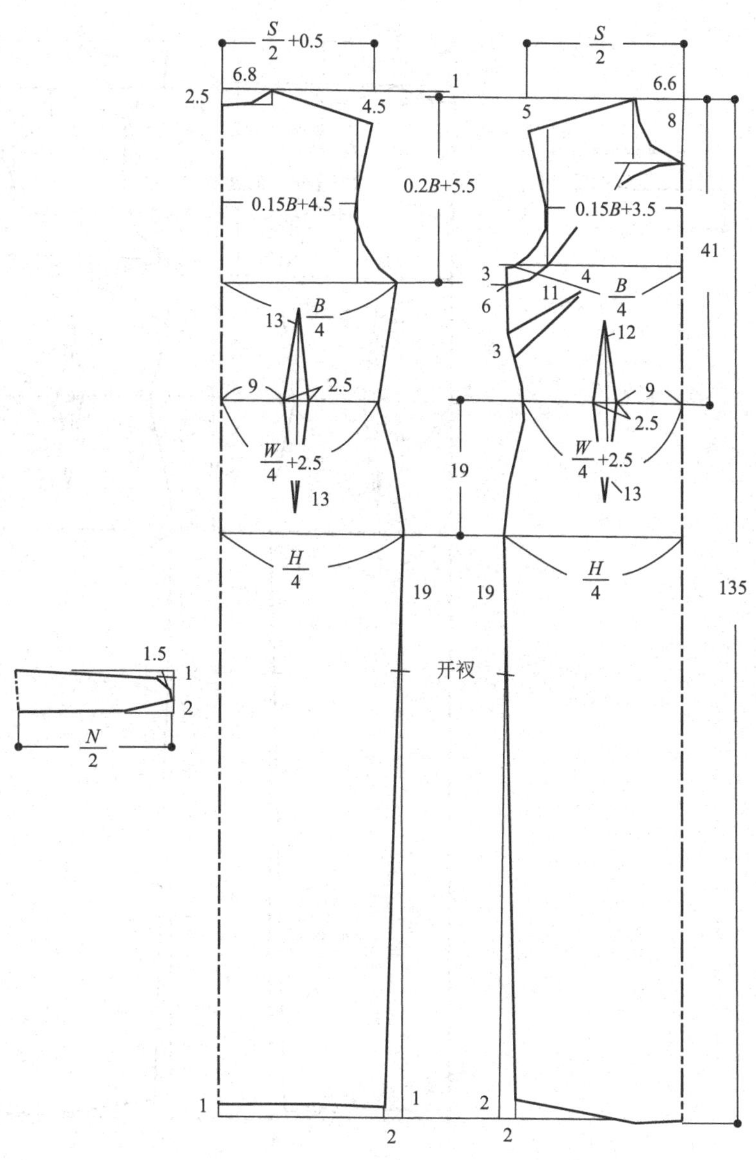

真丝面料印花旗袍

成品规格　　　　　　　　　　　　单位：cm

衣长	胸围	腰围	臀围	肩宽	领围
138	92	72	96	35	37

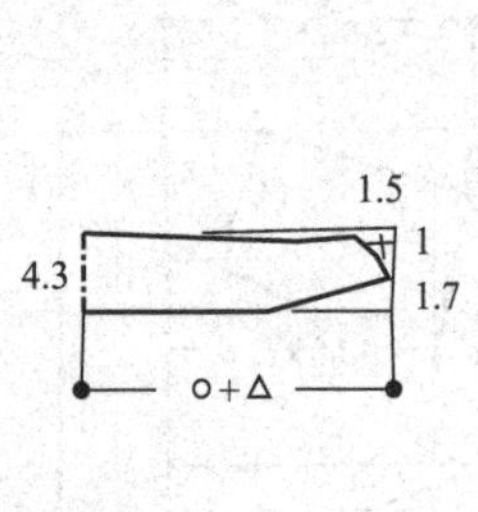

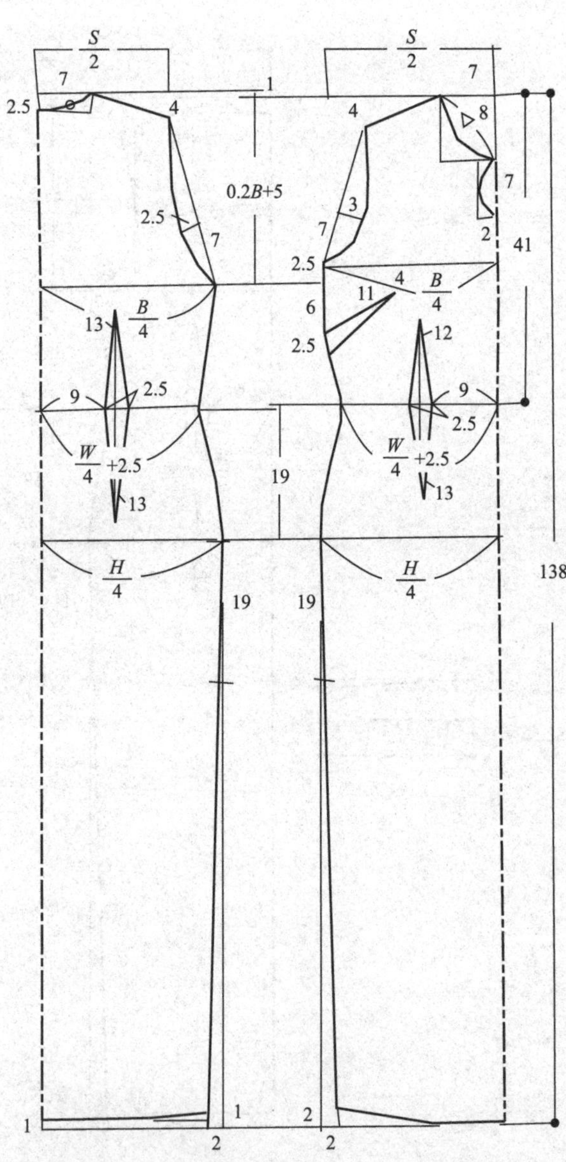

蕾丝棉布双面料旗袍

成品规格 单位：cm

衣长	胸围	腰围	臀围	肩宽	领围
130	90	72	94	38	37

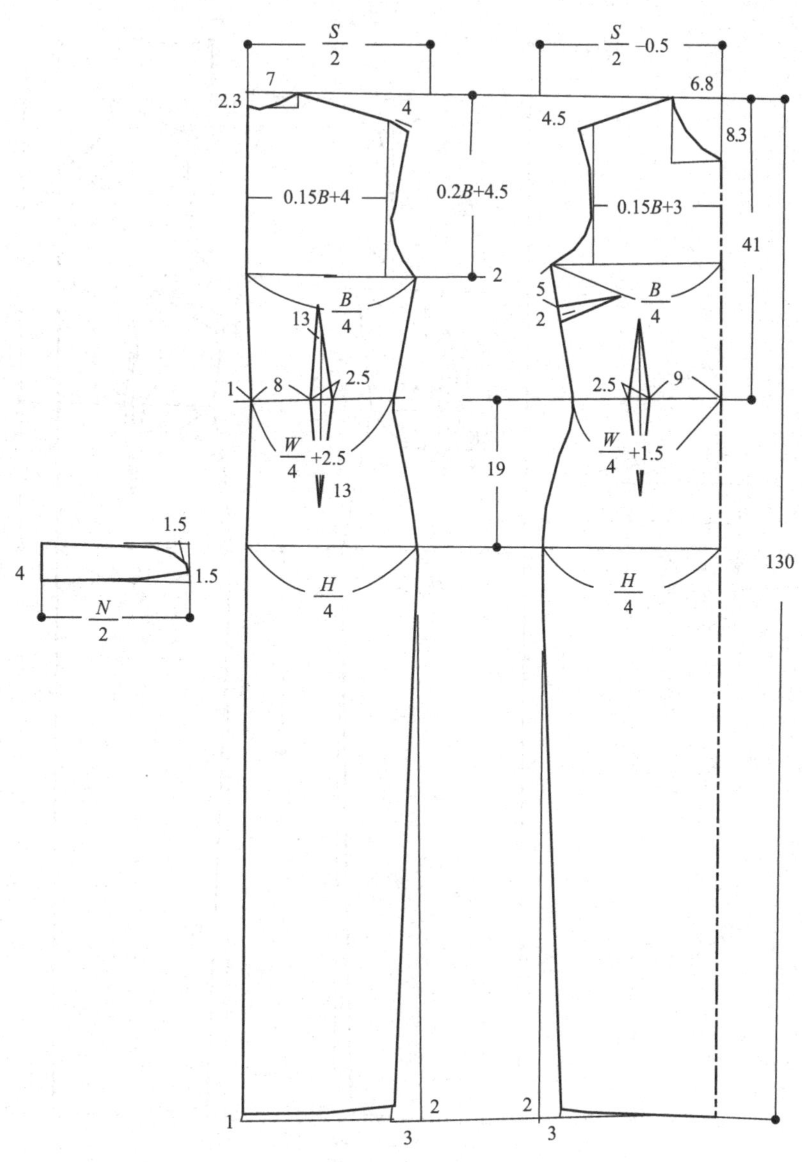

纯洁高雅的白色旗袍

成品规格　　　　　　　　　　　　　　单位：cm

衣长	胸围	腰围	臀围	肩宽	领围
130	92	72	96	40	37

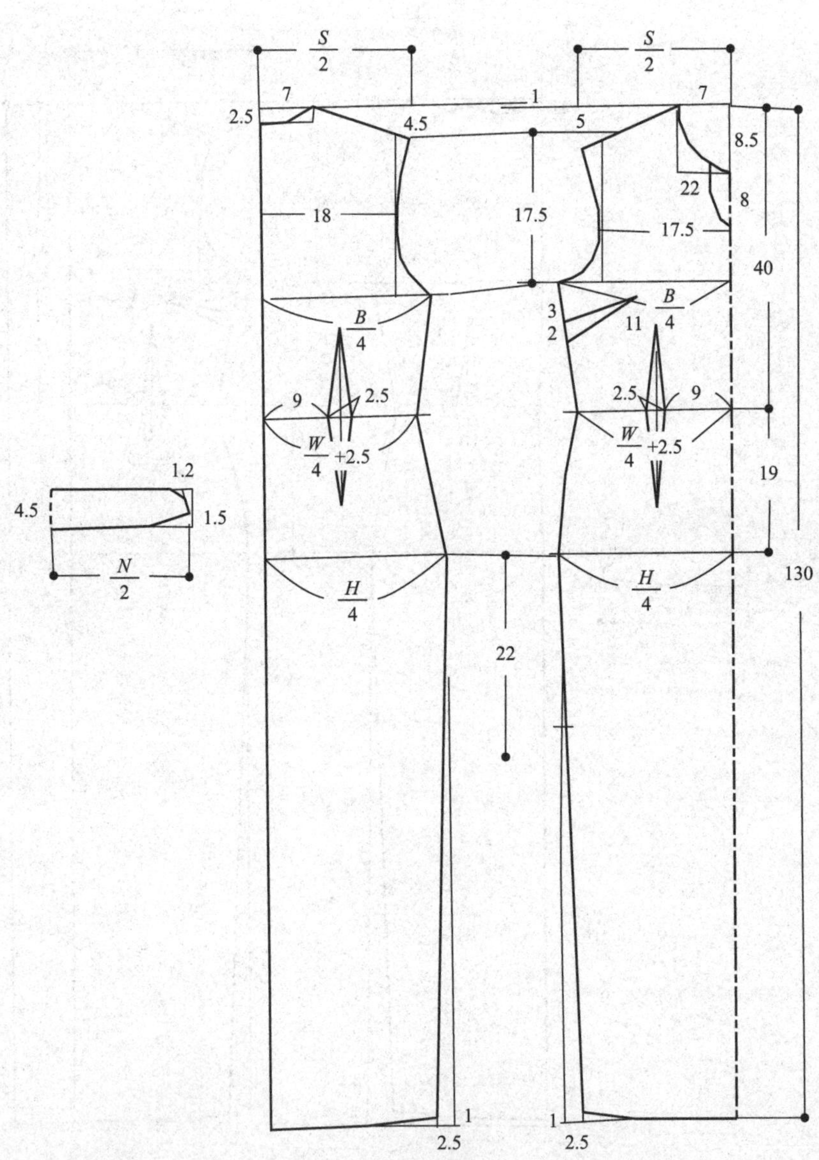

镂空领旗袍

成品规格　　　　　　　　　　　　　单位：cm

衣长	胸围	腰围	臀围	肩宽	领围
135	92	72	96	39	37

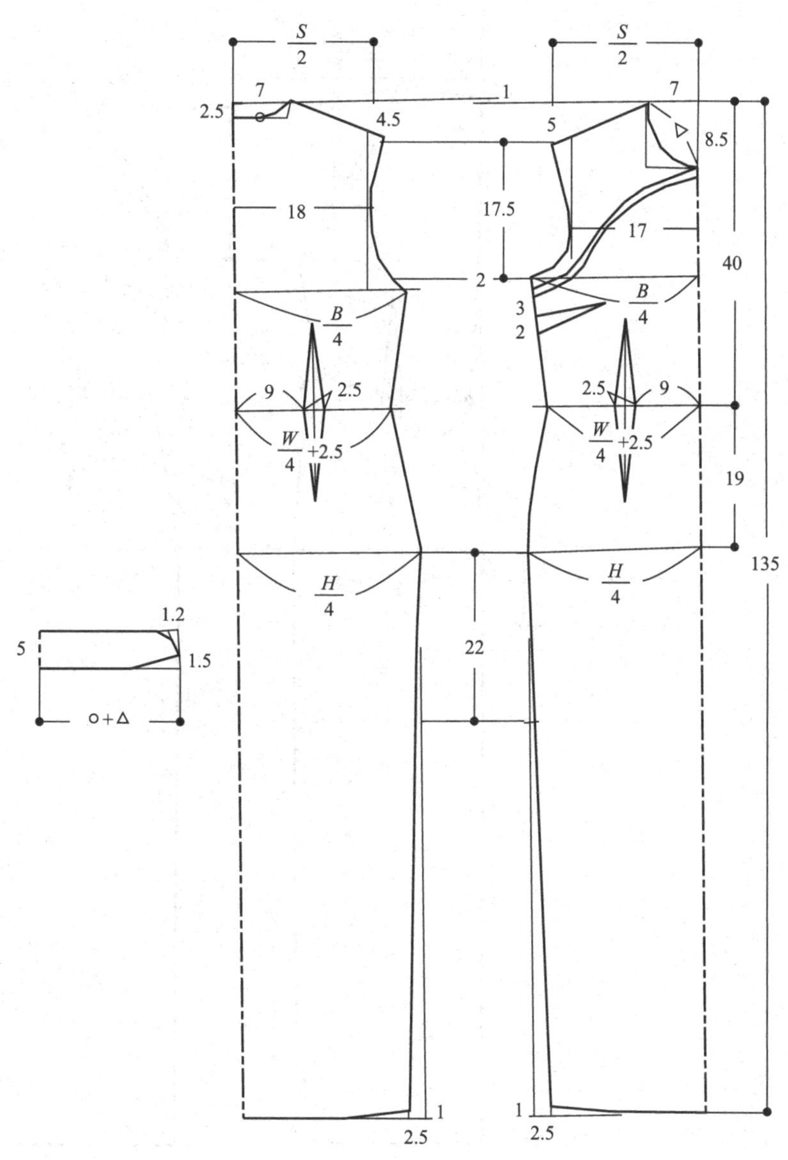

传统龙图案旗袍

成品规格　　　　　　　　　　　　　　单位：cm

衣长	胸围	腰围	臀围	肩宽	领围
140	90	72	96	36	37

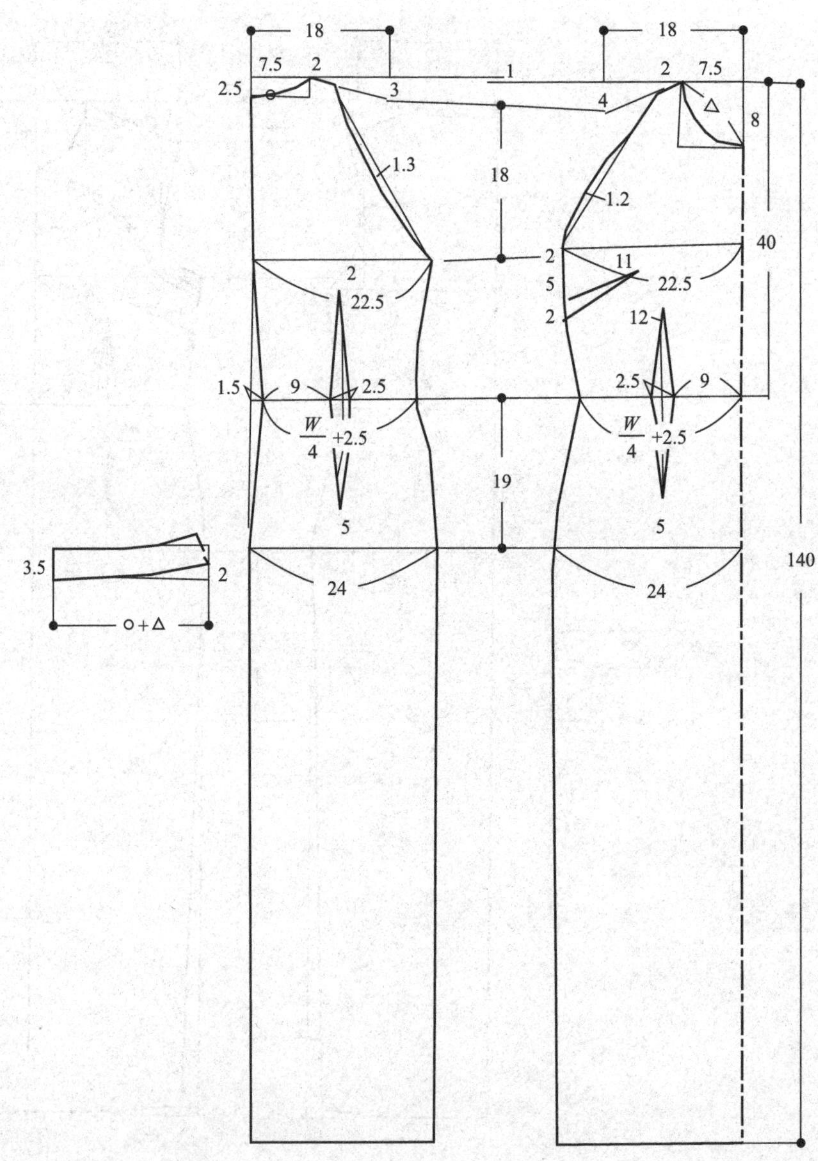

裸肩开衩旗袍

成品规格　　　　　　　　　　单位：cm

衣长	胸围	肩宽	领围	腰围	臀围
150	82	39	38	70	95

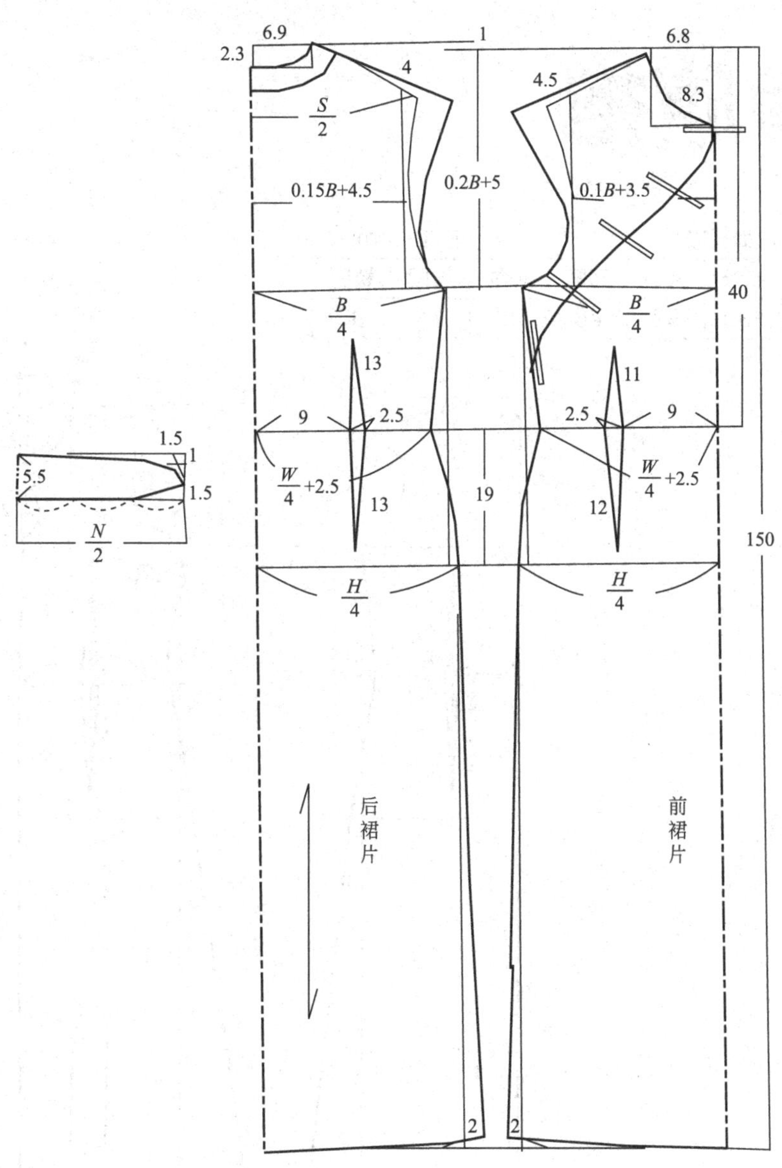

纽襻斜襟旗袍

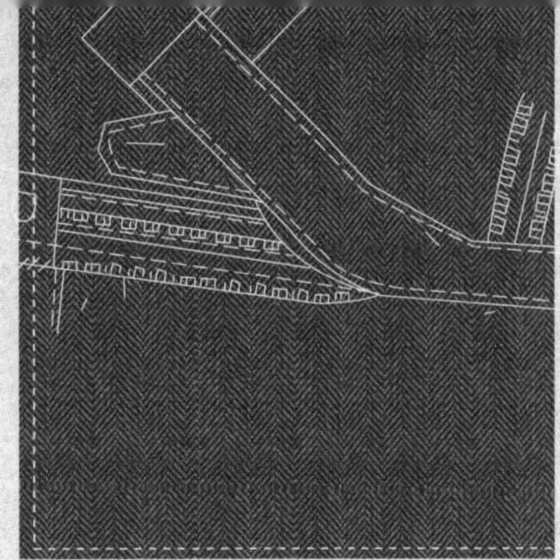

CHAPTER 4

时尚旗袍

成品规格　　　　　　　　　　　单位：cm

衣长	胸围	肩宽	领围	腰围	臀围
130	92	48	38	74	96

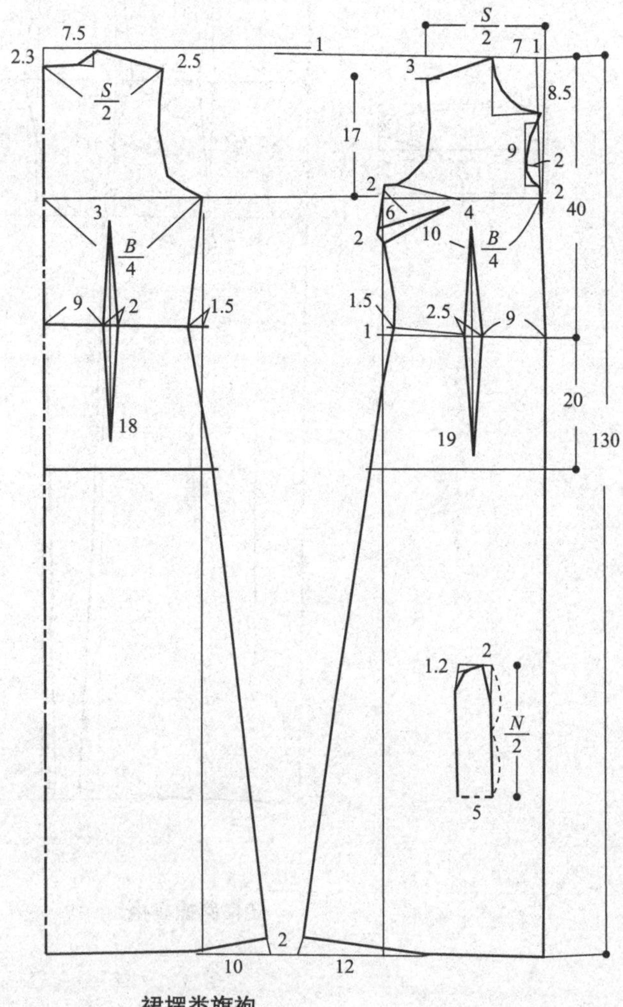

裙摆类旗袍

成品规格　　　　　　　　　　　单位：cm

衣长	胸围	肩宽	领围	腰围	臀围
135	92	40	38	74	96

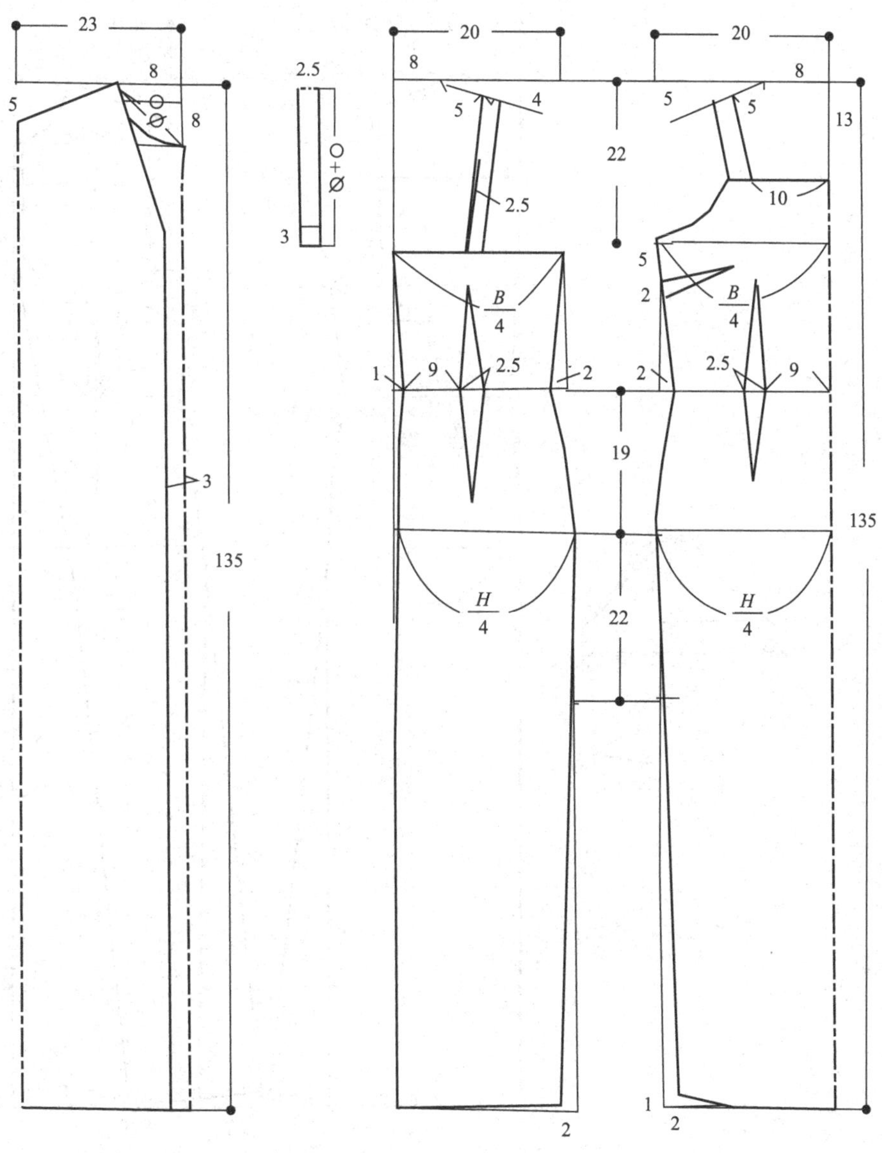

抹胸披肩类旗袍

成品规格　　　　　　　　　　　　　　单位：cm

衣长	胸围	肩宽	领围	袖长	腰围	臀围
138	92	39	36	18	74	96

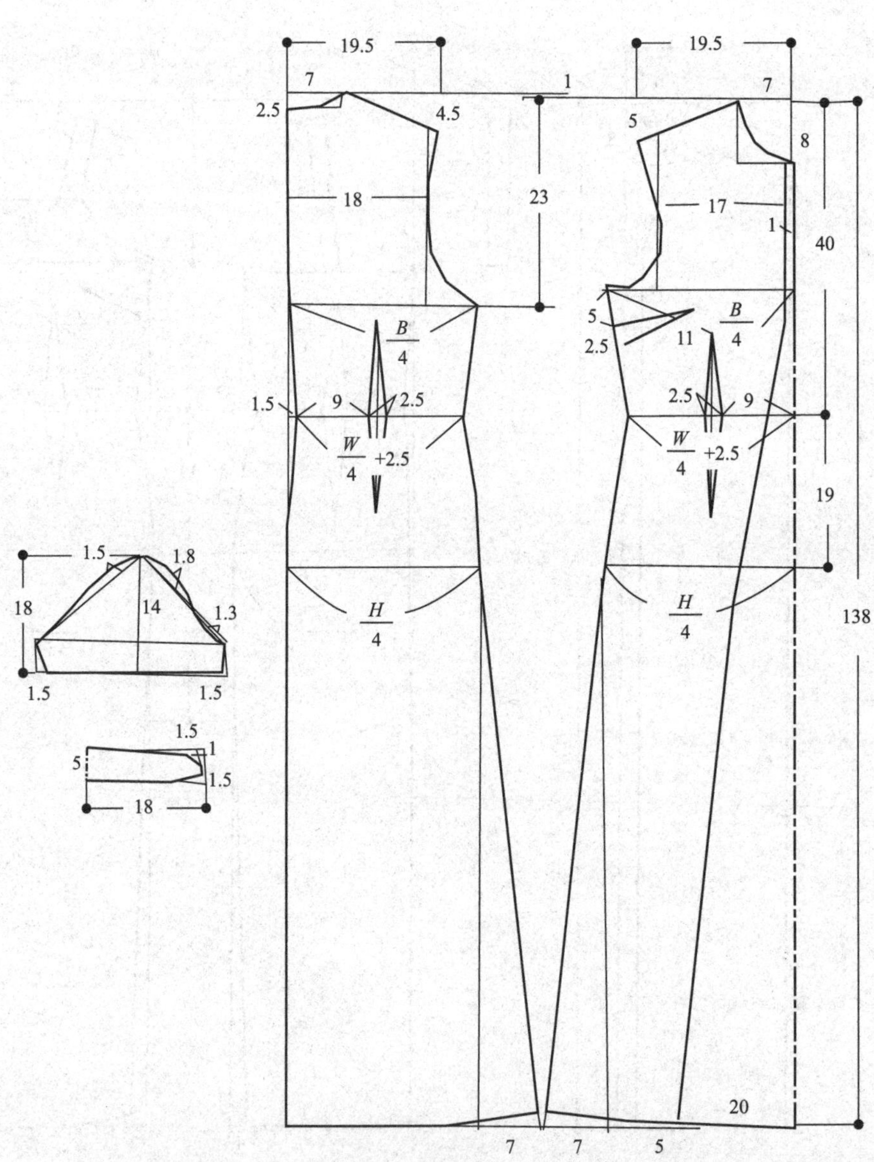

大摆类旗袍

成品规格　　　　　　　单位：cm

衣长	胸围	肩宽	袖长	领围
130	105	42	24	35

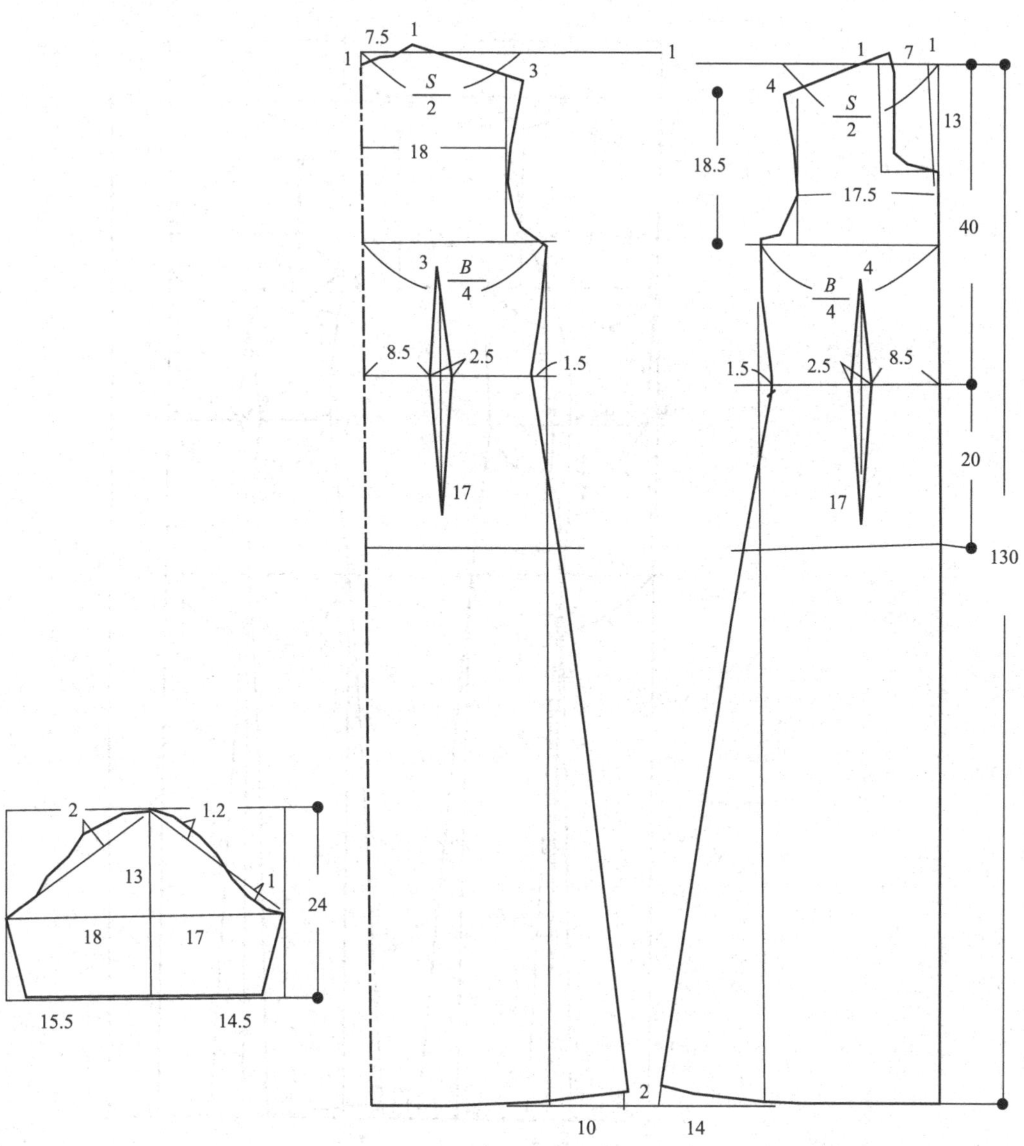

包肩袖大摆类旗袍

成品规格 单位：cm

衣长	胸围	腰围	臀围	肩宽	领围
135	92	72	96	38	36

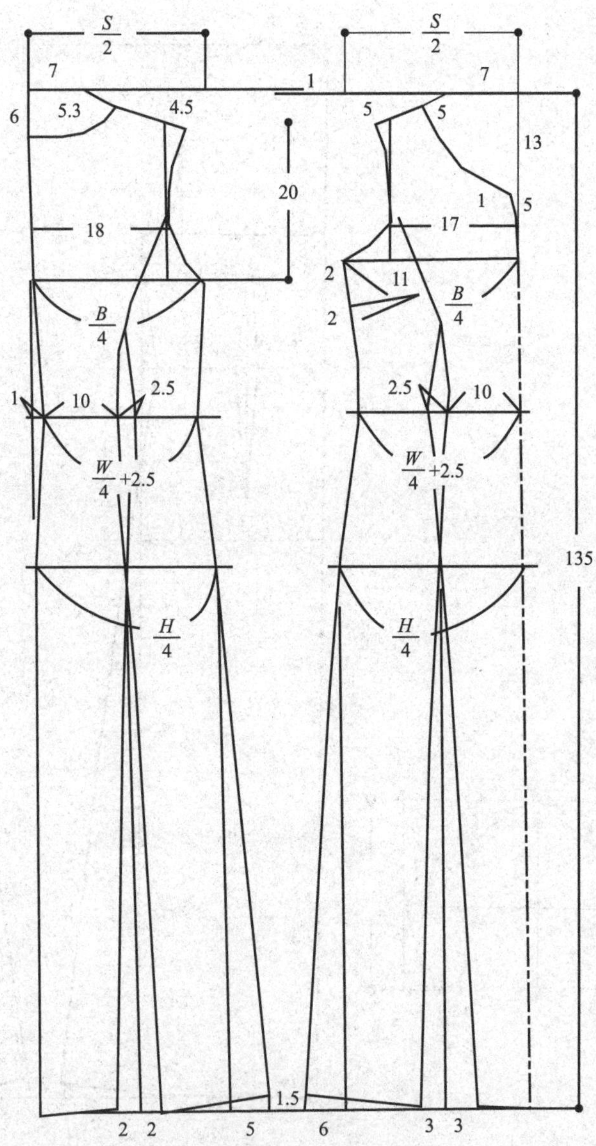

无袖无领散摆旗袍裙

成品规格　　　　　　　　　　　　　　　　单位：cm

衣长	胸围	腰围	臀围	肩宽	领围	袖长
120	94	74	98	40	38	20

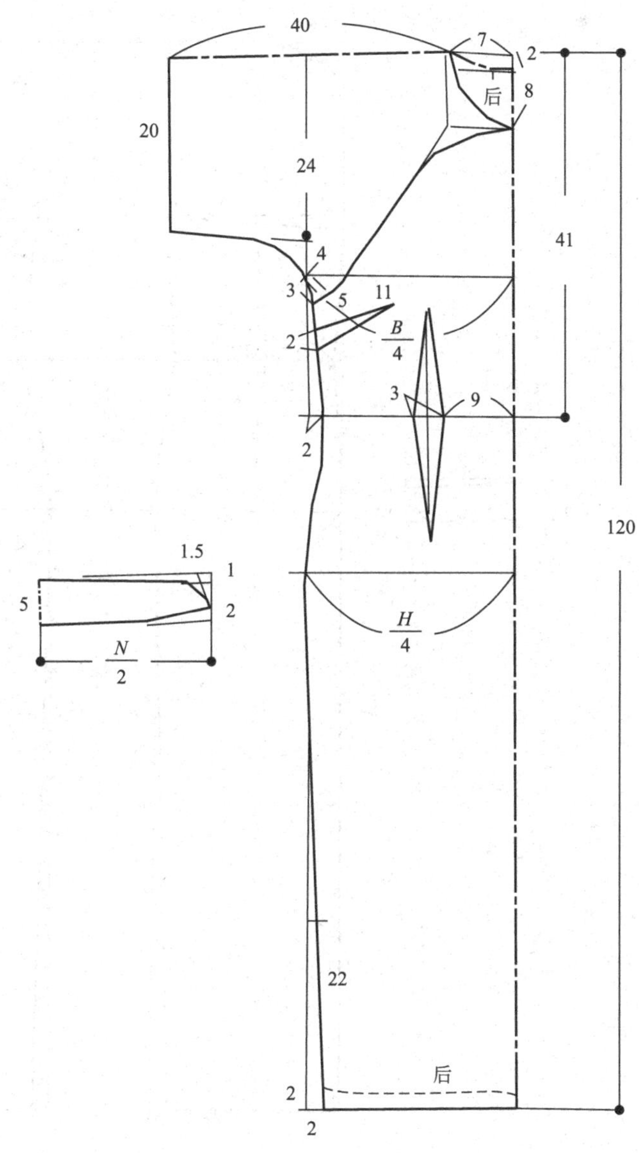

过肩袖时尚旗袍

成品规格 单位：cm

衣长	胸围	腰围	臀围	肩宽	领围
135	90	70	94	40	38

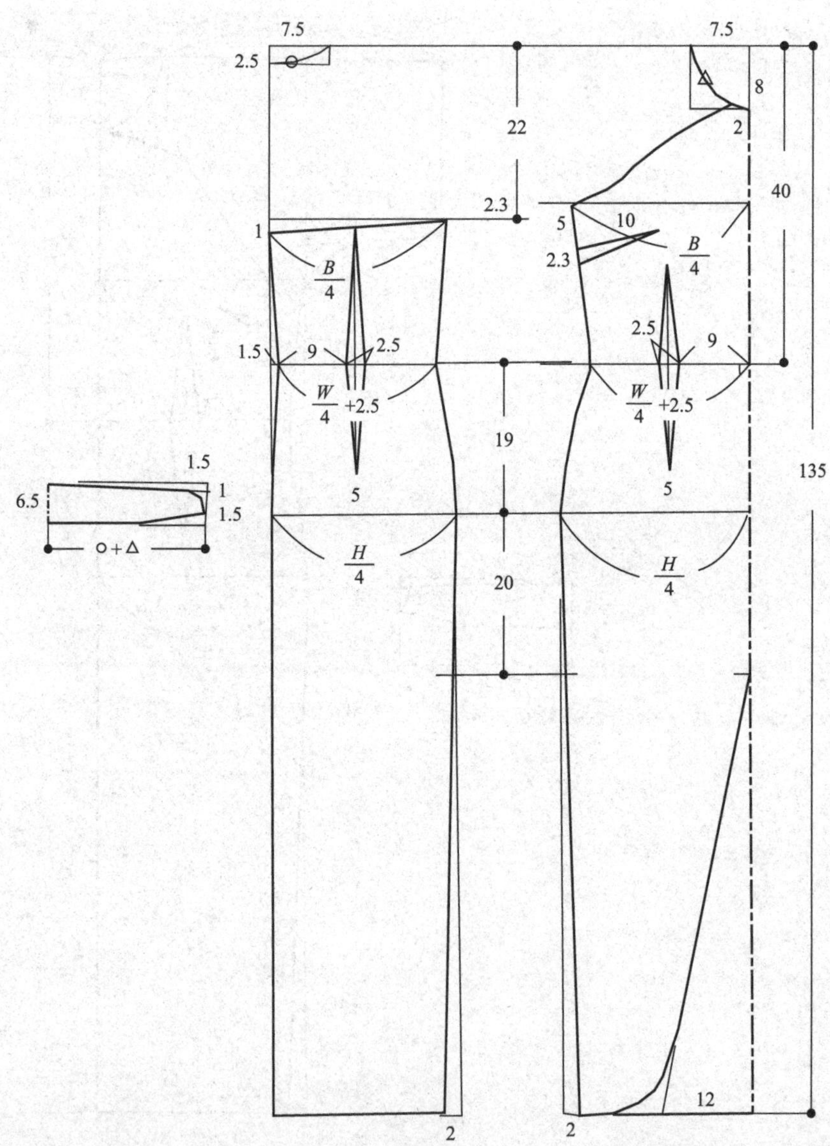

裸肩性感旗袍

成品规格　　　　　　　　　　　　　　　　单位：cm

衣长	胸围	肩宽	袖长	领围	腰围	臀围
138	82	39	24	38	70	92

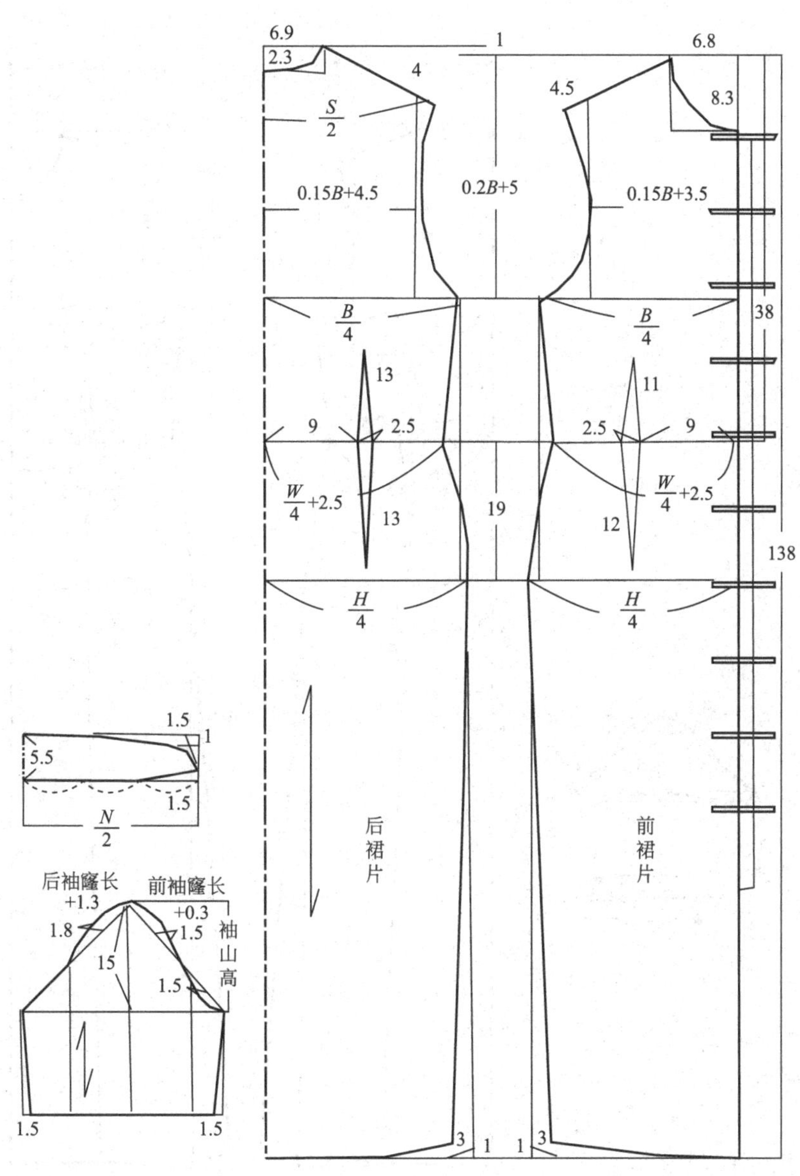

开襟纽襻类旗袍

成品规格　　　　　　　　　　　　　　单位：cm

衣长	胸围	腰围	臀围	肩宽	领围	袖长
140	90	72	98	39	37	13

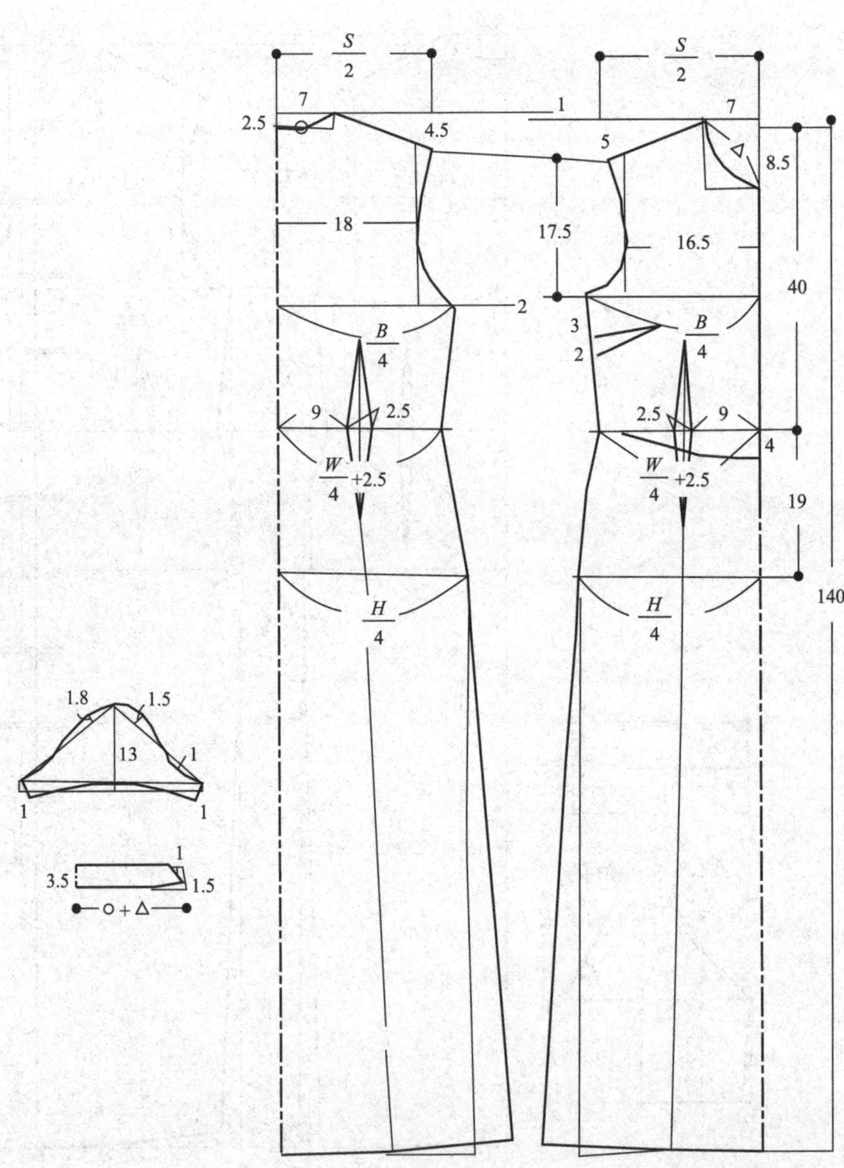

短袖散摆旗袍

成品规格　　　　　　　　单位：cm

衣长	胸围	肩宽	腰围	臀围
145	86	38	68	96

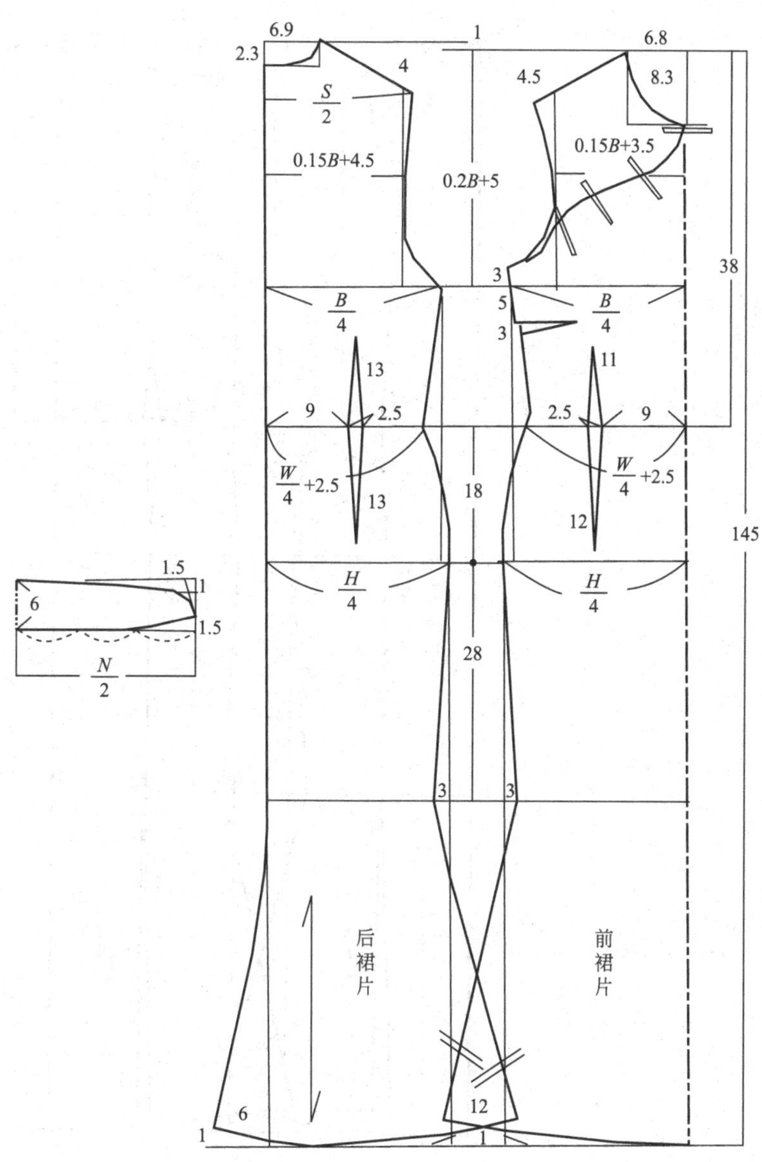

鱼尾式旗袍

成品规格　　　　　　　　单位：cm

衣长	胸围	肩宽	腰围	臀围
142	84	38	68	94

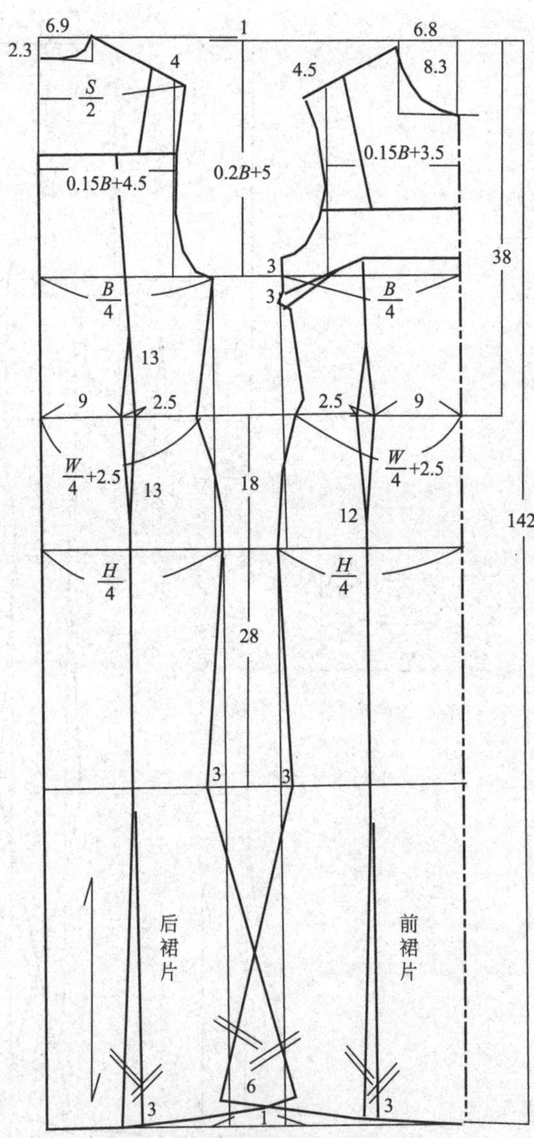

裸肩大摆时尚旗袍裙

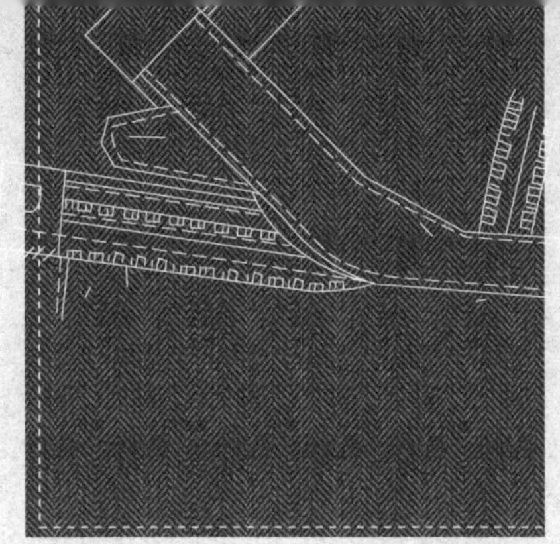

CHAPTER 5

超短旗袍

成品规格　　　　　　　　　　　　单位：cm

衣长	胸围	腰围	臀围	肩宽	领围	袖长
95	92	72	94	36	38	57

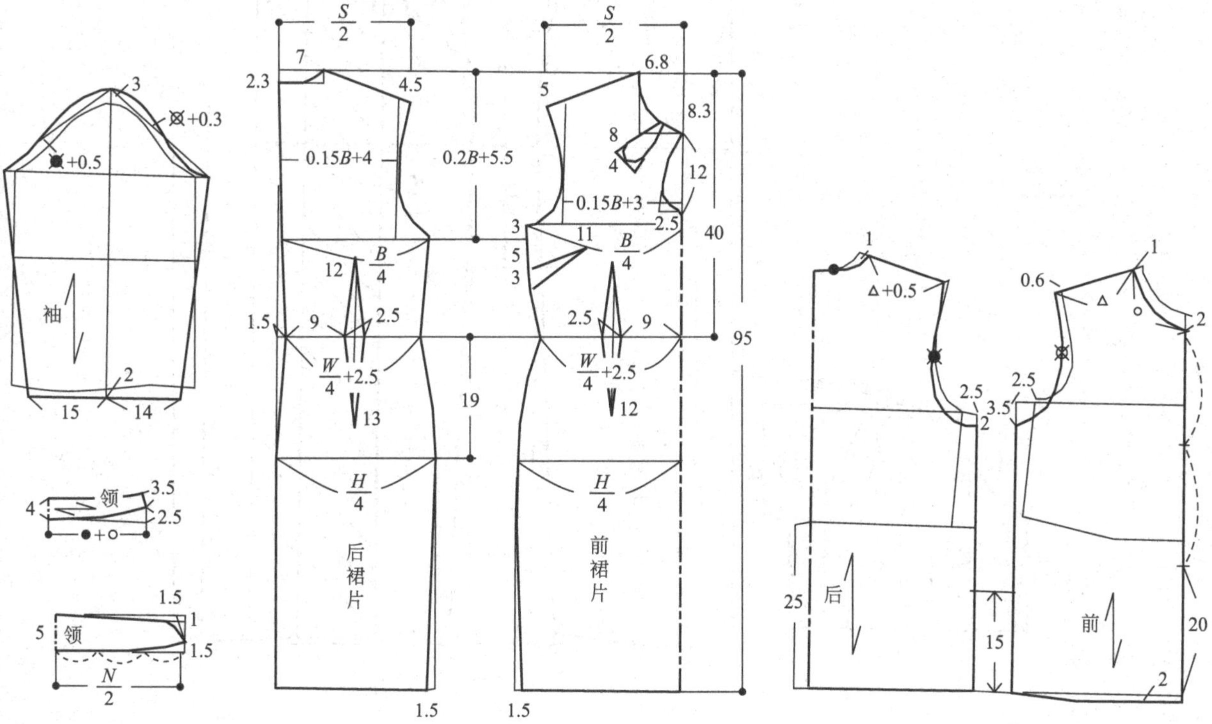

长袖镂空领超短旗袍

成品规格 单位：cm

衣长	胸围	肩宽	袖长	领围	腰围	臀围
108	96	40	20	38	70	100

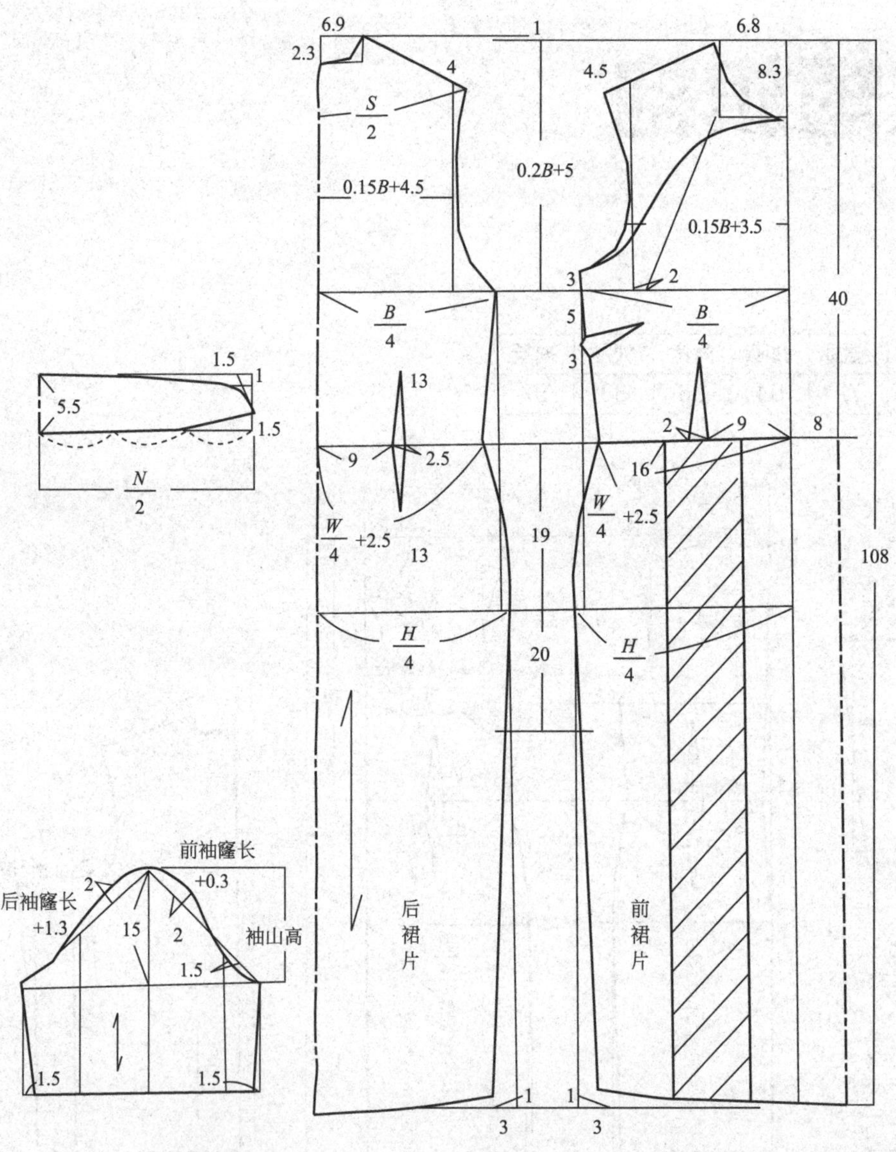

短袖散摆裙式旗袍

成品规格　　　　　　　　　　　　　　　单位：cm

衣长	胸围	肩宽	袖长	领围	腰围	臀围
108	92	39	18	38	70	98

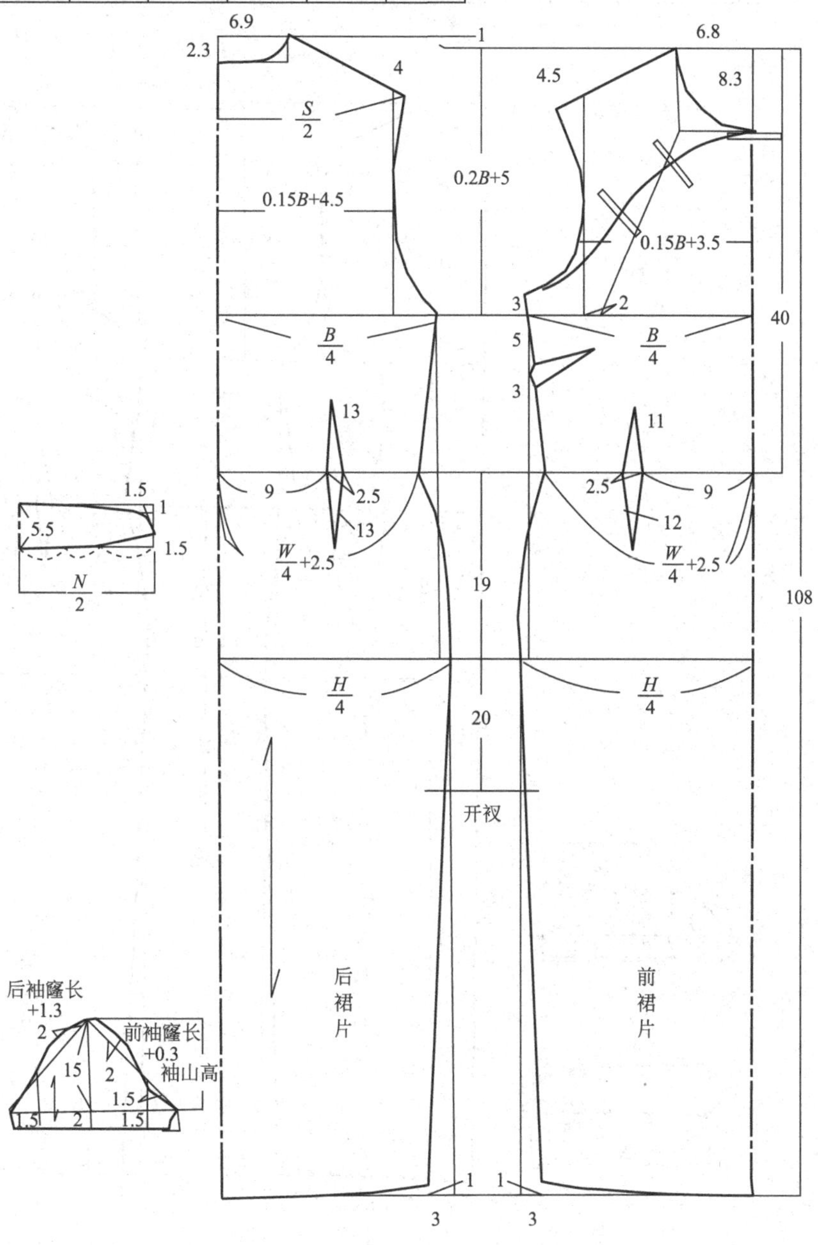

小清新纽襻旗袍

成品规格　　　　　　　　　　　　　　　　单位：cm

衣长	胸围	肩宽	袖长	领围	腰围	臀围
108	96	40	17	38	70	100

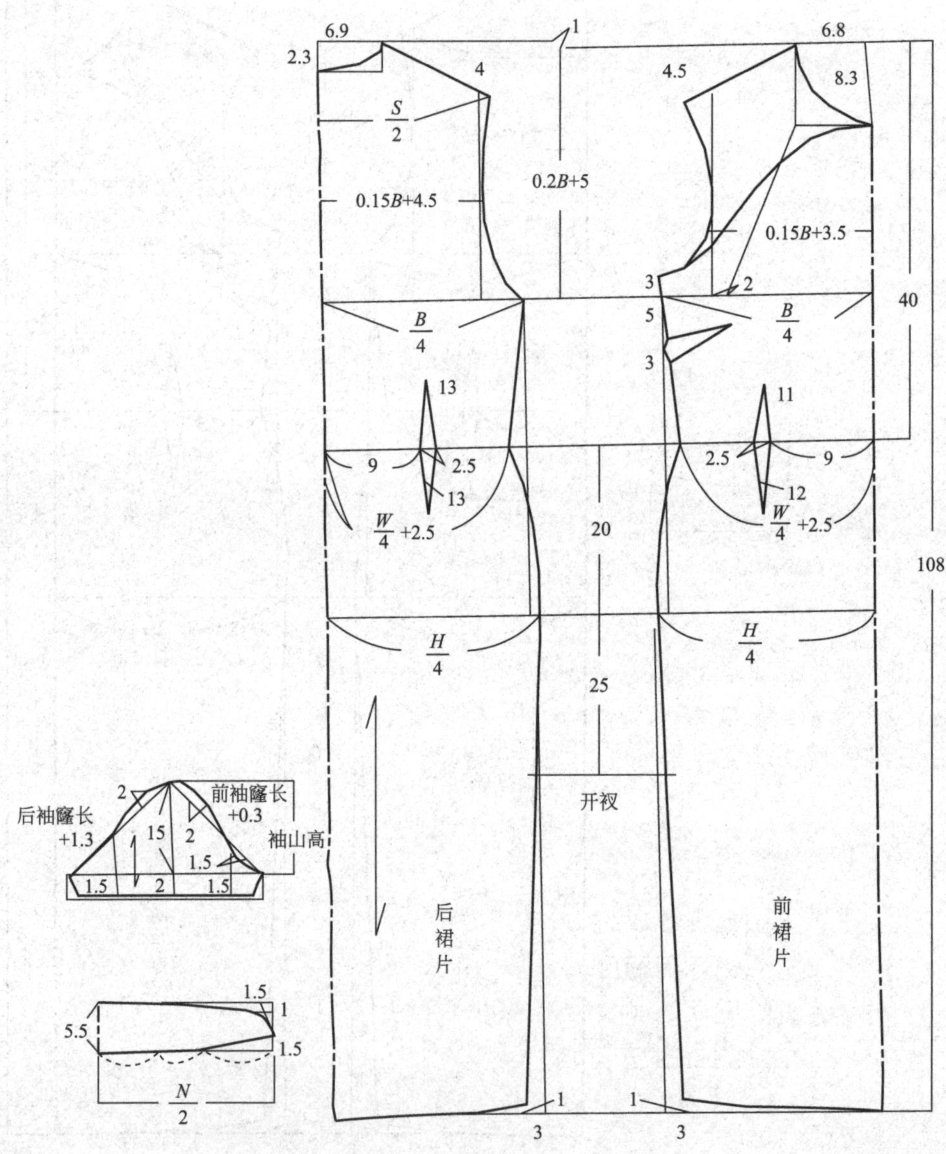

镶花边超短旗袍

成品规格　　　　　　　　　　　　　　单位：cm

衣长	胸围	肩宽	袖长	领围	腰围	臀围
112	88	39	17	30	74	98

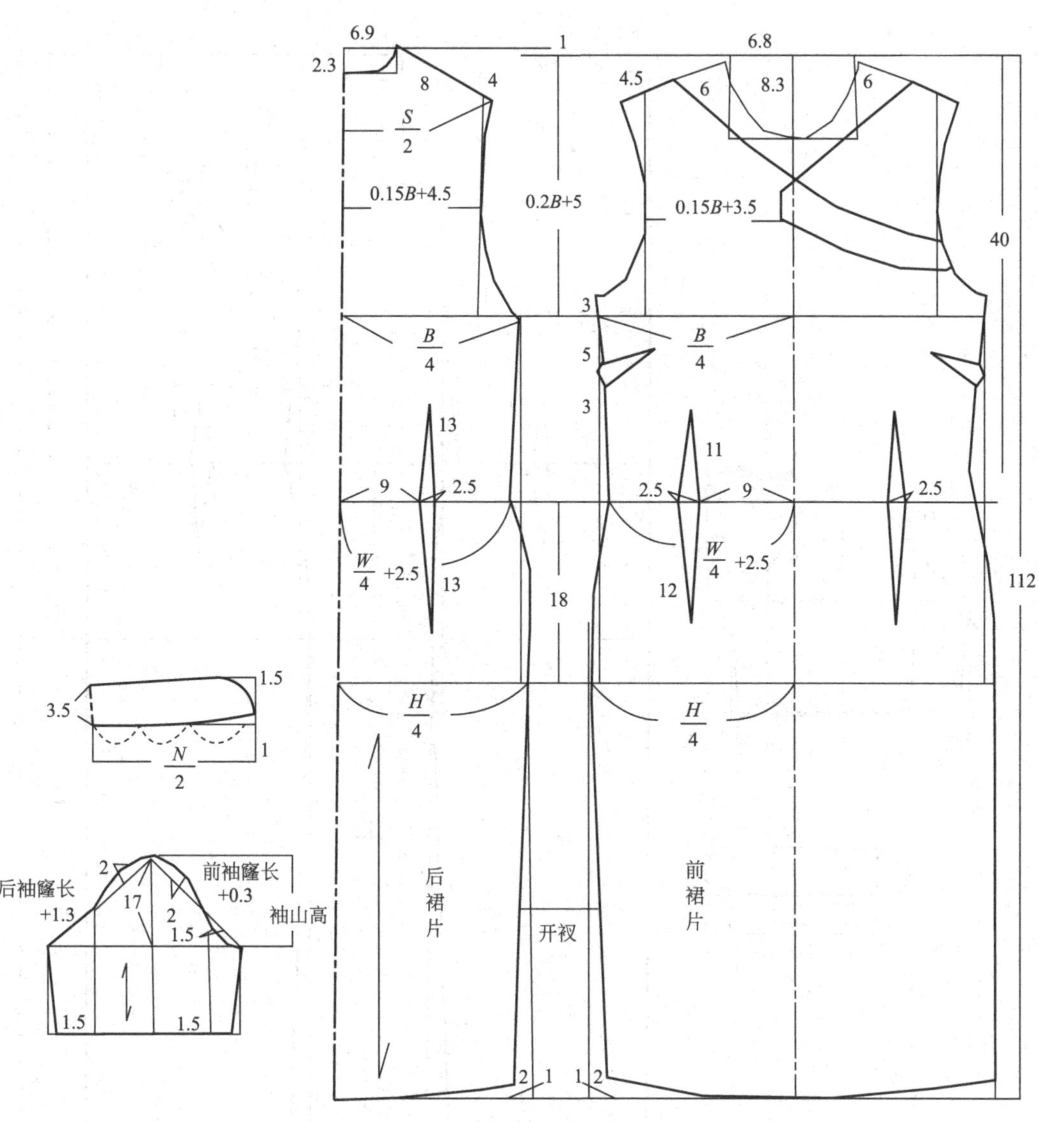

黑色大绒精致旗袍

成品规格　　　　　　　　　　　　　　　　　单位：cm

衣长	胸围	肩宽	袖长	领围	腰围	臀围
112	88	39	20	38	74	98

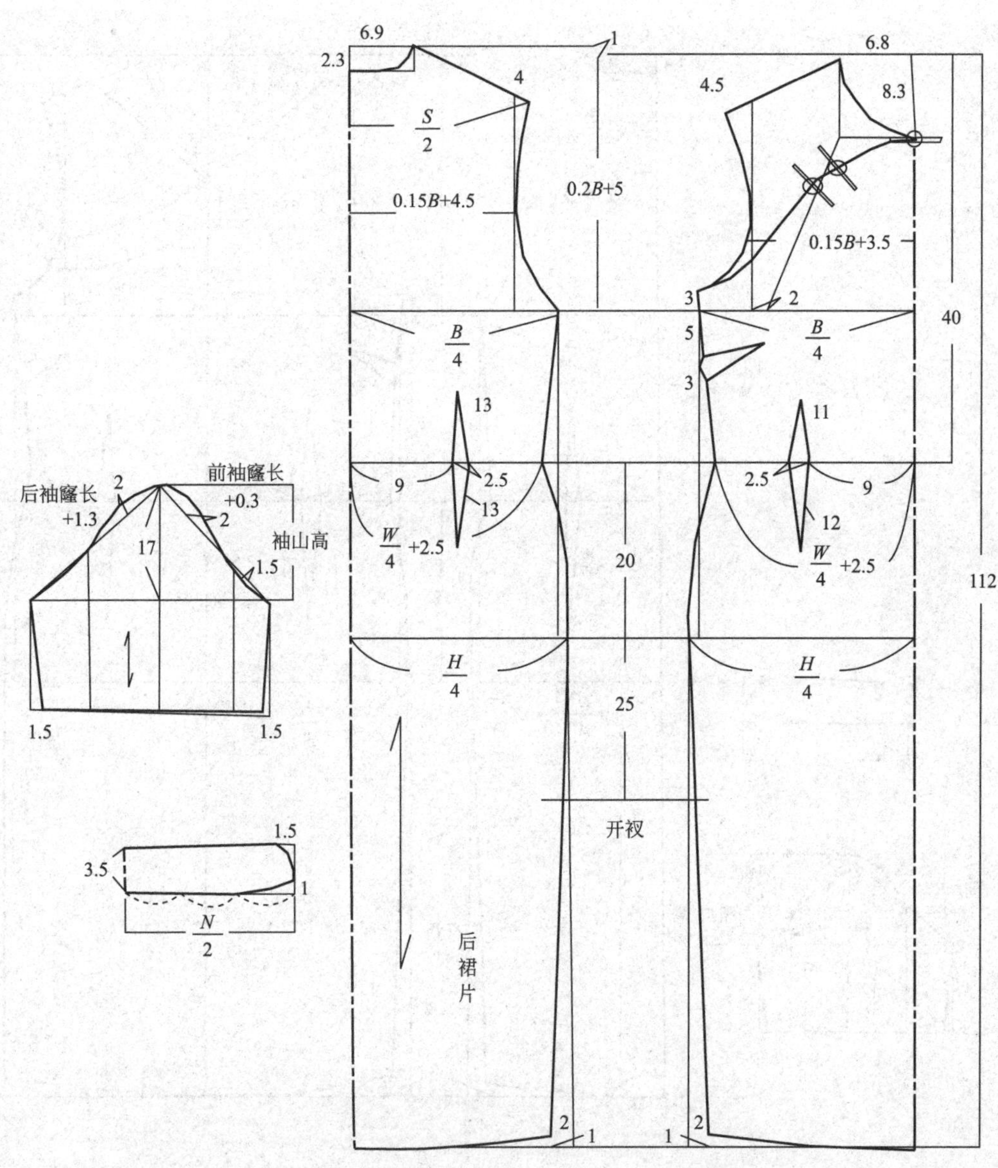

简单随意旗袍裙

成品规格　　　　　　　　　　　　单位：cm

衣长	胸围	腰围	臀围	肩宽	领围
90	90	72	96	36	38

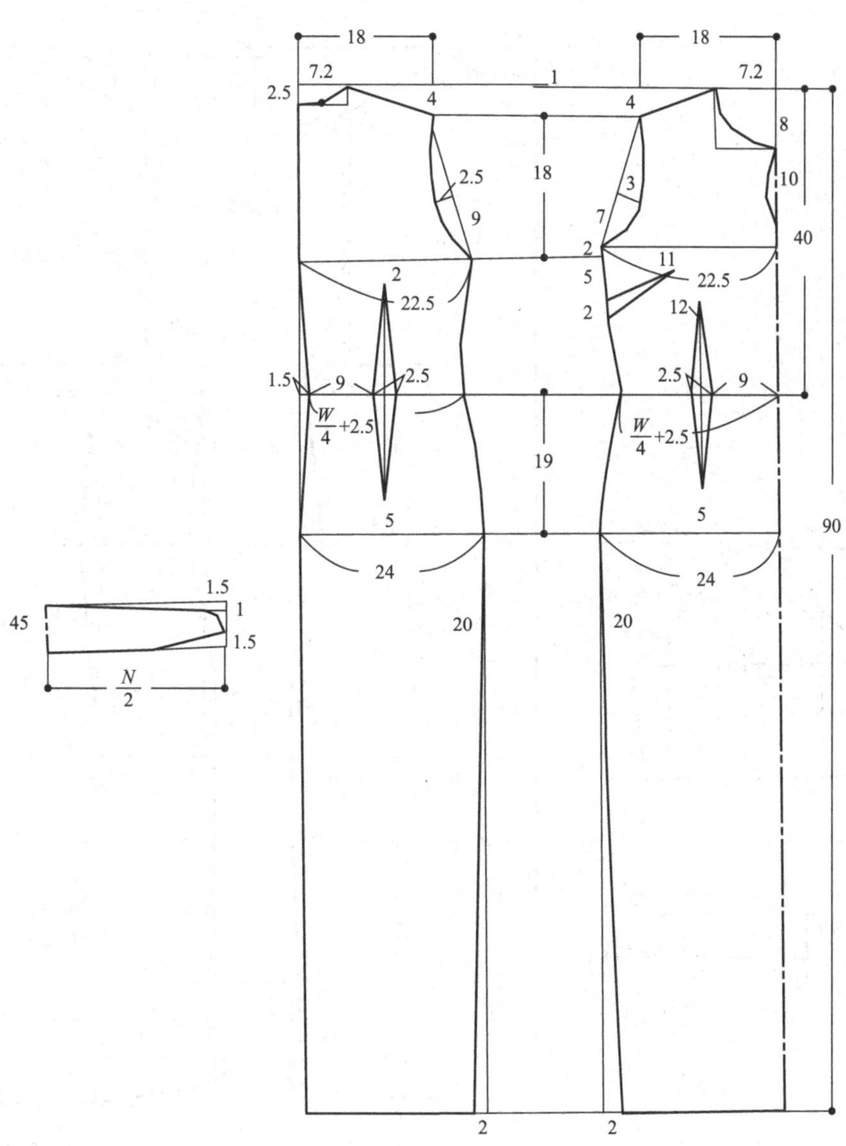

真丝绣花类开衩旗袍

成品规格　　　　　　　　　　　　　　　单位：cm

衣长	胸围	肩宽	袖长	领围	腰围	臀围
110	88	39	22	38	72	96

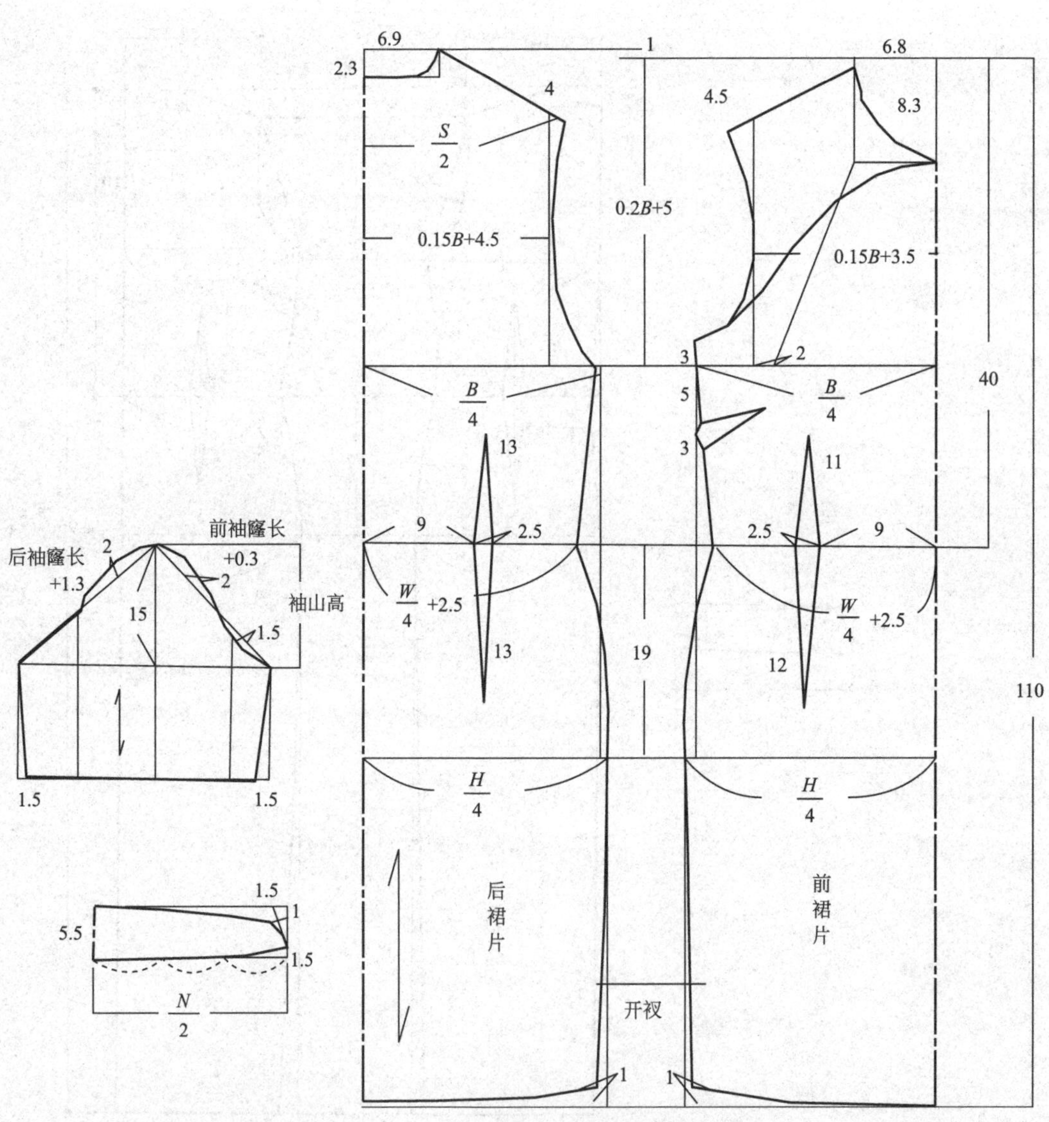

开衩类红色旗袍裙

成品规格　　　　　　　　　　　　　　　　　单位：cm

衣长	胸围	肩宽	袖长	领围	腰围	臀围
110	90	39	25	38	74	98

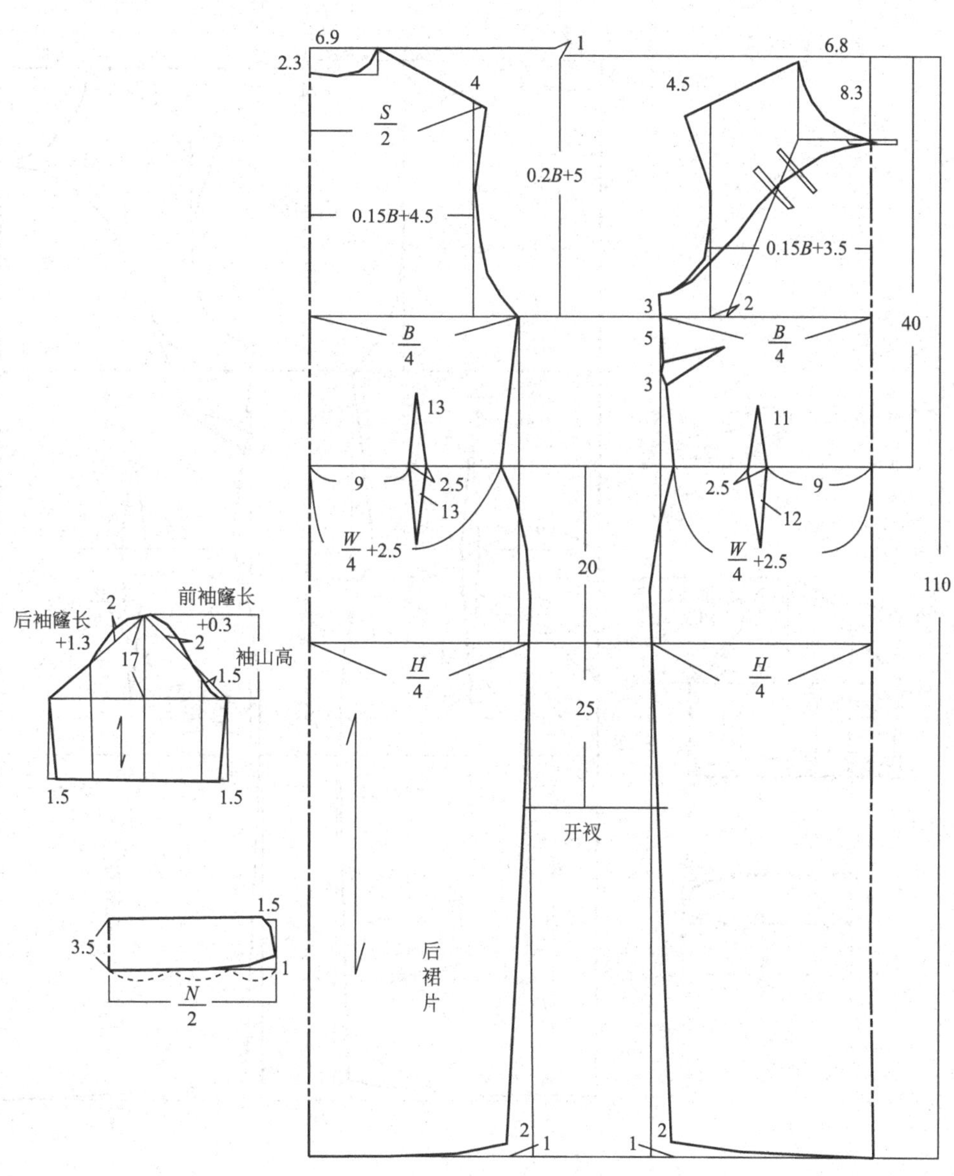

纽襻类传统旗袍

成品规格　　　　　　　　　　　　　　单位：cm

衣长	胸围	肩宽	袖长	领围	腰围	臀围
92	90	39	22	38	70	98

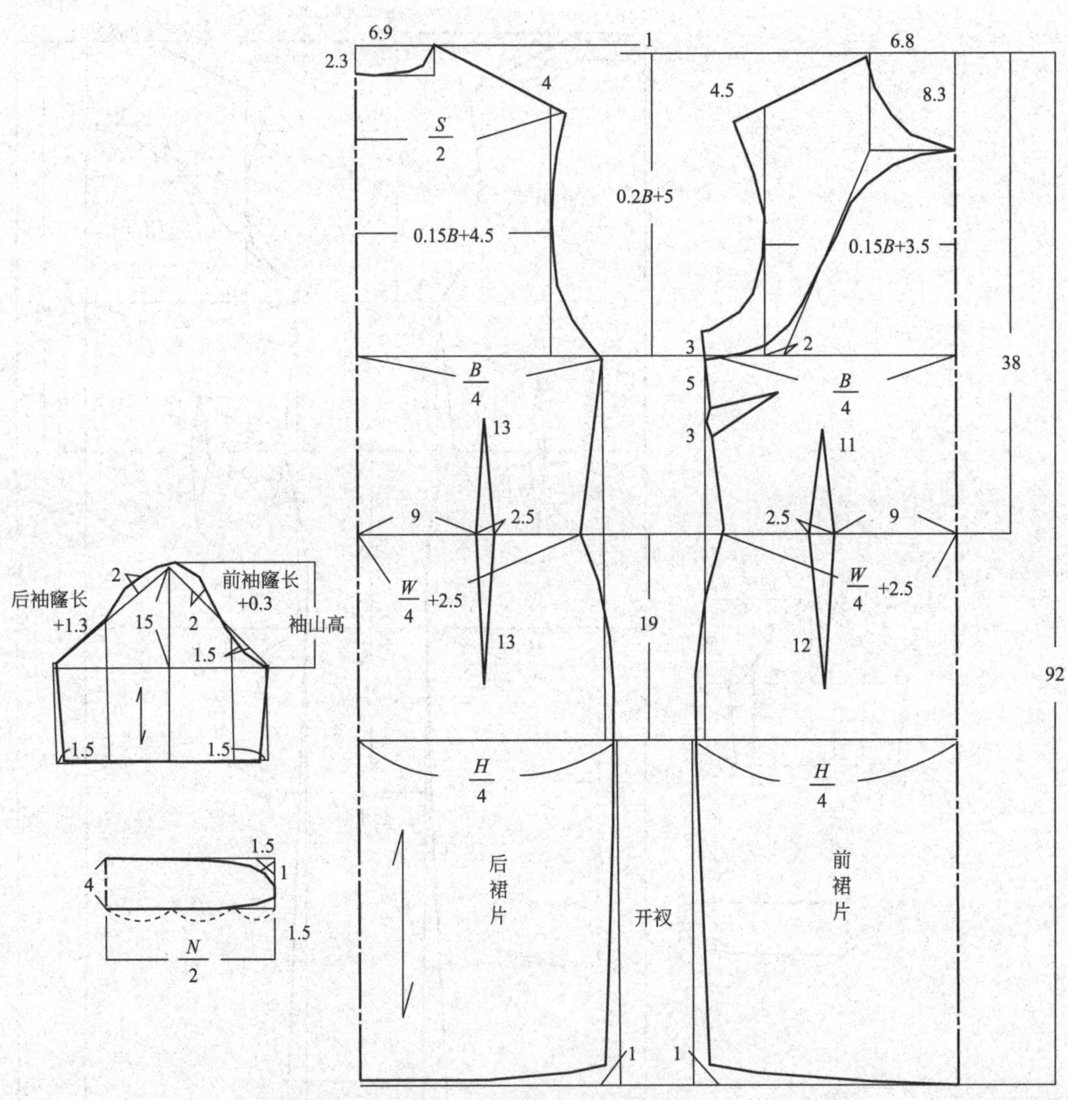

红底圆形图案旗袍

成品规格　　　　　　　　单位：cm

衣长	胸围	肩宽	领围	腰围	臀围
100	90	39	22	70	98

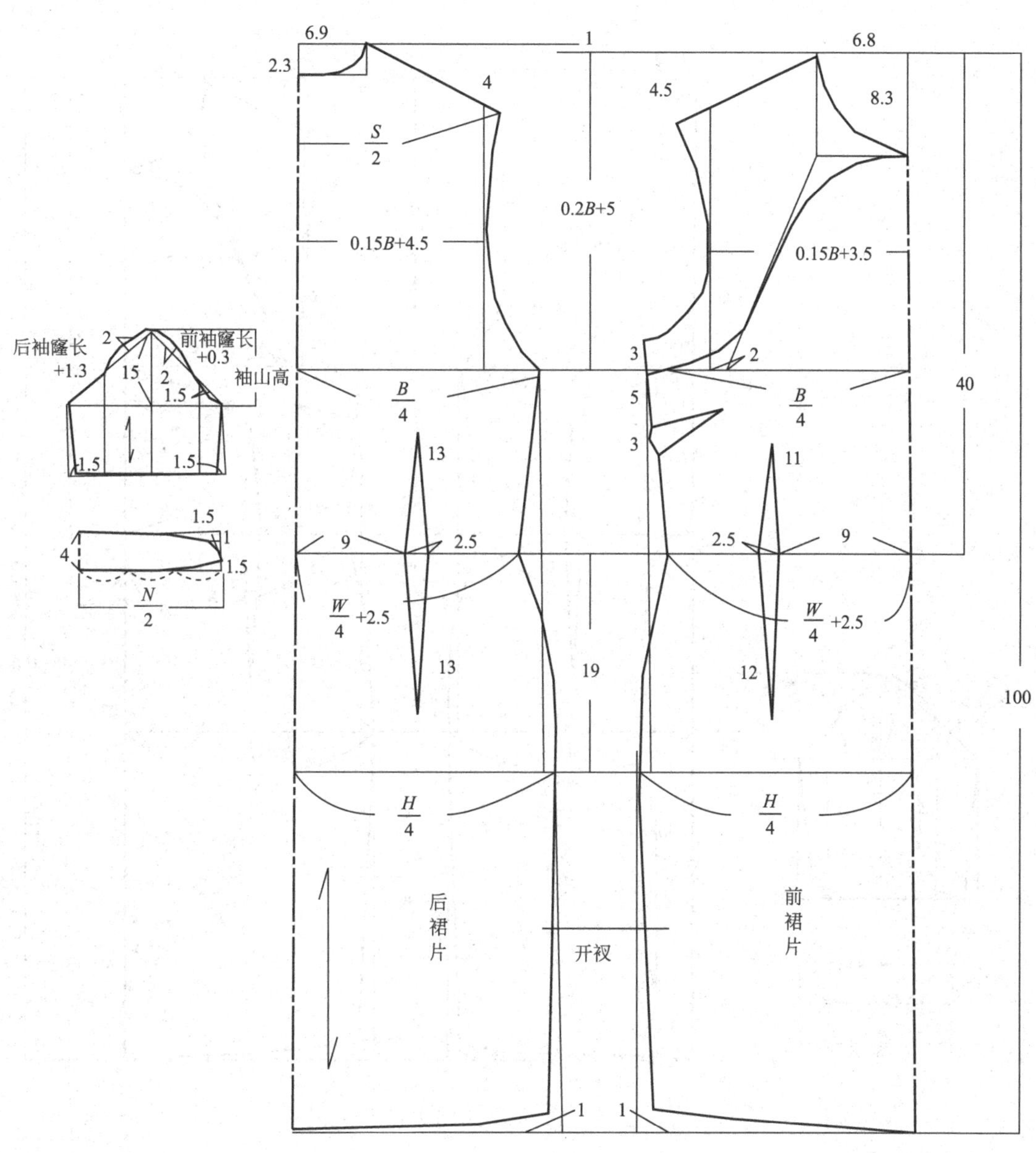

标准超短旗袍裙1

成品规格　　　　　　　　　　单位：cm

衣长	胸围	肩宽	袖长	腰围	臀围
100	94	40	30	70	98

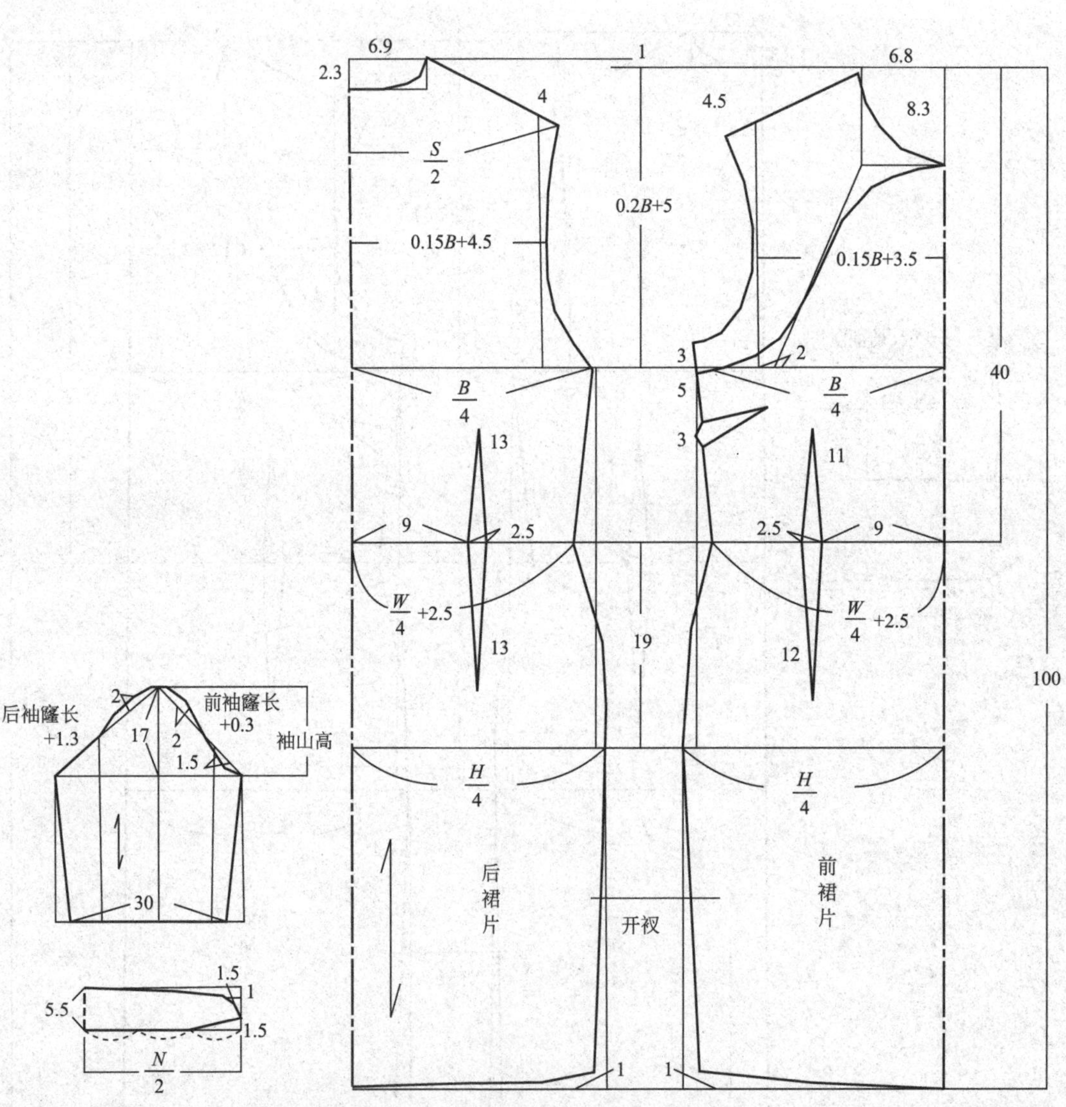

标准超短旗袍裙2

成品规格　　　　　　　　　　　　单位：cm

衣长	胸围	肩宽	袖长	腰围	臀围
98	86	39	22	70	98

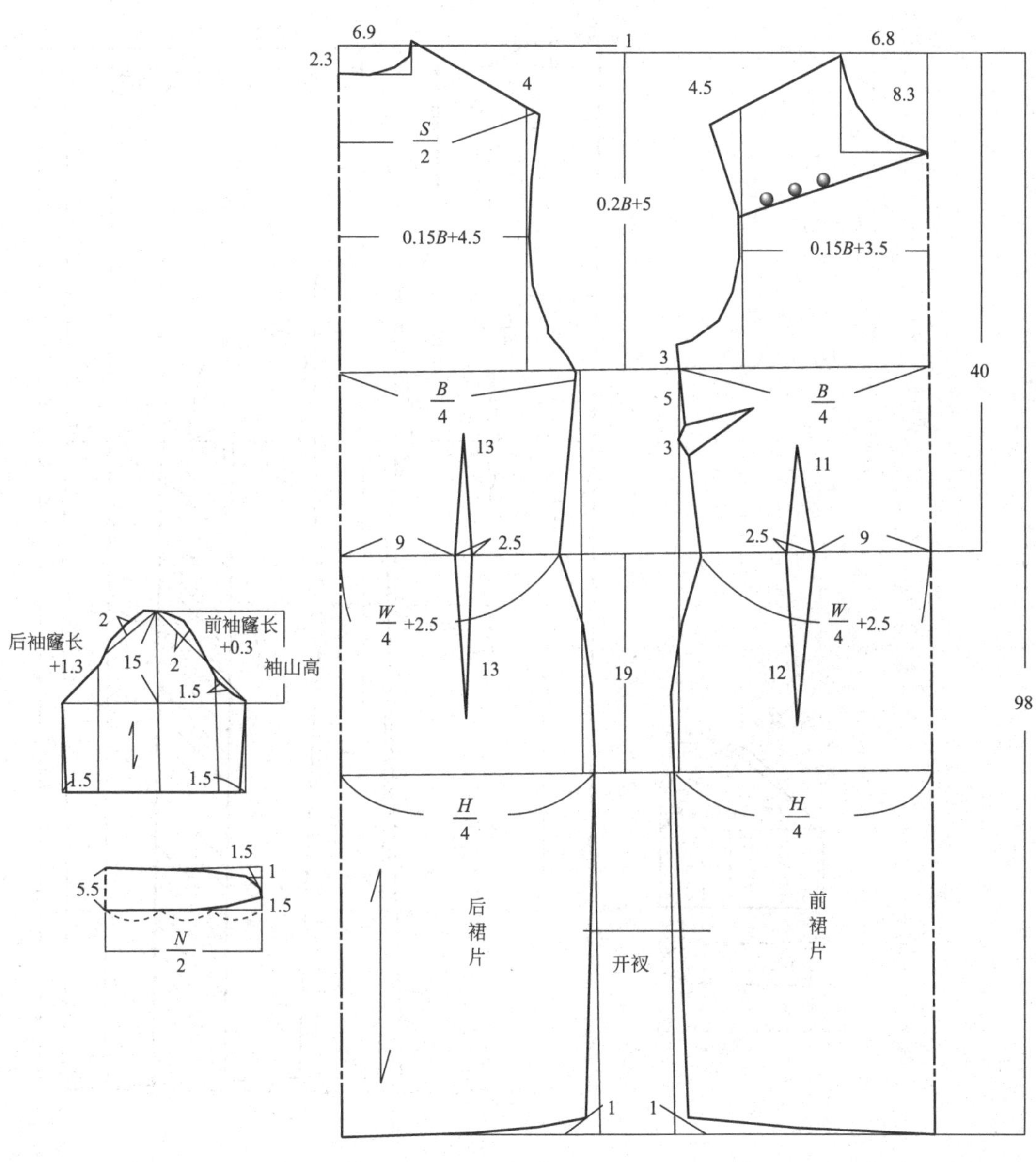

装饰扣短旗袍裙

成品规格　　　　　　　　　　　　　　　　单位：cm

衣长	胸围	肩宽	袖长	领围	腰围	臀围
108	92	40	25	38	72	100

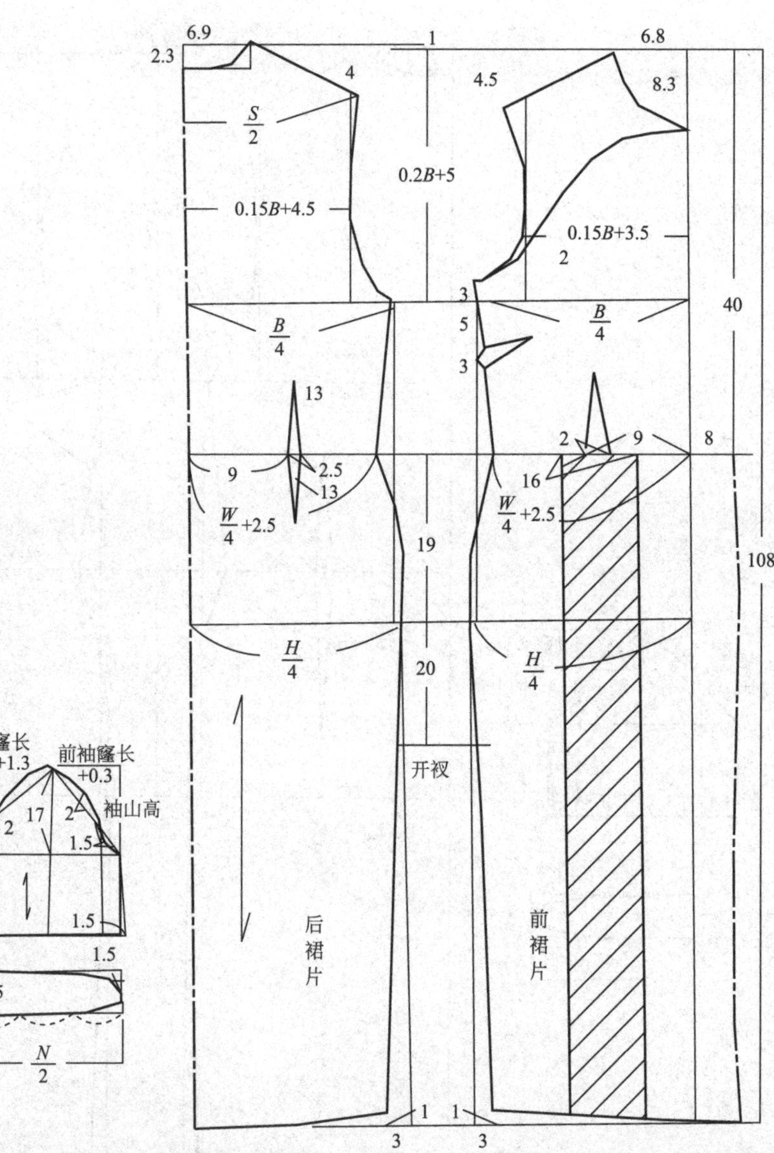

短袖旗袍裙

成品规格 单位：cm

衣长	胸围	肩宽	袖长	领围	腰围	臀围
110	80	39	24	38	68	90

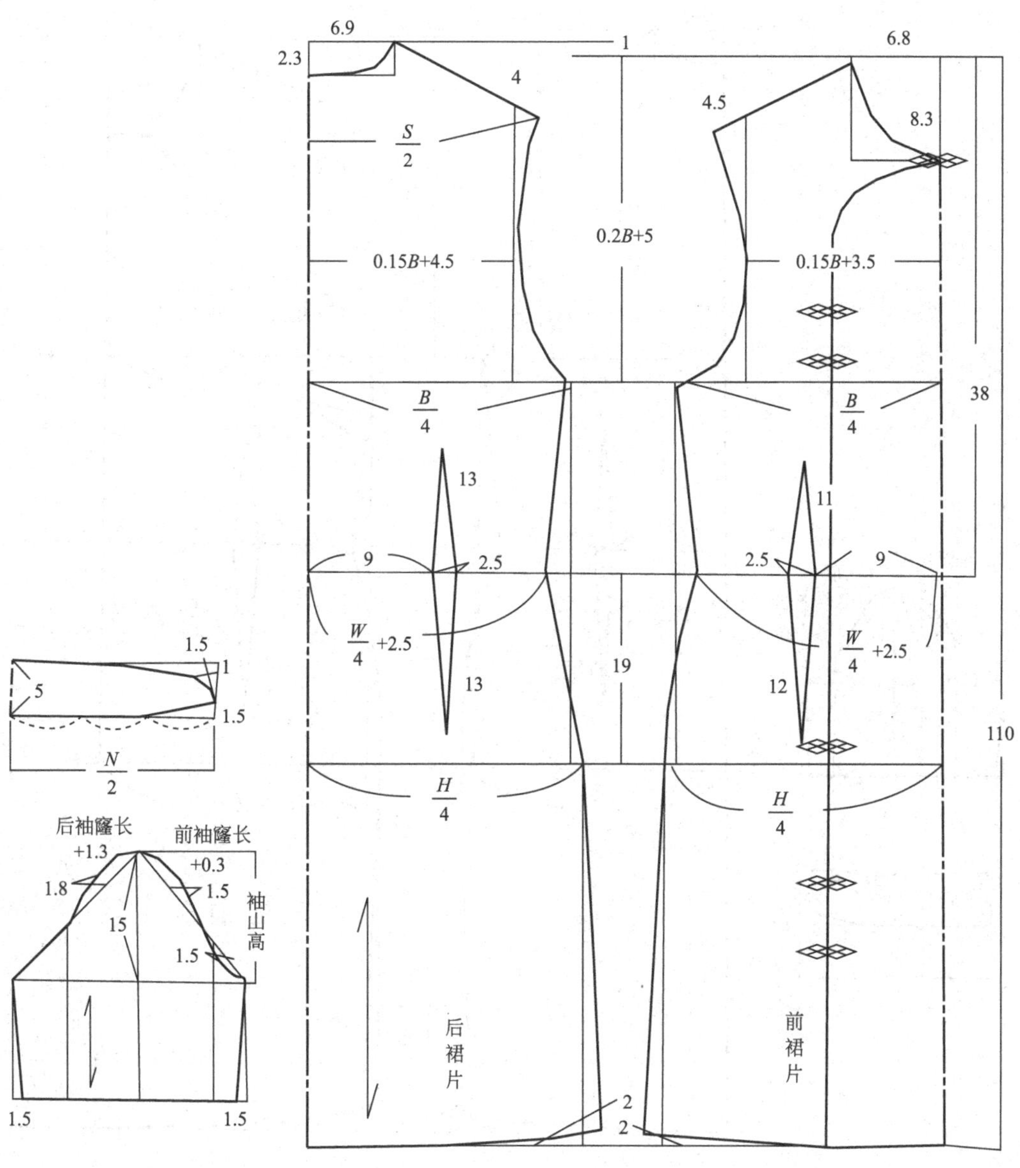

纽襻类超短裙

成品规格　　　　　　　　　　　　　　单位：cm

衣长	胸围	肩宽	袖长	领围	腰围	臀围
92	90	39	25	38	70	98

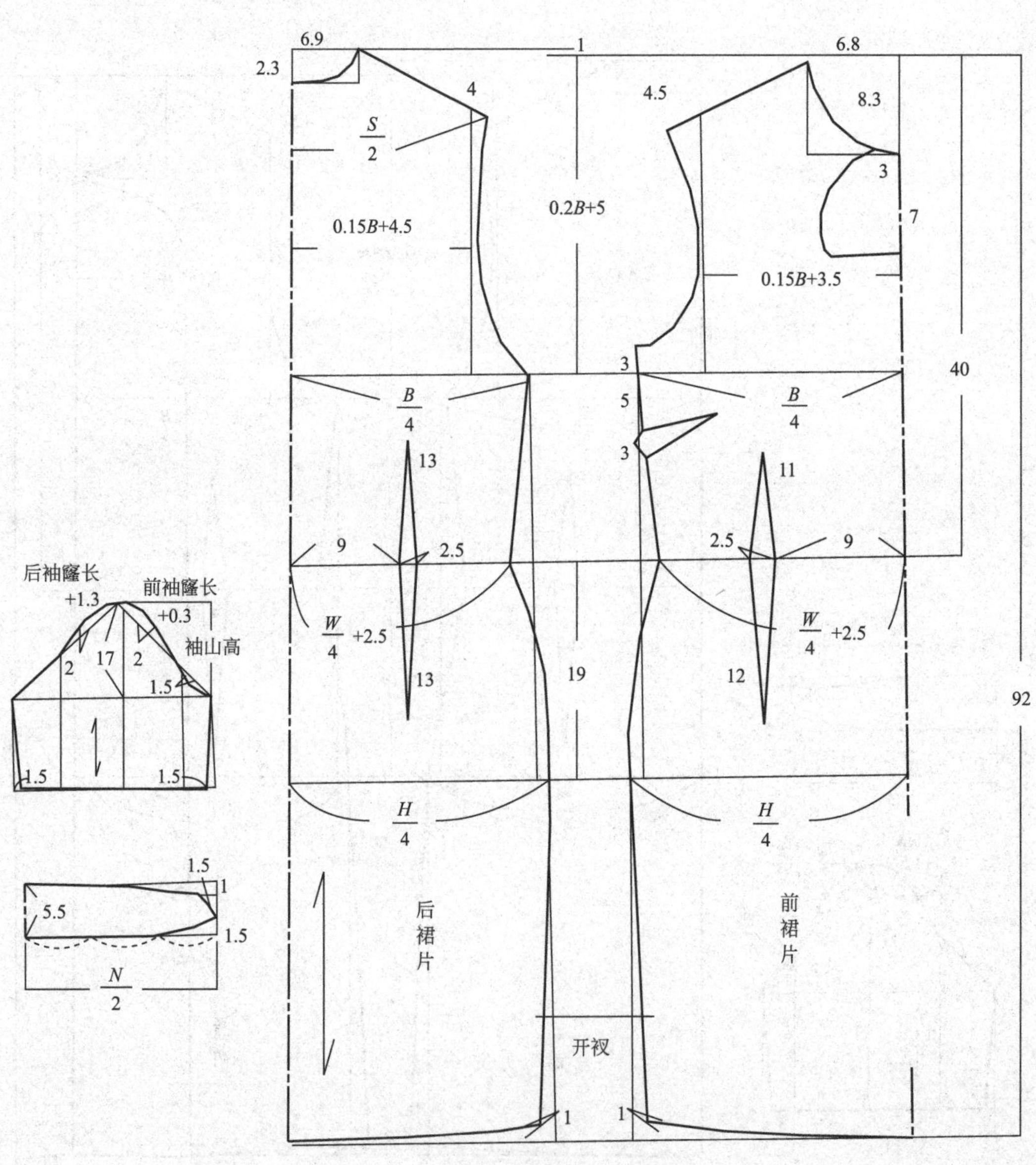

镂空领超短裙

成品规格　　　　　　　　　　　　　　单位：cm

衣长	胸围	肩宽	袖长	领围	腰围	臀围
115	90	40	25	38	74	100

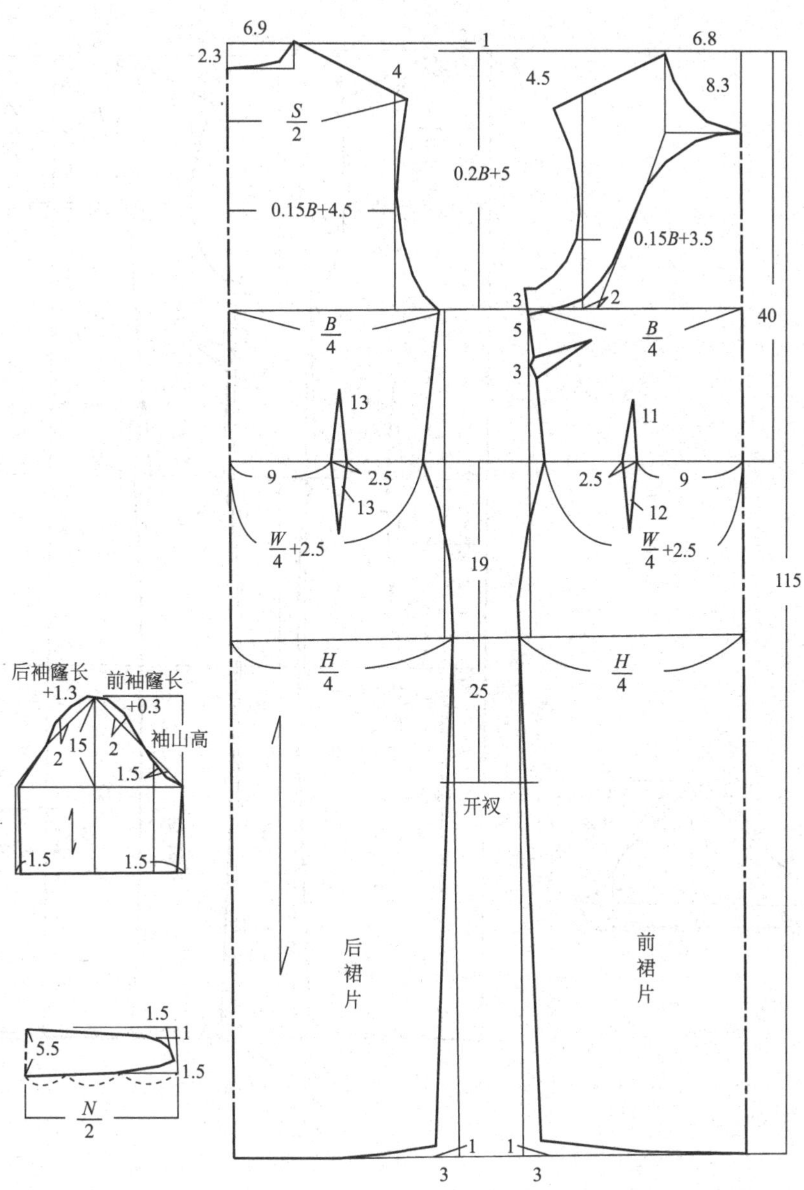

麻料花色旗袍

成品规格　　　　　　　　　　　　　单位：cm

衣长	胸围	肩宽	袖长	领围	腰围	臀围
100	90	39	20	38	72	96

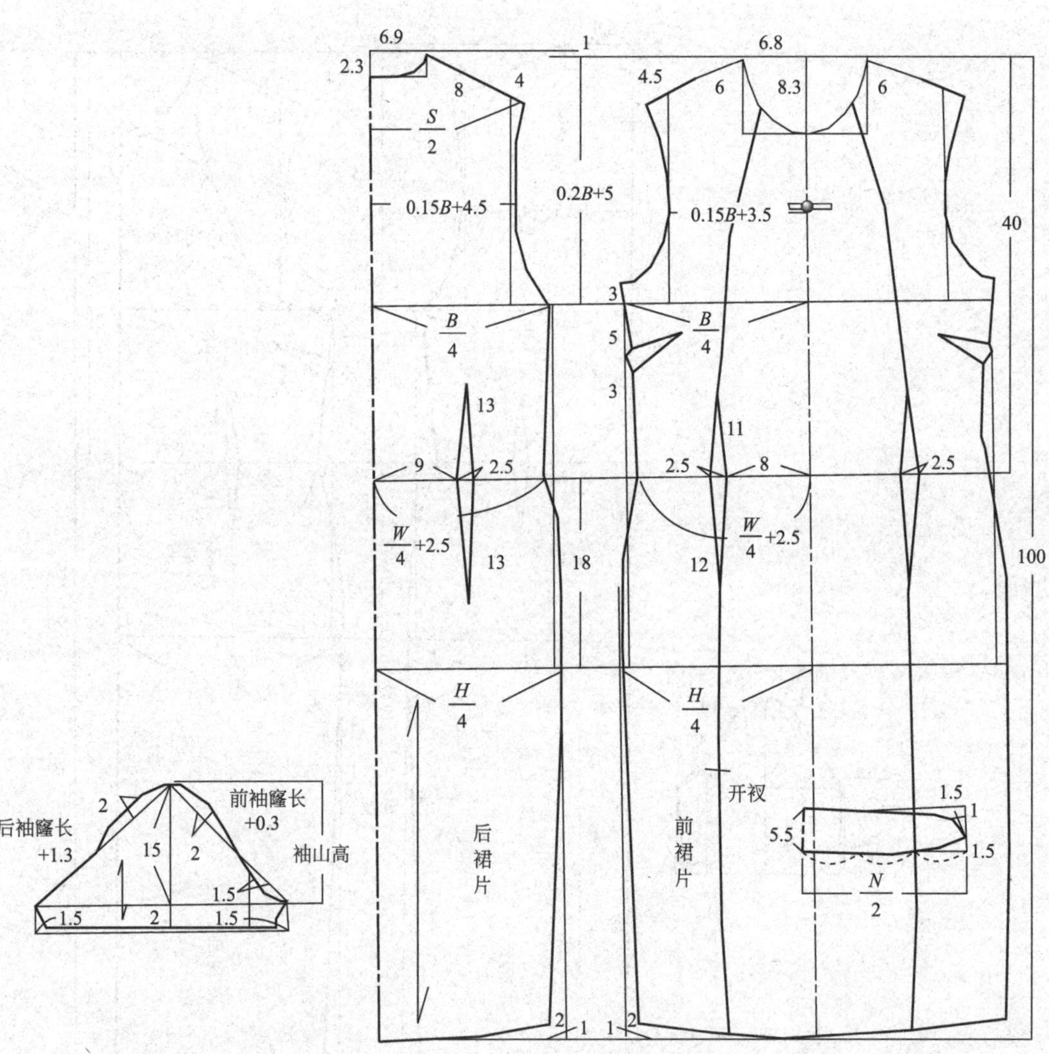

多开剪短裙

成品规格　　　　　　　　　　　　　　　　单位：cm

衣长	胸围	肩宽	袖长	领围	腰围	臀围
108	94	39	25	38	70	98

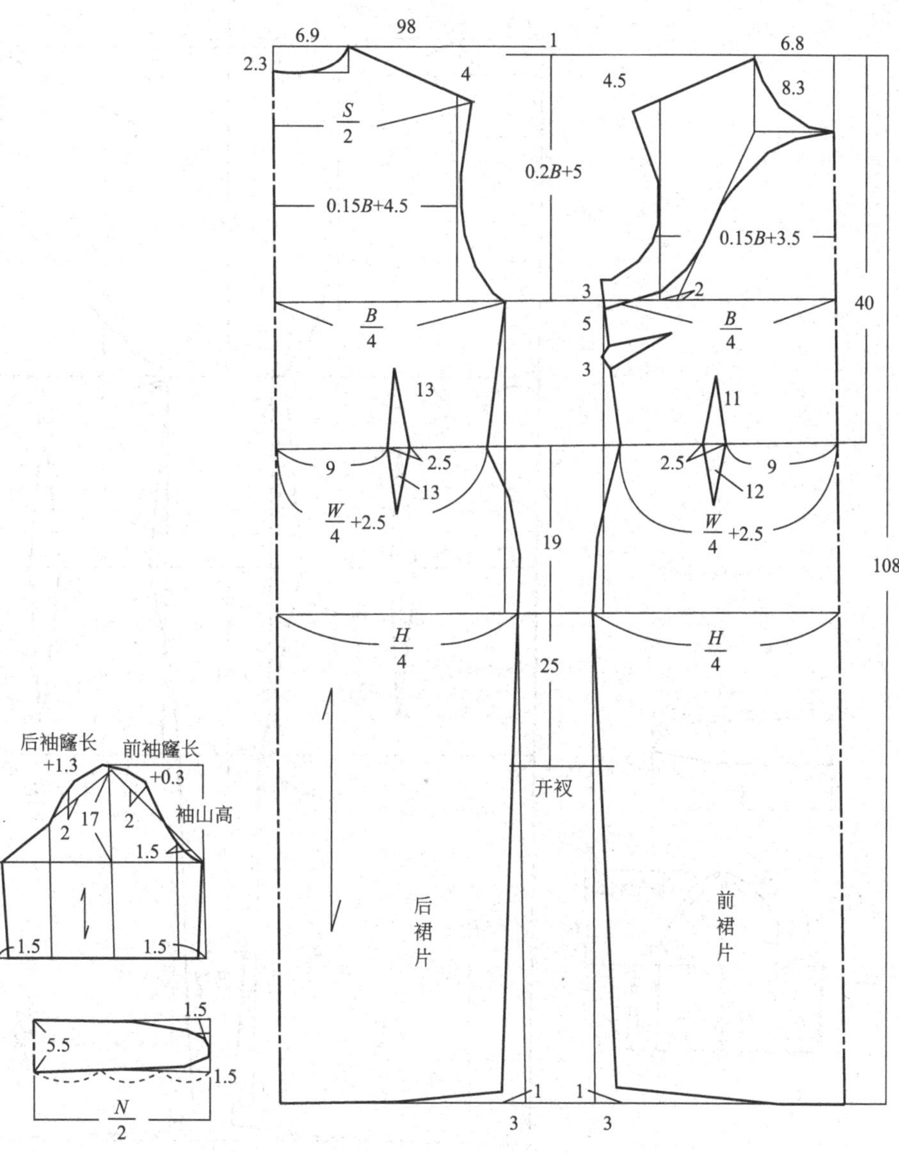

短袖侧开襟短裙

成品规格　　　　　　　　　　　　　　　　　　单位：cm

衣长	胸围	肩宽	袖长	领围	腰围	臀围
110	82	39	22	38	95	92

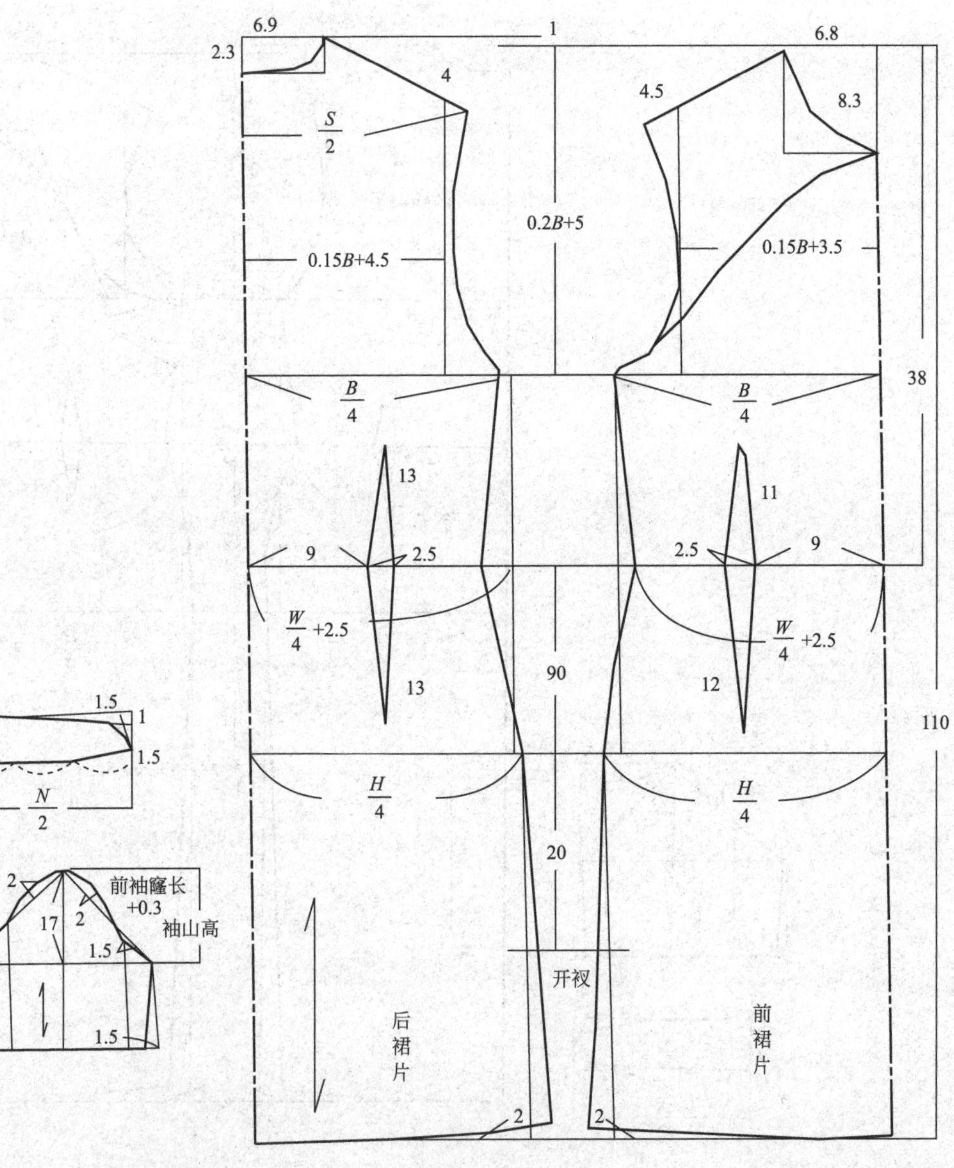

斜襟超短旗袍裙

成品规格　　　　　　　　　　　　　　单位：cm

衣长	胸围	腰围	臀围	肩宽	领围	袖长
105	92	74	96	39	38	13

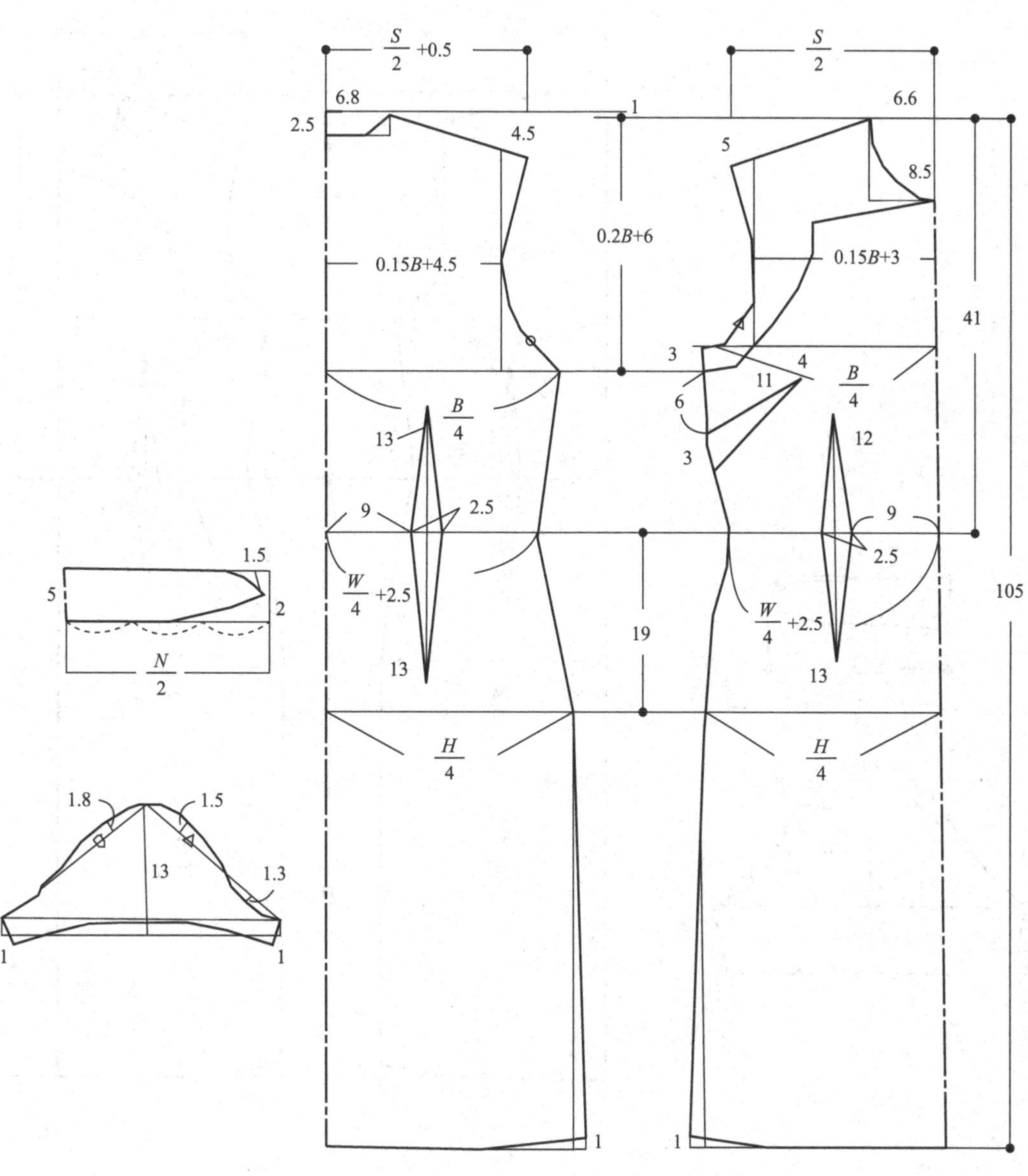

方形侧开襟旗袍裙

成品规格　　　　　　　　　　　　　　　单位：cm

衣长	胸围	腰围	臀围	肩宽	领围	袖长
115	92	72	96	40	36	18

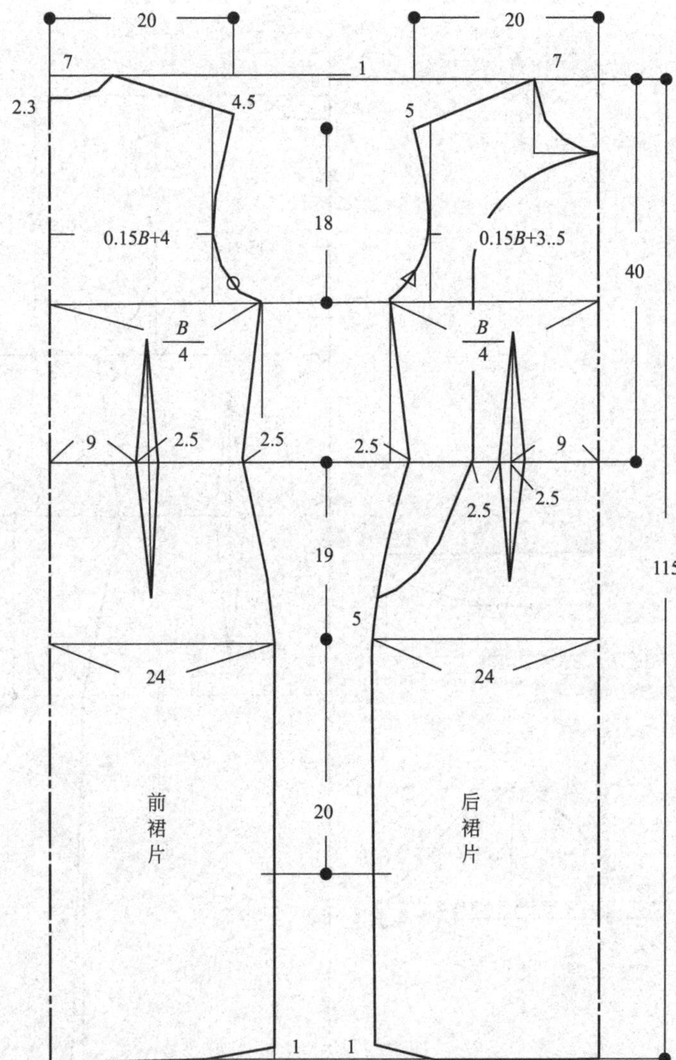

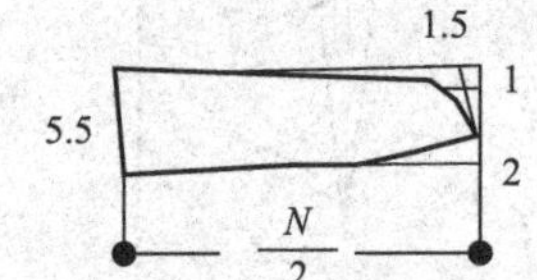

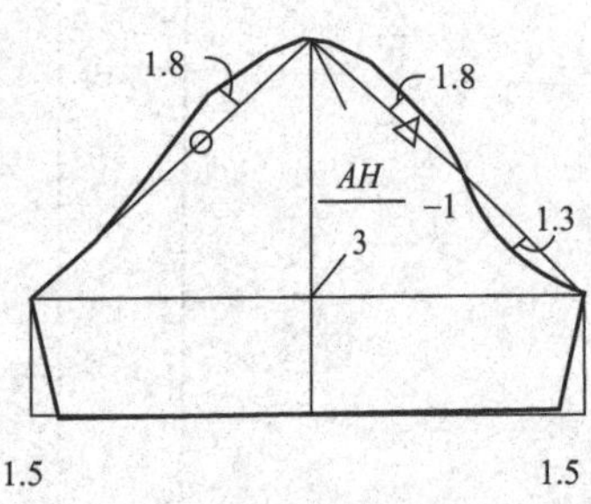

侧开襟超短裙

成品规格　　　　　　　　　　　　　　　　　　单位：cm

衣长	胸围	肩宽	袖长	领围	腰围	臀围
110	82	39	54	38	70	92

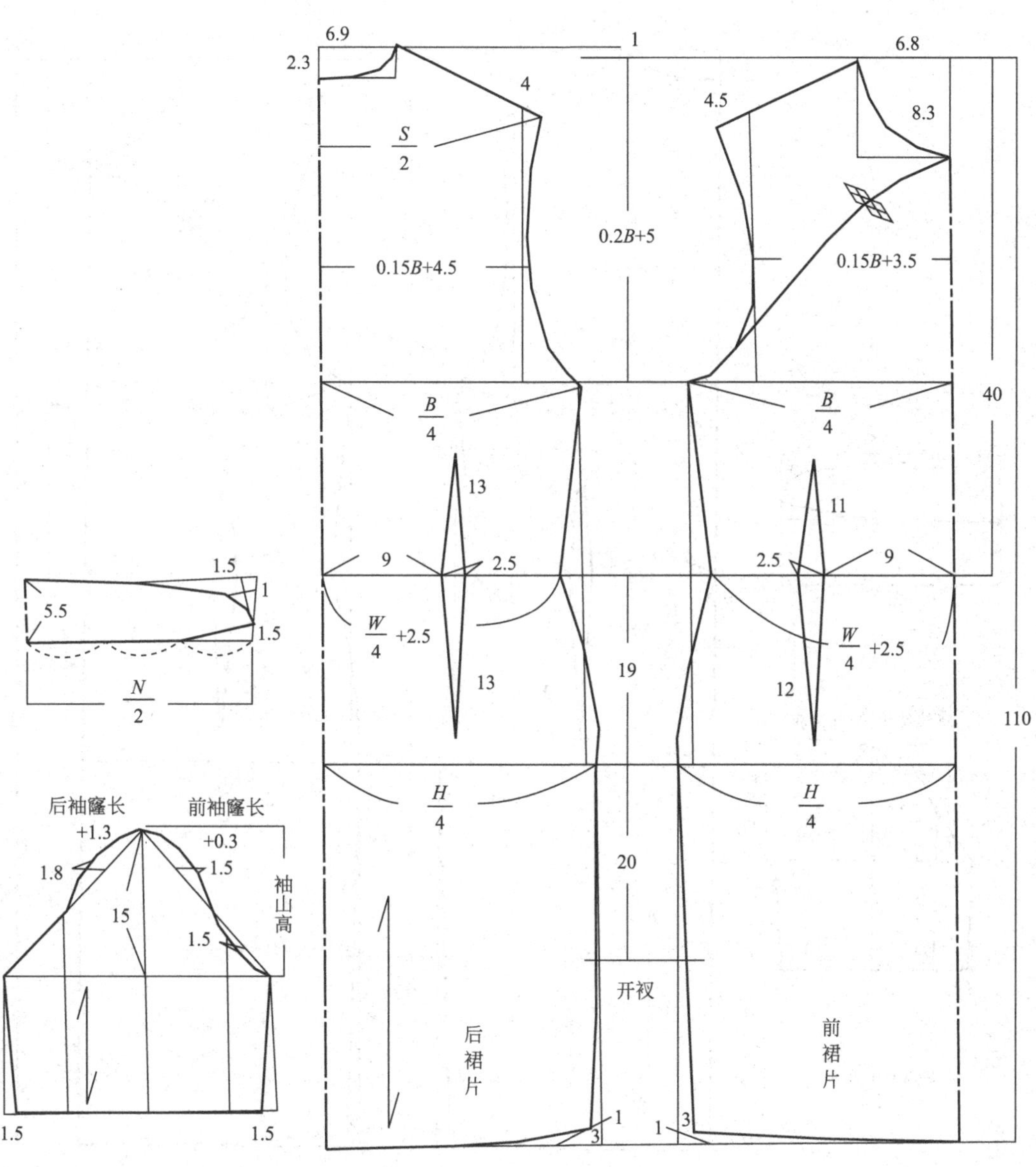

短袖纽襻超短裙

成品规格 单位：cm

衣长	胸围	肩宽	袖长	领围	腰围	臀围
130	80	39	24	38	70	90

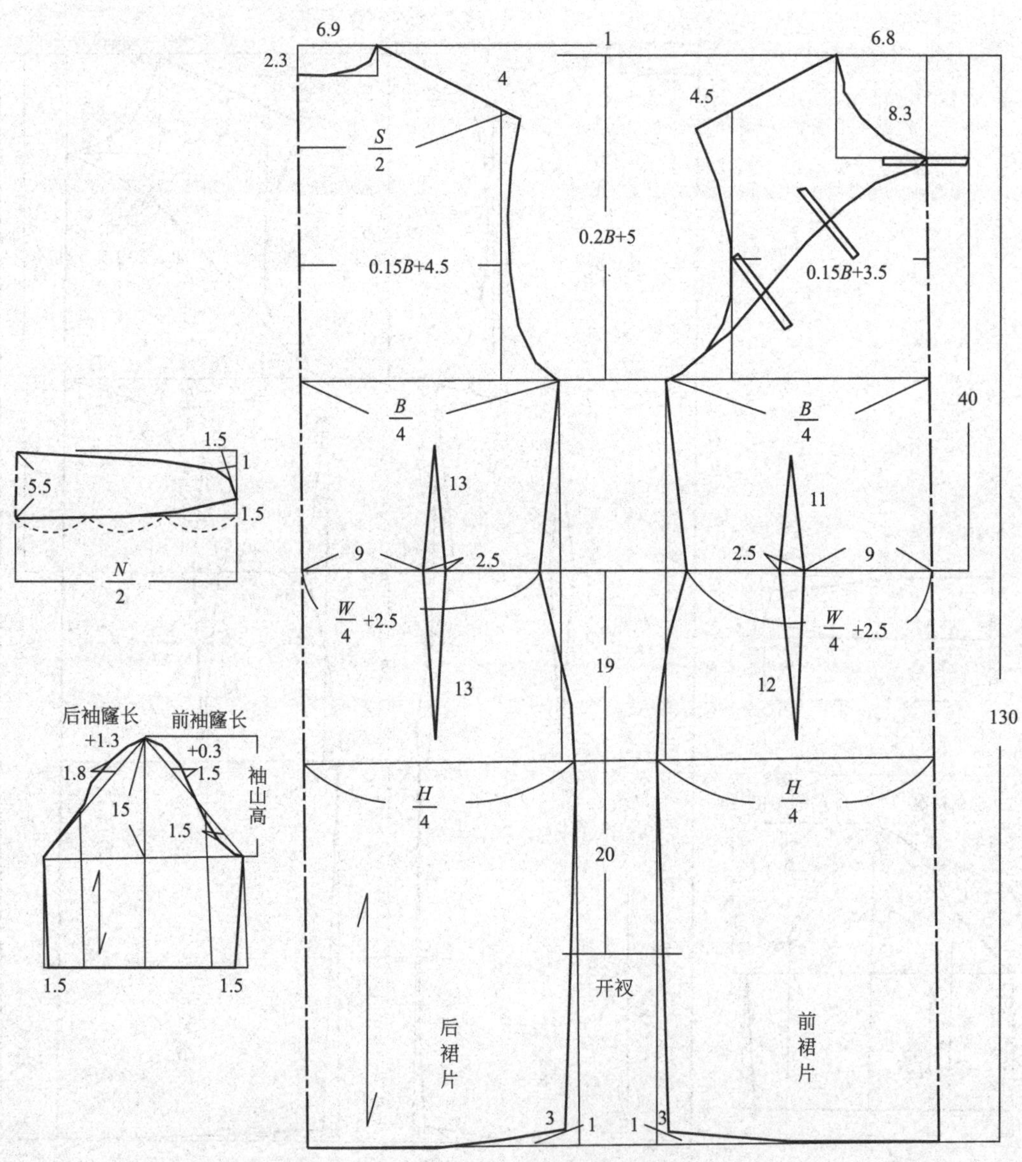

古典纽襻类超短裙1

成品规格　　　　　　　　　　　　　　单位：cm

衣长	胸围	肩宽	袖长	领围	腰围	臀围
110	82	39	54	38	70	92

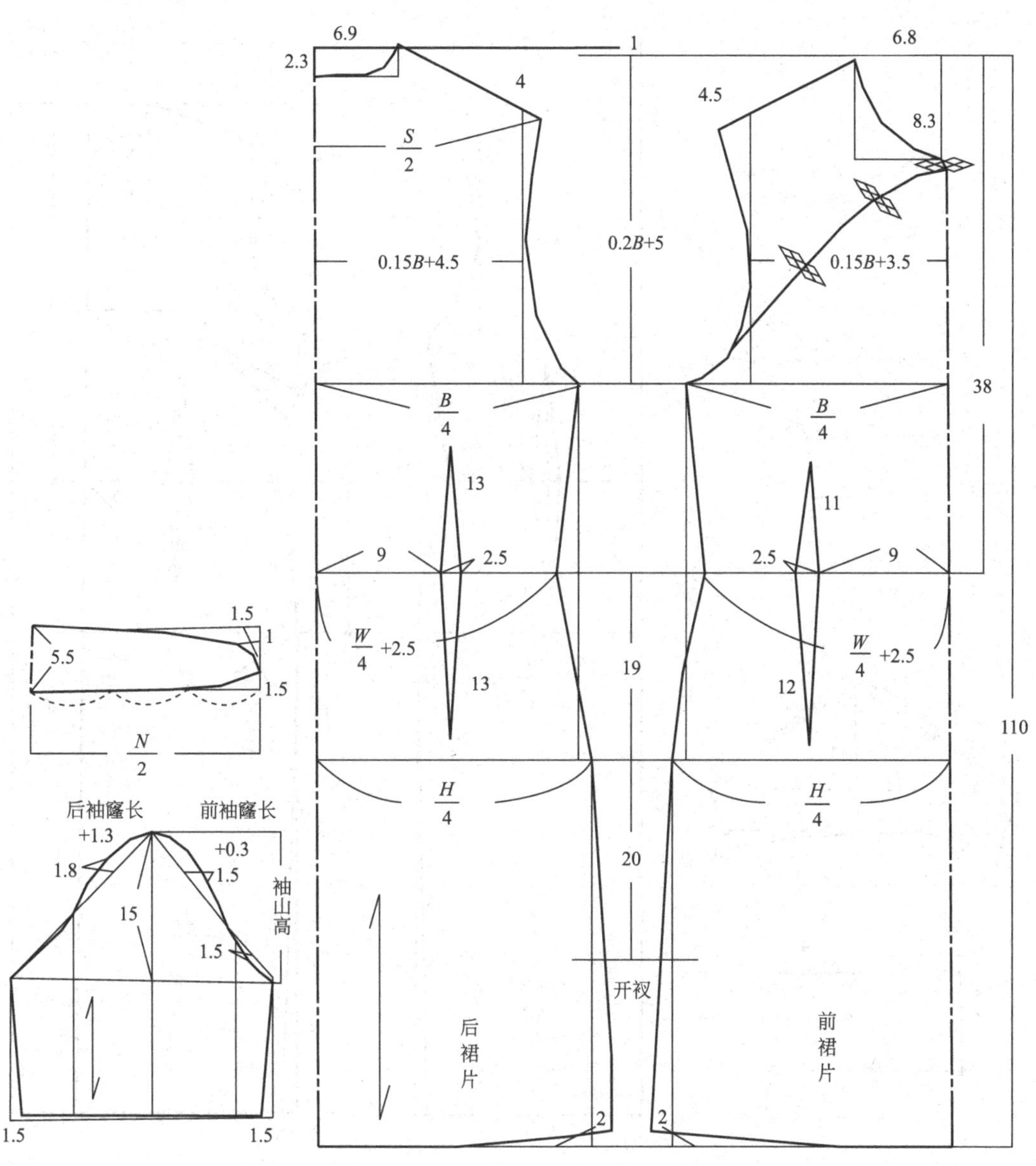

古典纽襻类超短裙2

成品规格　　　　　　　　　　　　单位：cm

衣长	胸围	腰围	臀围	肩宽	领围	袖长
118	98	80	100	40	38	16

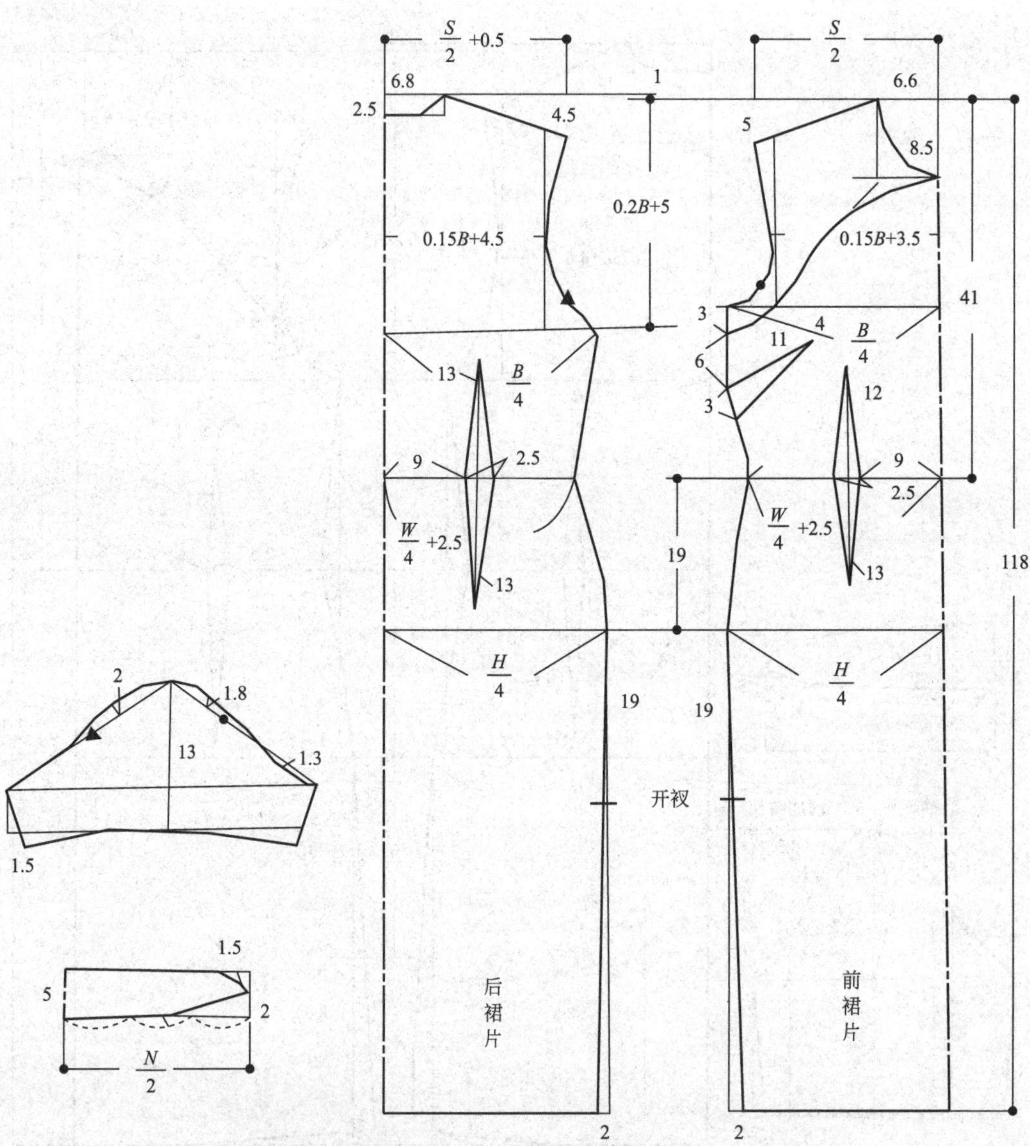

黑色印花图案旗袍

成品规格 单位：cm

衣长	胸围	肩宽	领围	腰围	臀围
110	92	48	38	74	96

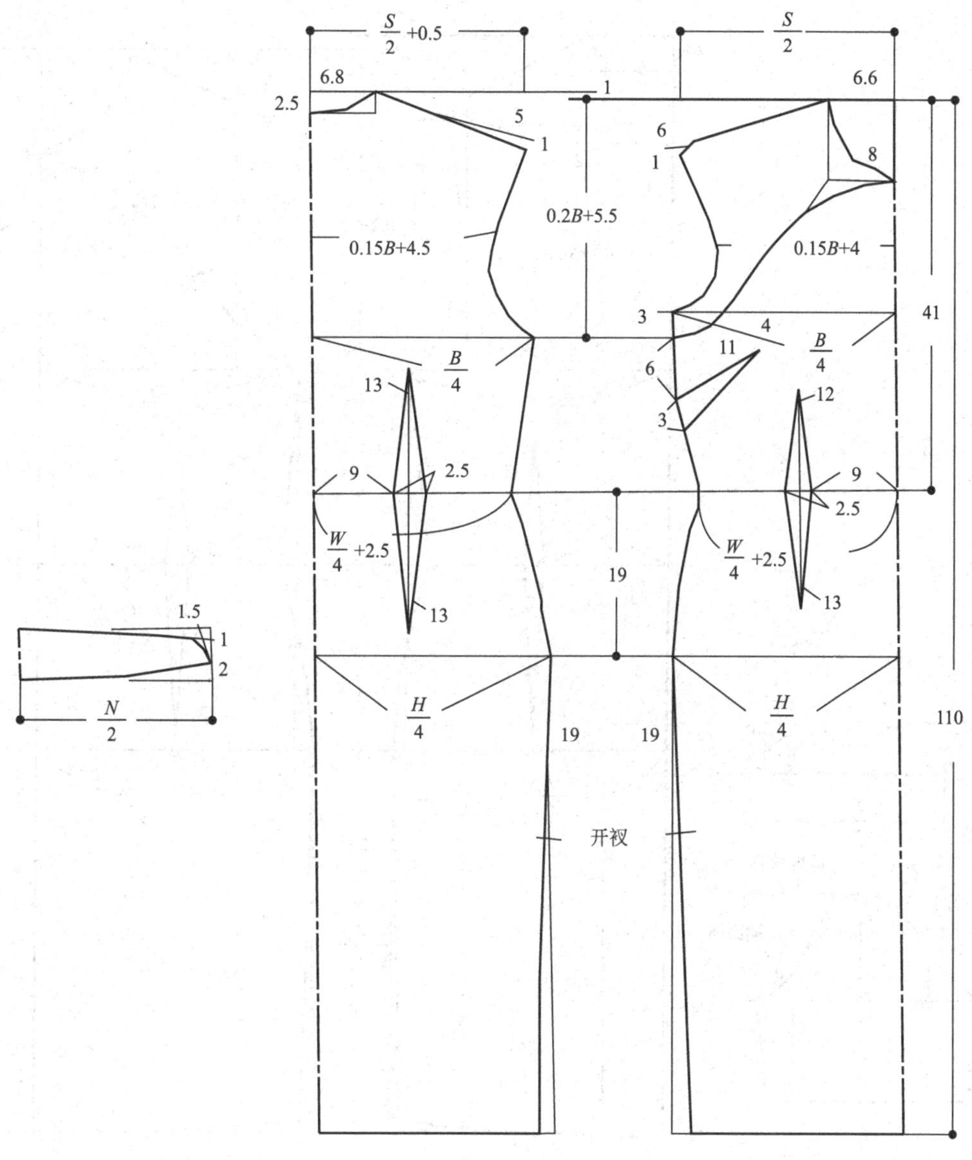

薄纱印花面料旗袍

成品规格　　　　　　　　　　　　单位：cm

衣长	胸围	肩宽	袖长	领围	腰围	臀围
110	82	39	22	38	70	95

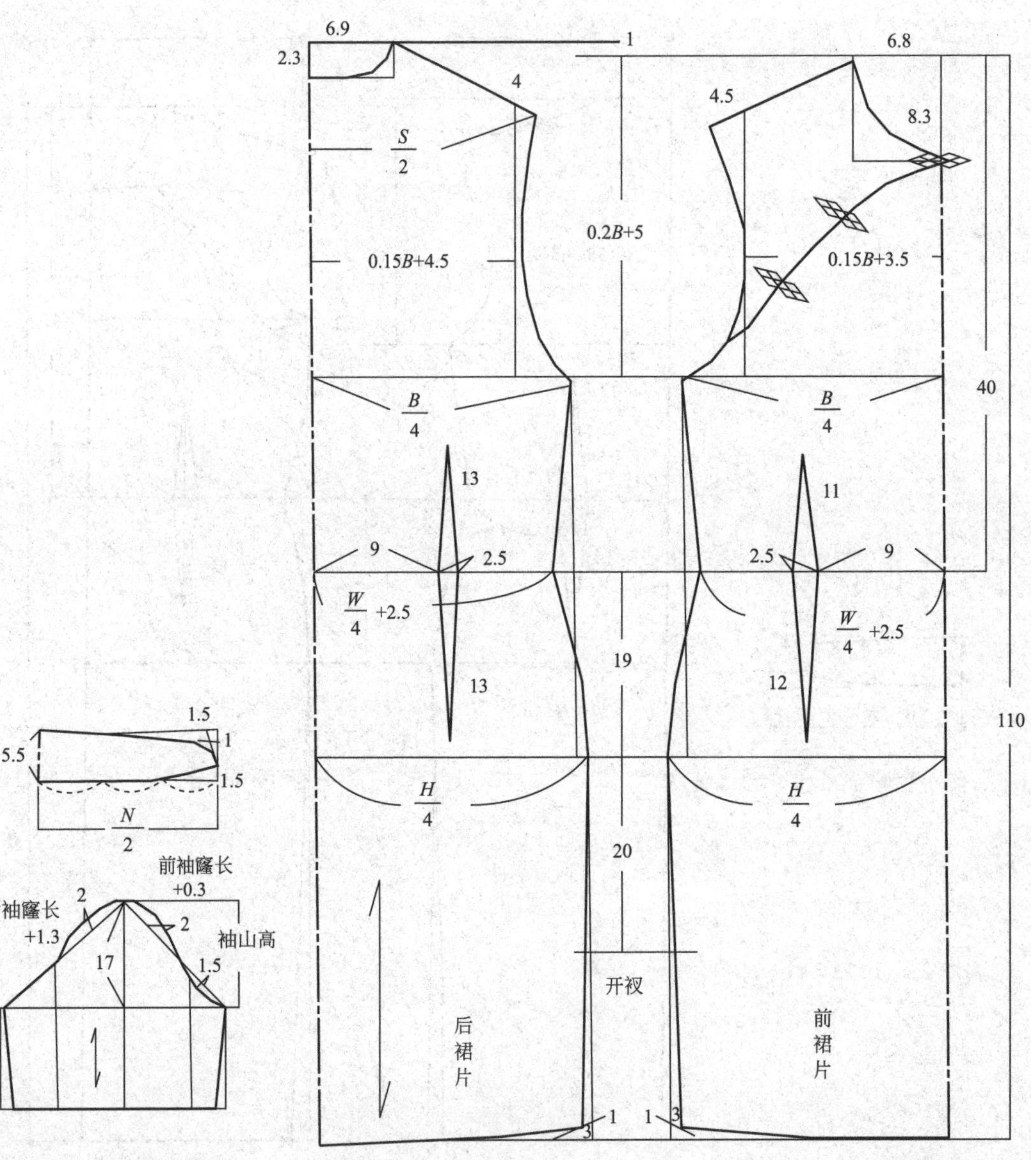

吉祥图案短裙

成品规格 单位：cm

衣长	胸围	肩宽	袖长	领围	腰围	臀围
110	82	39	22	38	70	95

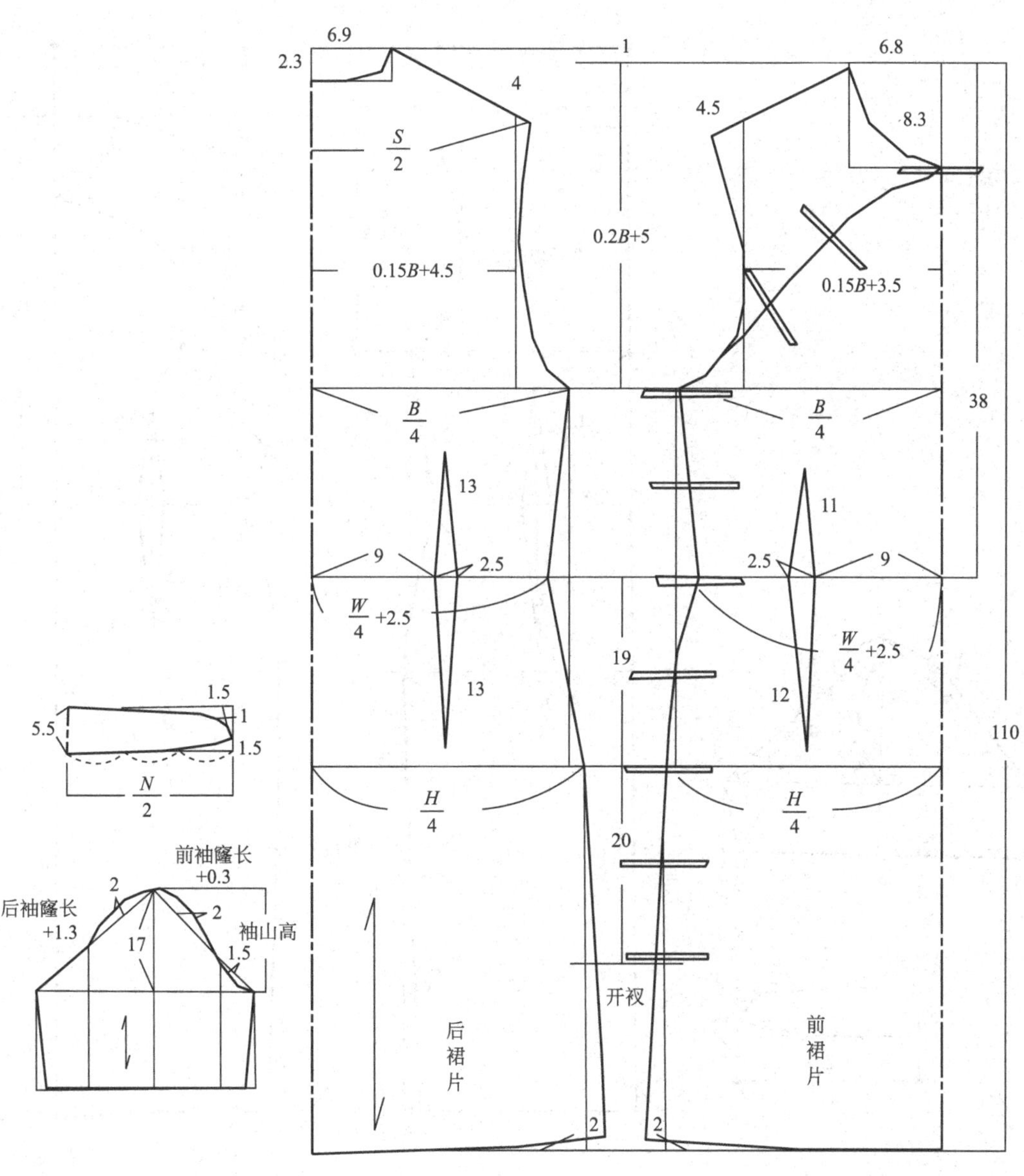

纽襻类短裙

成品规格　　　　　　　　　　　　　单位：cm

衣长	胸围	腰围	臀围	肩宽	领围	袖长
115	94	74	98	39	37	20

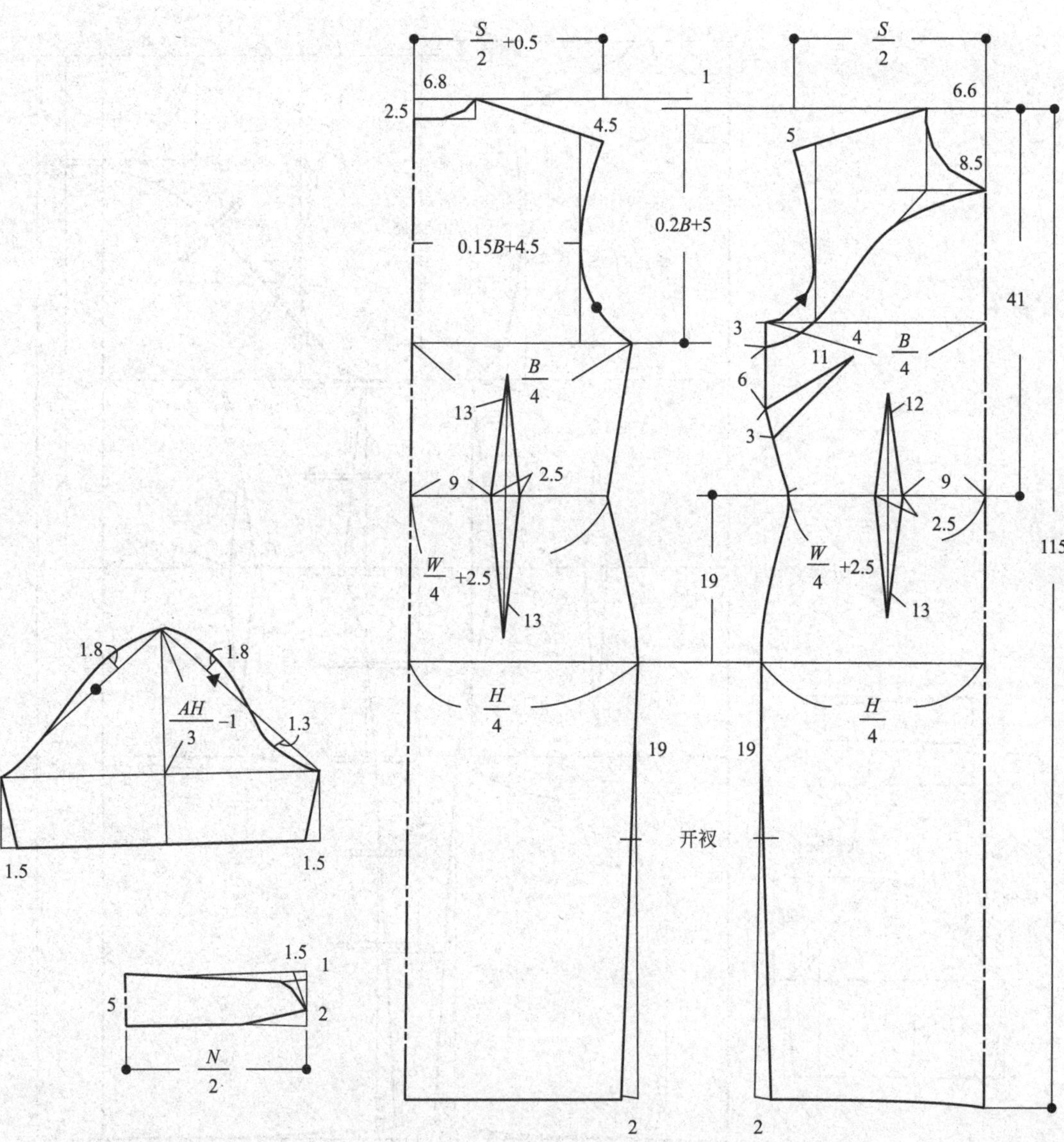

格子图案短裙

成品规格　　　　　　　　　　　　　单位：cm

衣长	胸围	肩宽	领围	腰围	臀围
110	92	48	38	74	96

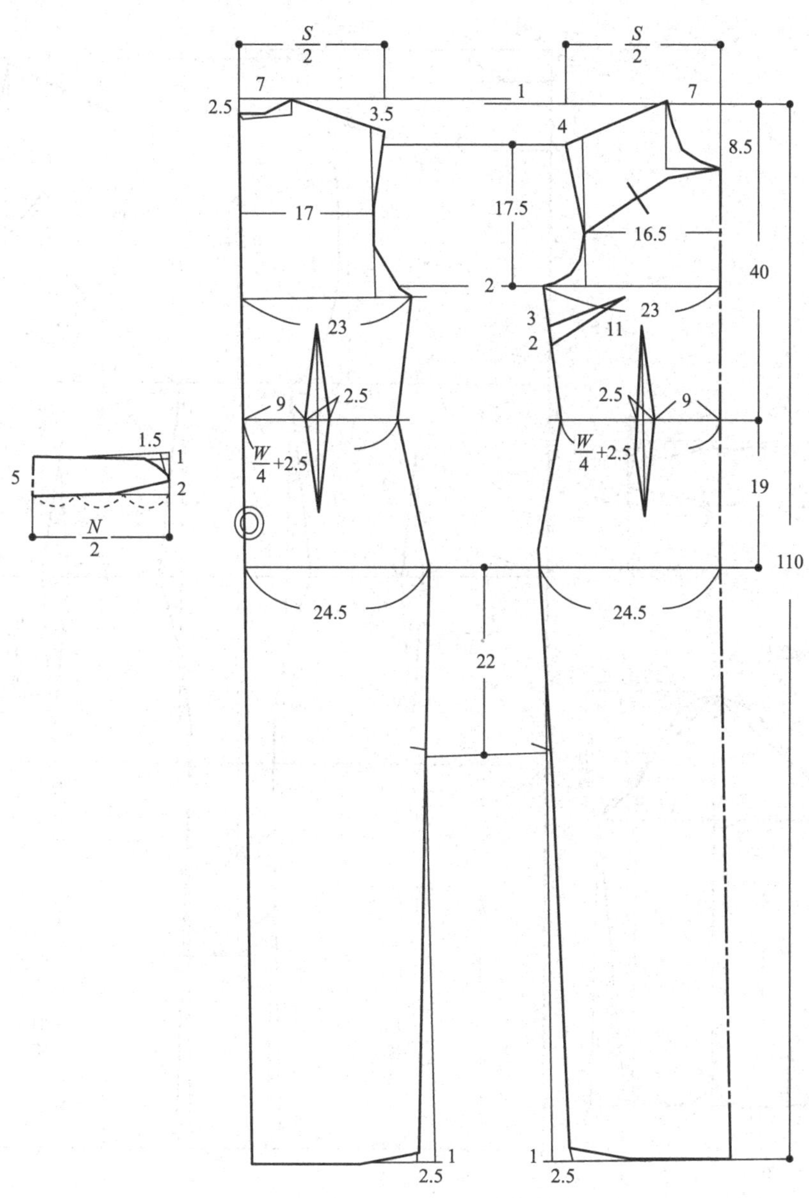

黑大绒旗袍裙

成品规格　　　　　　　　　　　　　　单位：cm

衣长	胸围	肩宽	袖长	领围	腰围	臀围
120	80	39	54	38	70	90

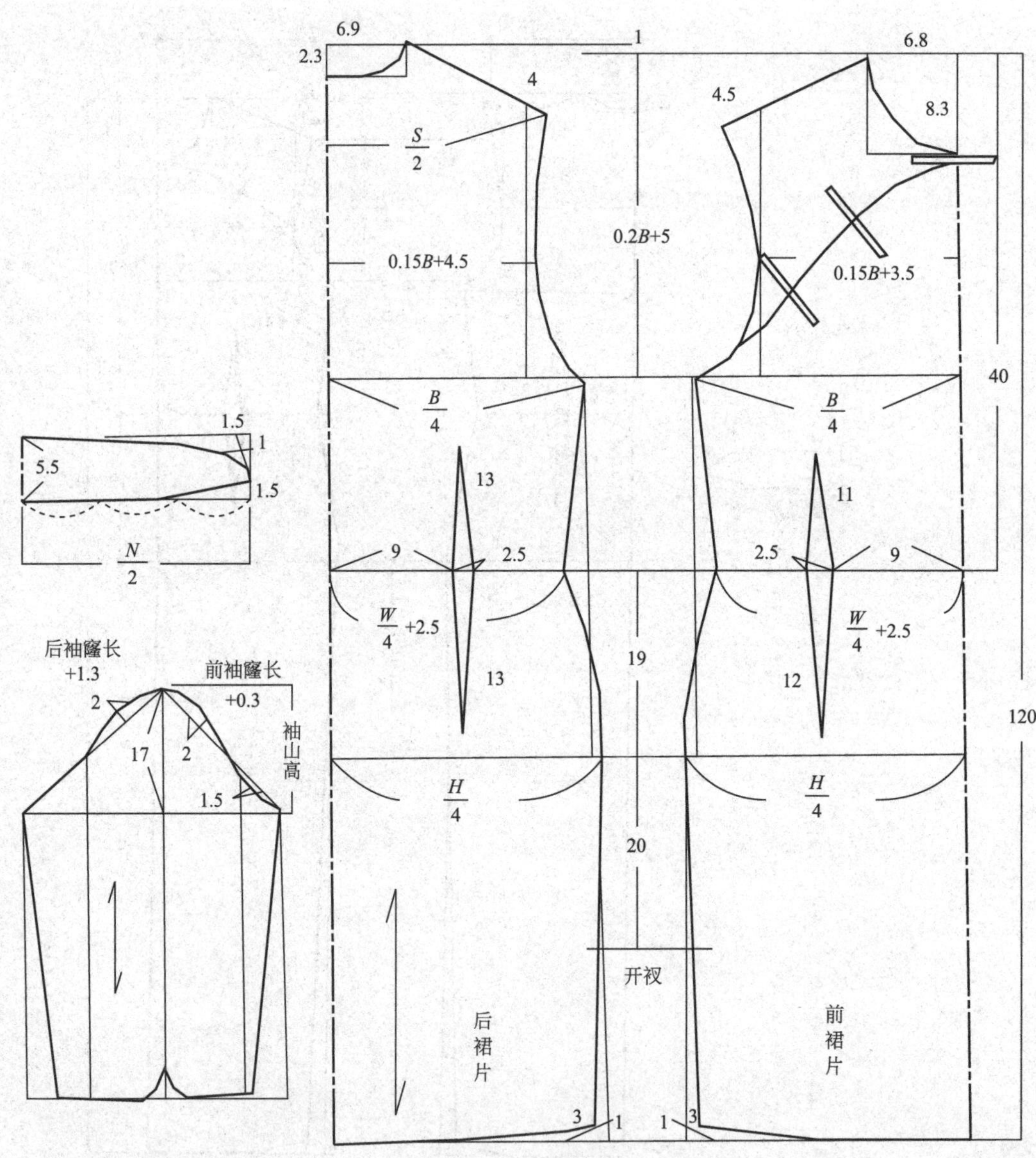

长袖纽襻旗袍裙

成品规格　　　　　　　　　　　　　　　　单位：cm

衣长	胸围	腰围	臀围	肩宽	领围	袖长
105	110	76	98	37	38	30

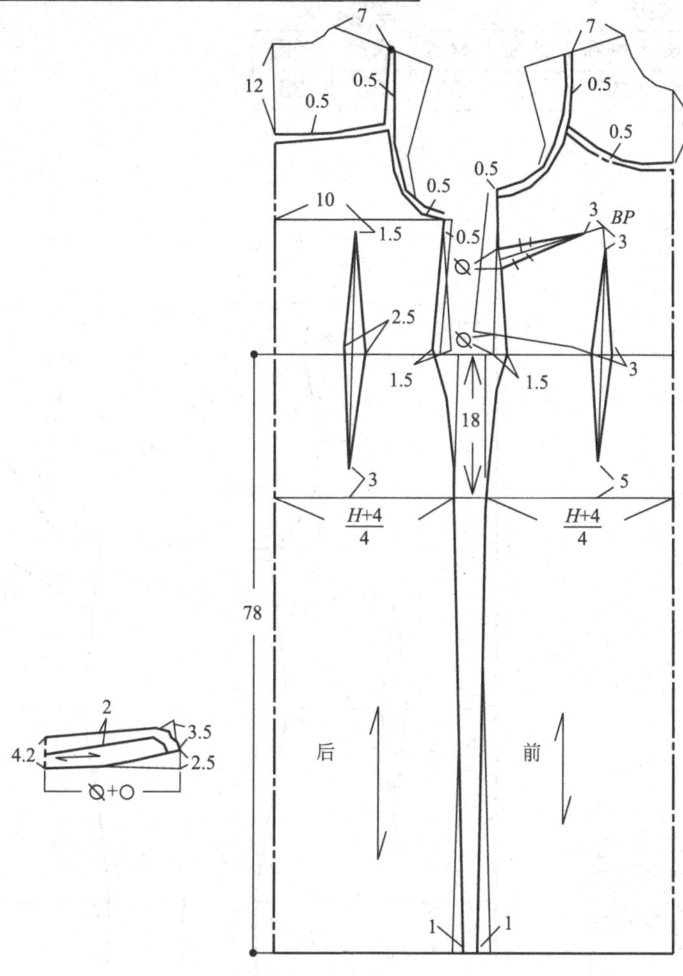

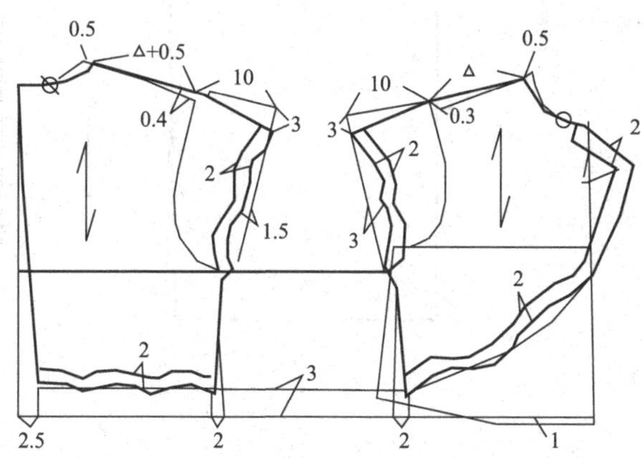

外搭筒式裙

成品规格　　　　　　　　　　单位：cm

衣长	胸围	腰围	臀围	肩宽	领围
95	92	76	98	38	38

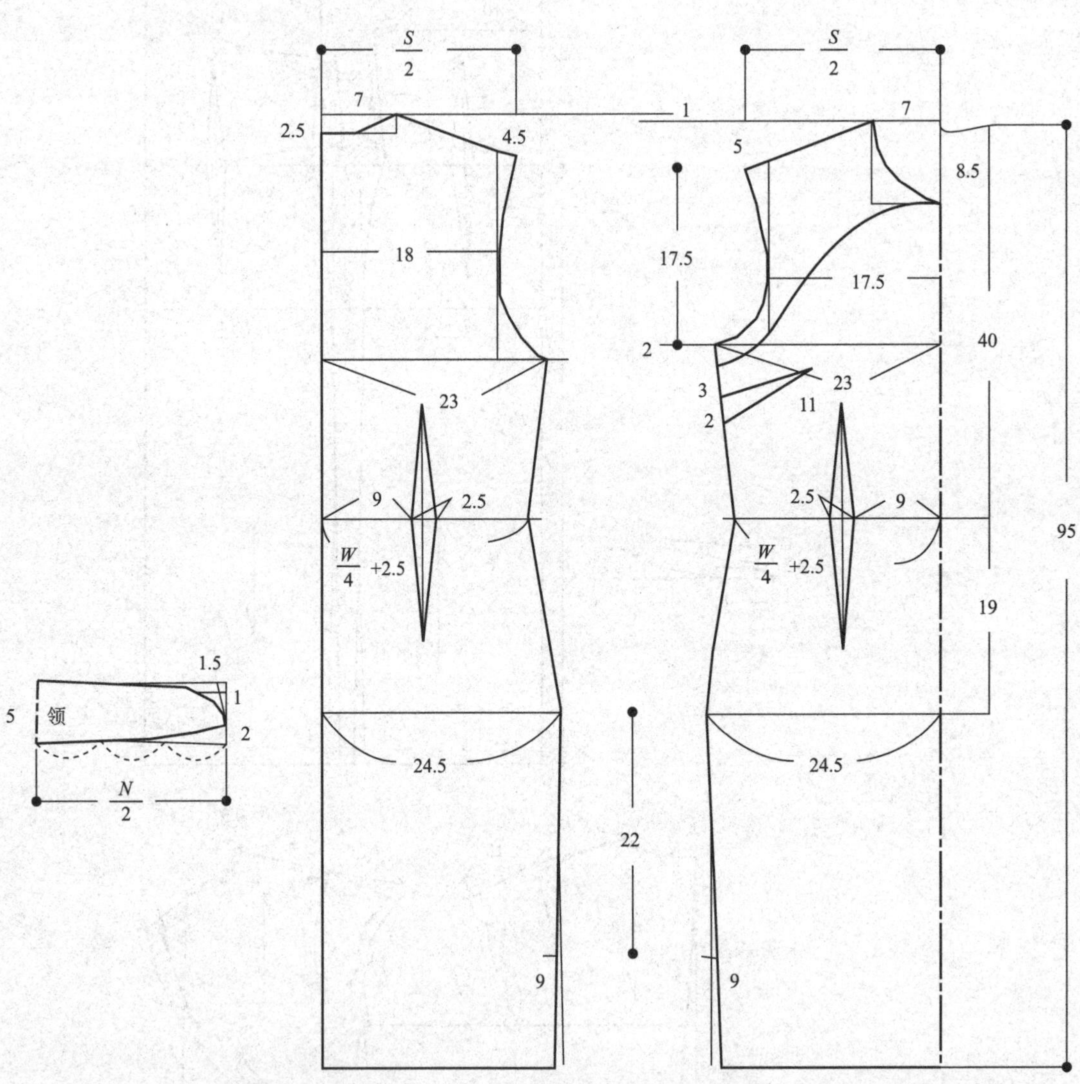

简单朴素的超短裙1

成品规格　　　　　　　　　　　　　　　　　单位：cm

衣长	胸围	腰围	臀围	肩宽	领围	袖长
105	92	76	96	40	37	17

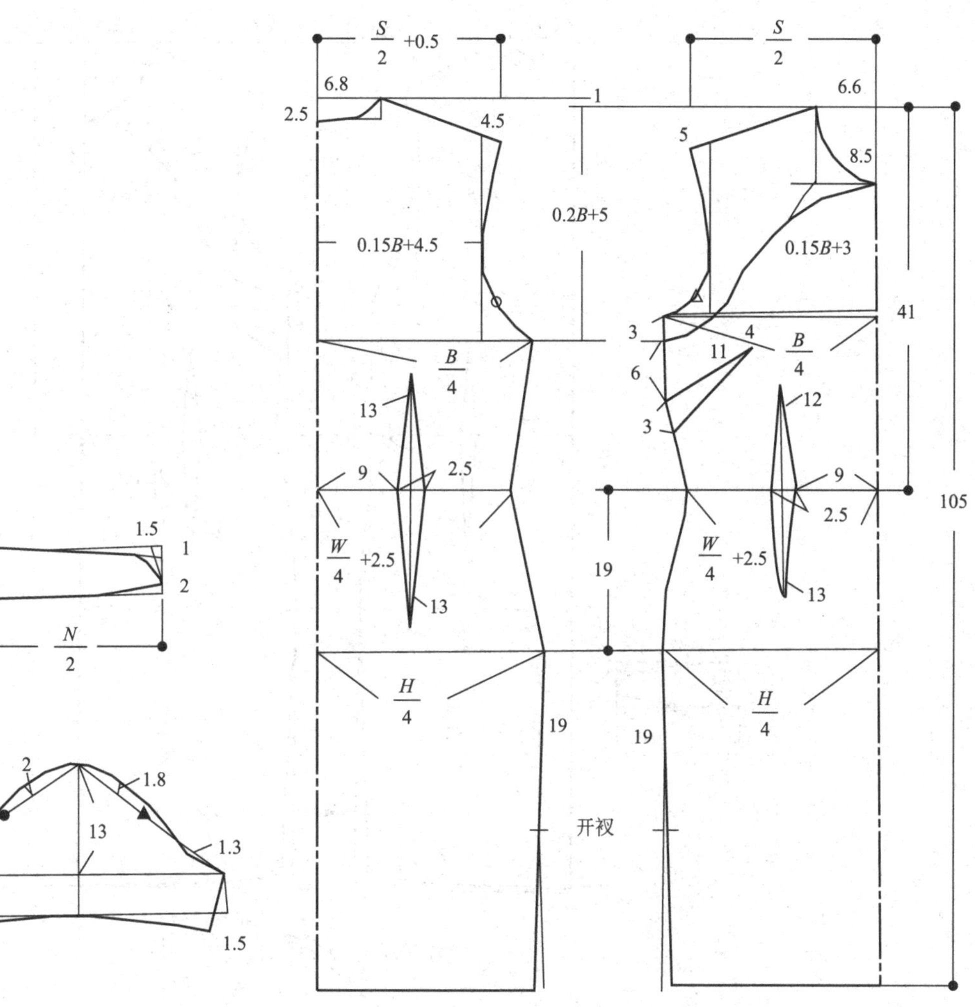

简单朴素的超短裙2

成品规格　　　　　　　　　　　　单位：cm

衣长	胸围	肩宽	袖长	领围	腰围	臀围
110	96	40	22	38	68	100

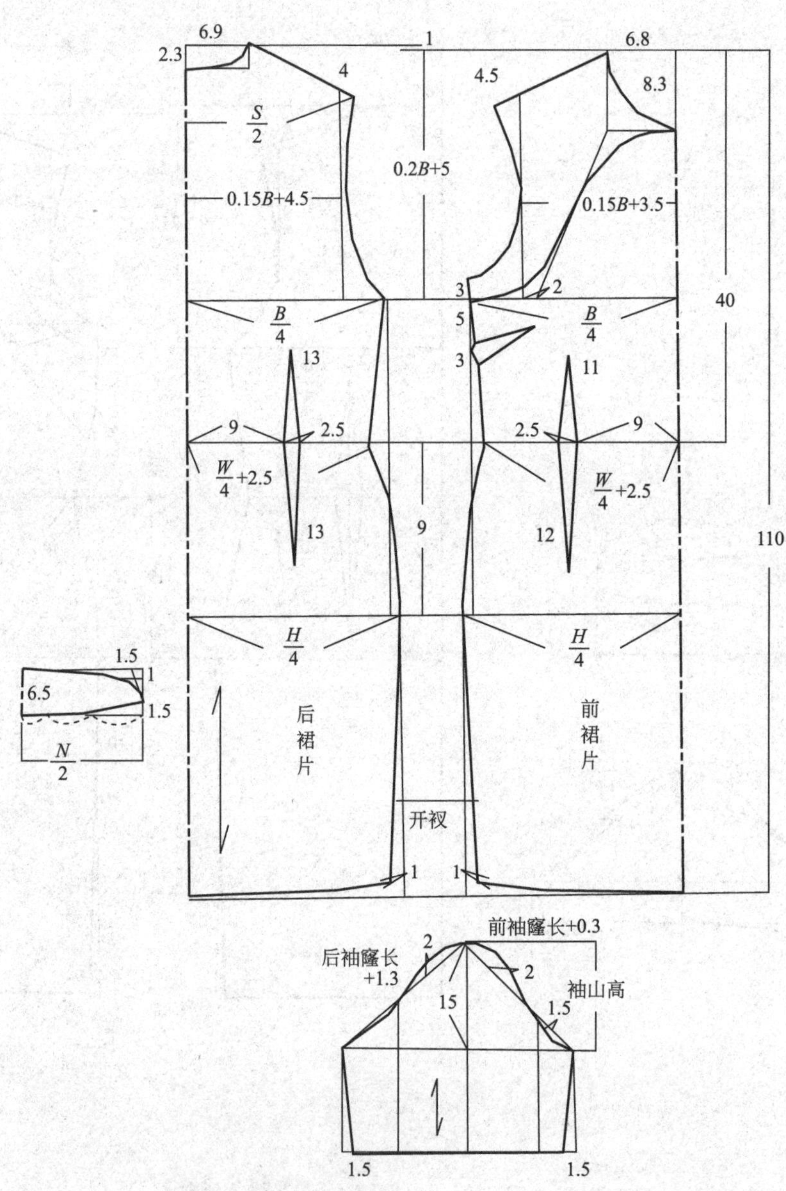

短袖超短裙1

成品规格　　　　　　　　　　　　单位：cm

衣长	胸围	肩宽	袖长	领围	腰围	臀围
110	90	39	20	38	70	98

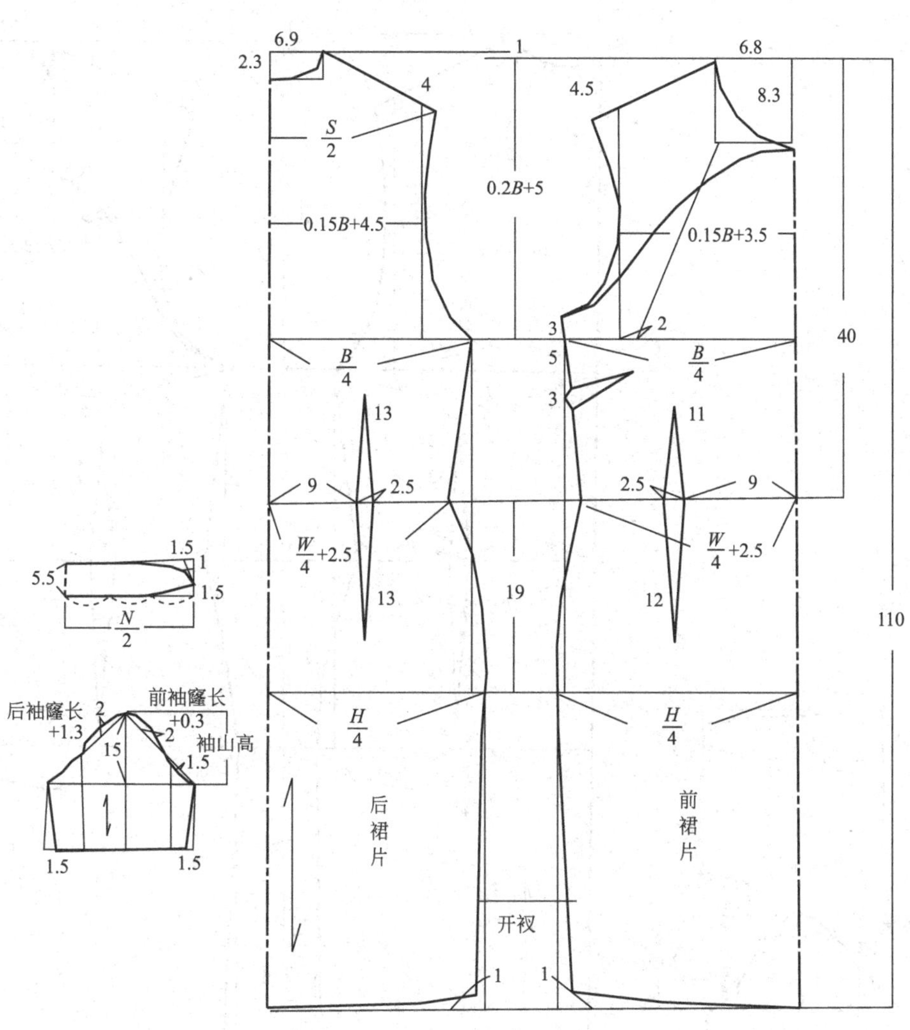

短袖超短裙2

成品规格　　　　　　　　　　　　　　单位：cm

衣长	胸围	肩宽	领围	袖长	腰围	臀围
120	82	39	24	38	70	92

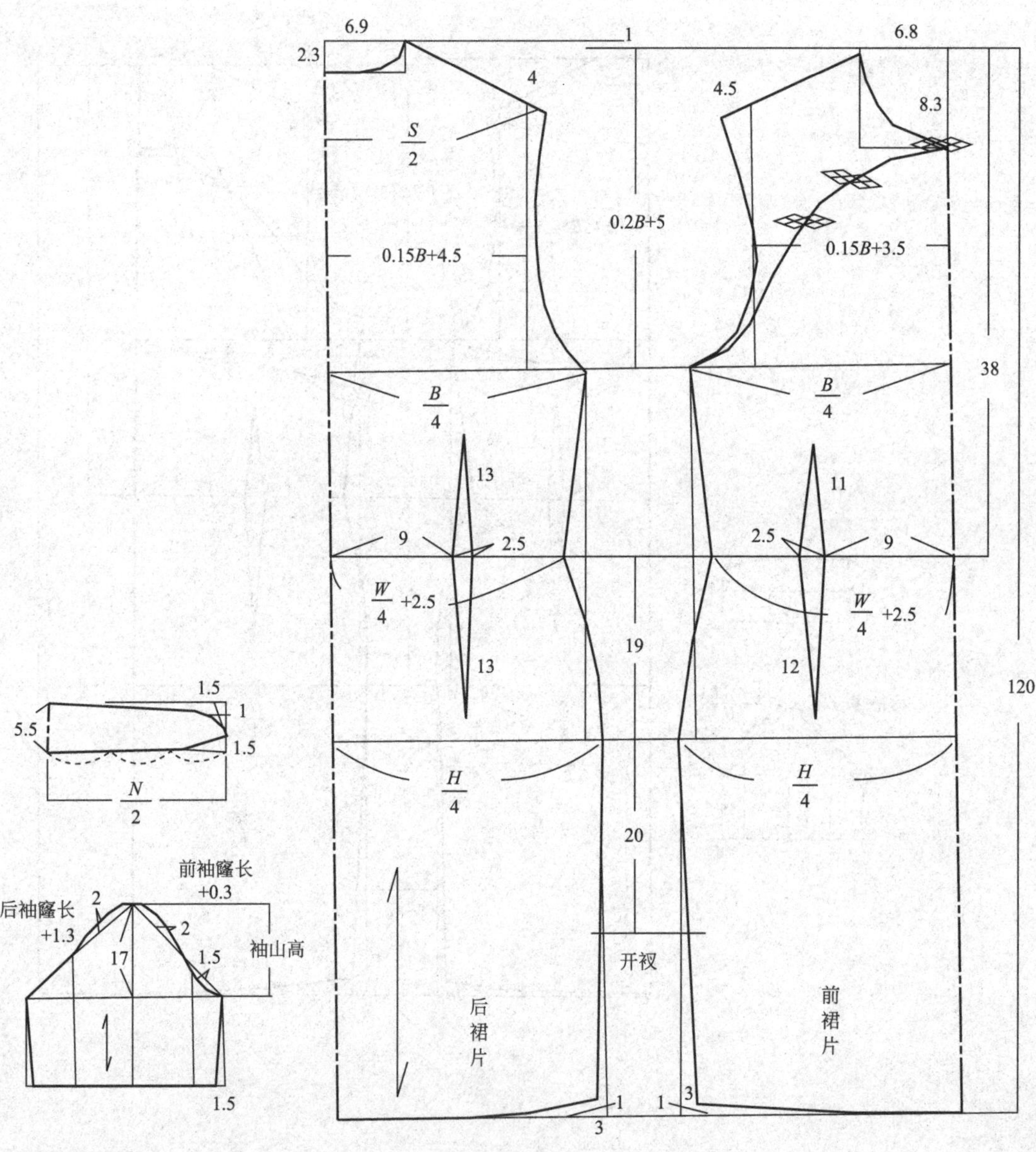

真丝印花旗袍裙

成品规格　　　　　　　　　　　　单位：cm

衣长	胸围	肩宽	领围	腰围	臀围
120	96	40	38	68	100

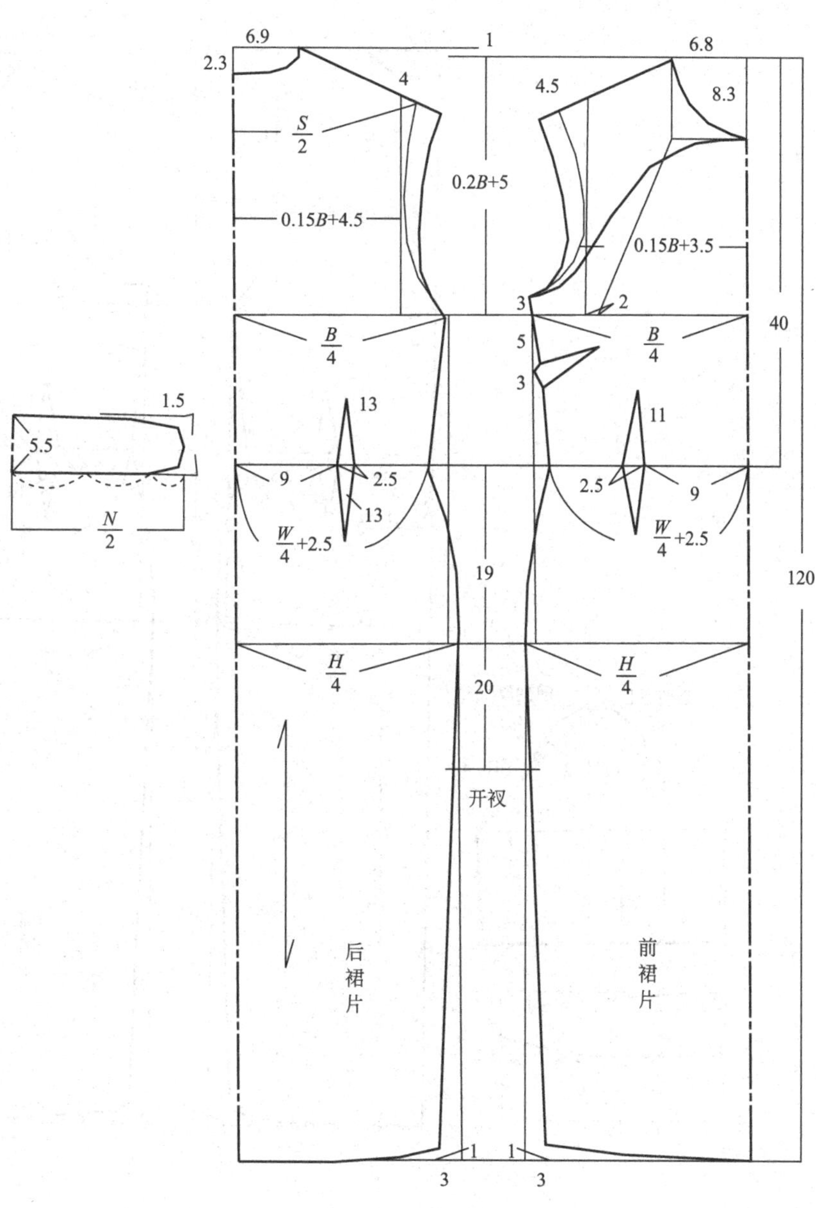

缎面印花短裙

成品规格　　　　　　　　　　　　　　　　单位：cm

衣长	胸围	肩宽	袖长	领围	腰围	臀围
110	98	40	24	38	70	100

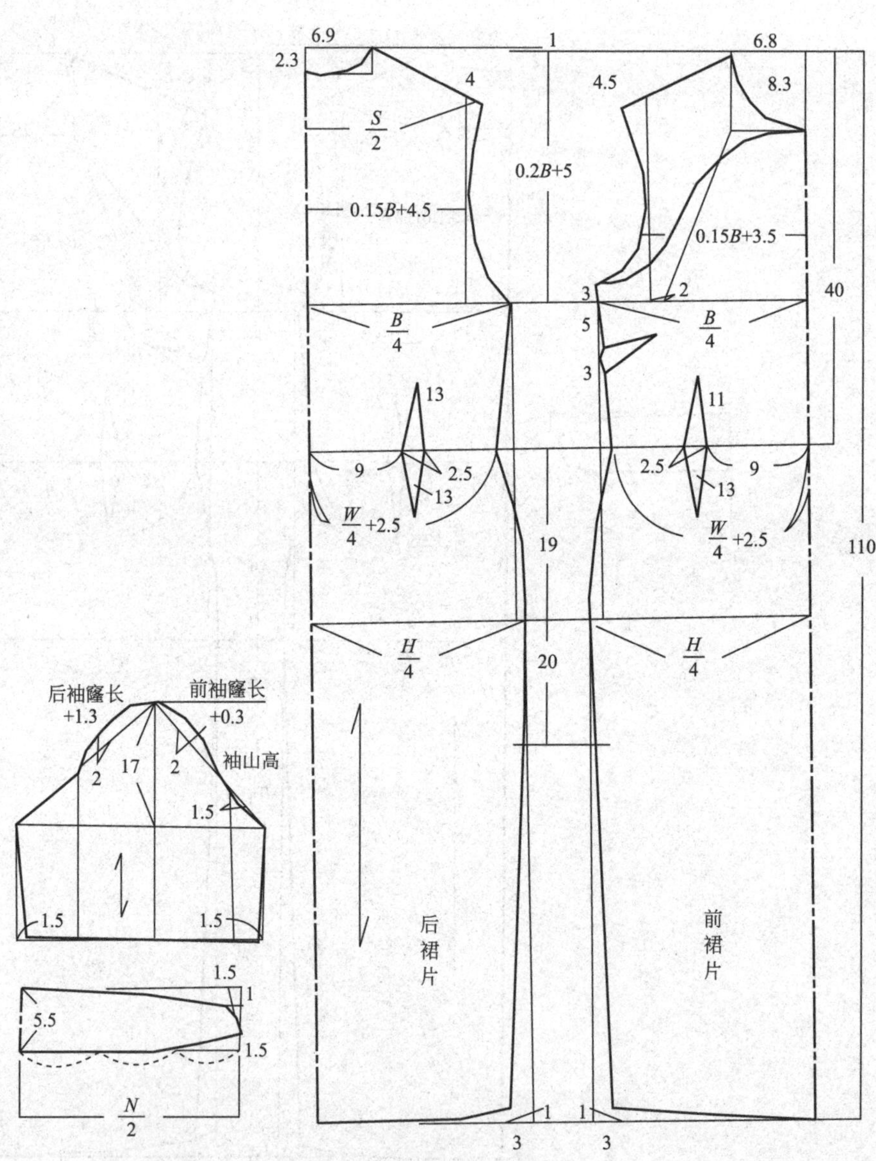

棉布印花旗袍裙

印花传统旗袍　　　　绸缎类旗袍

偏襟纽襻旗袍

毛料类旗袍

传统大花旗袍

菊花图案旗袍

镶边毛呢料旗袍

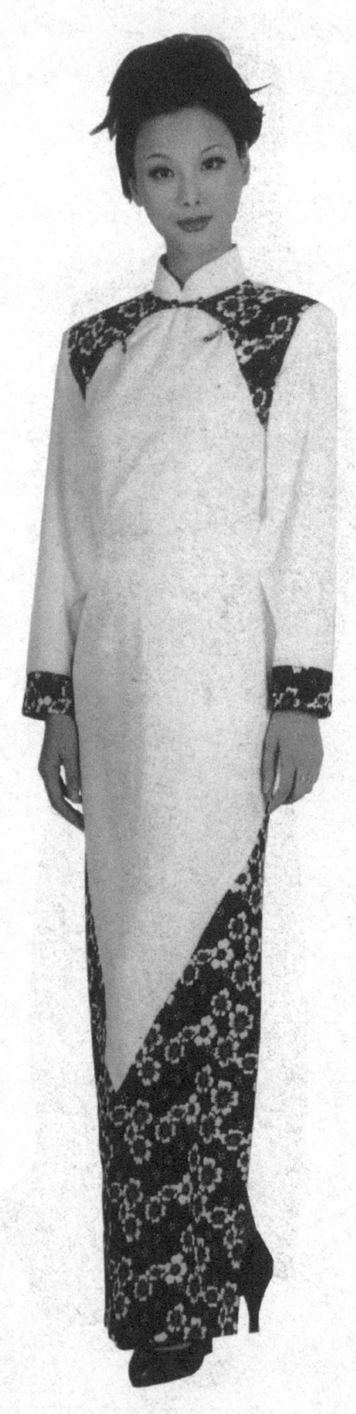

双色面料旗袍

大翻领对襟旗袍

绣花绸缎面旗袍

蕾丝沿边散袖旗袍

红色印花类旗袍

纽襻类宽松旗袍

滚边绸缎类旗袍

彩缎类宽松袖旗袍

纽襻类红色缎面旗袍

印花缎面旗袍

纽襻类棉布旗袍

装饰袖黑大绒旗袍

深紫色大绒旗袍

黑大绒圆翘边旗袍

小立领宽松类旗袍

薄绸类拉锁旗袍

大绒印花类旗袍

印类花大绒旗袍

蜡染面料旗袍

偏襟绸缎类旗袍

镂空领旗袍两件套

V领黑大绒旗袍

纽襻类偏襟旗袍

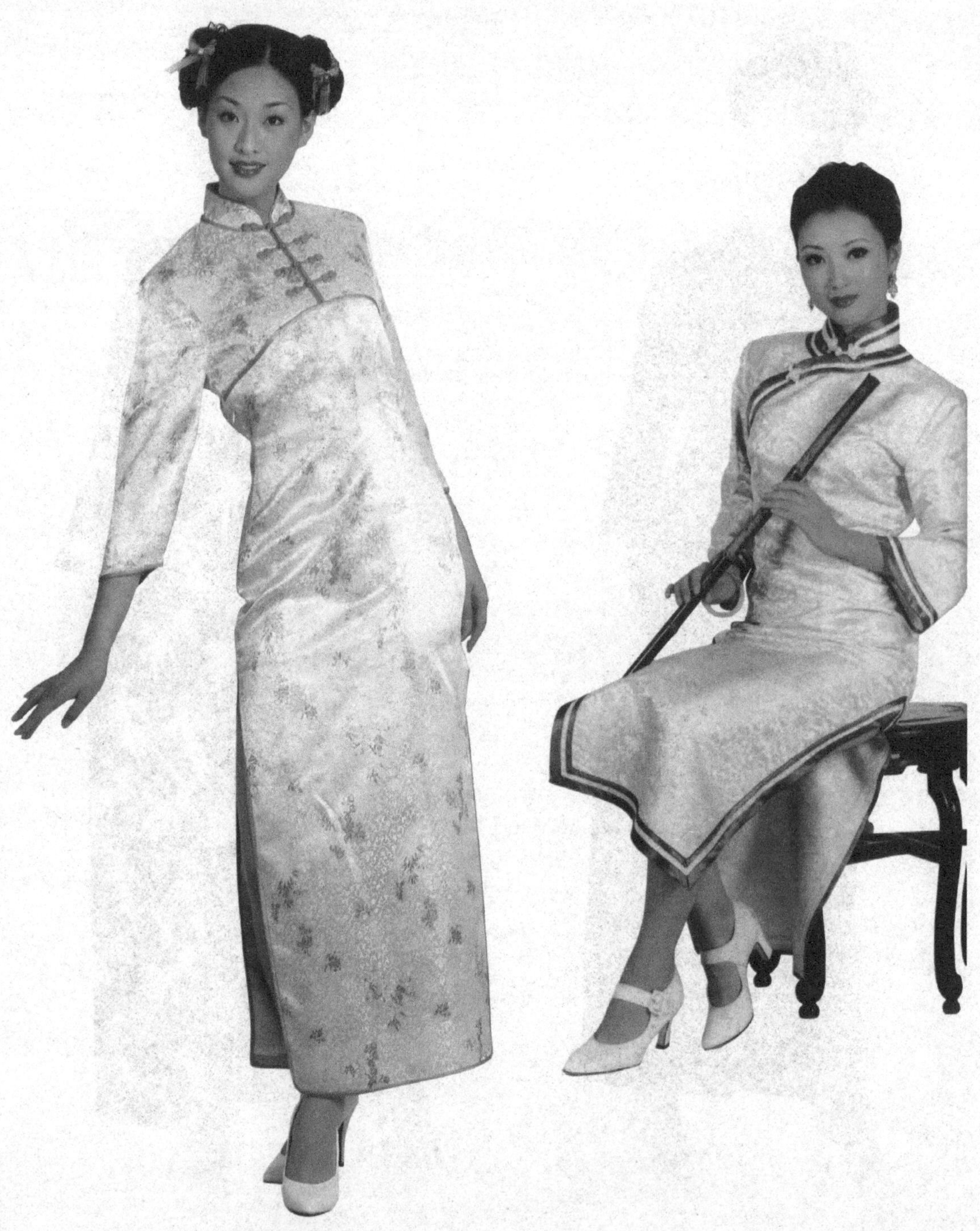

滚边绸缎旗袍　　装饰边偏襟旗袍

偏襟格子面料旗袍

棉麻类偏襟旗袍

侧开衩纽襻旗袍

满族大襟宽松旗袍

绸缎印花旗袍

双色面料组合旗袍

传统纽襻类旗袍

曲线造型旗袍

时尚过膝旗袍

绸缎类国画图案旗袍

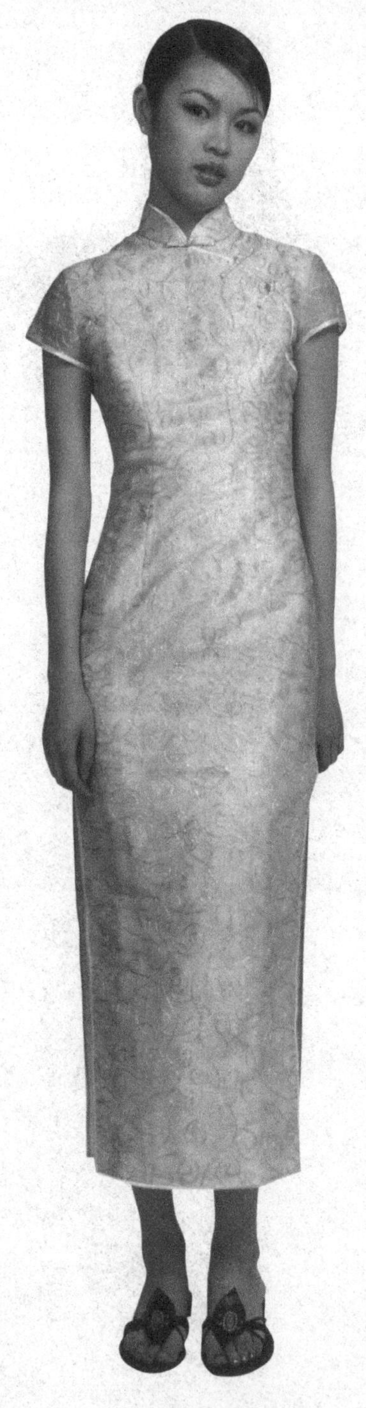

简单朴素款旗袍

装饰边旗袍

滚金边旗袍

普通简单旗袍

黑大绒旗袍

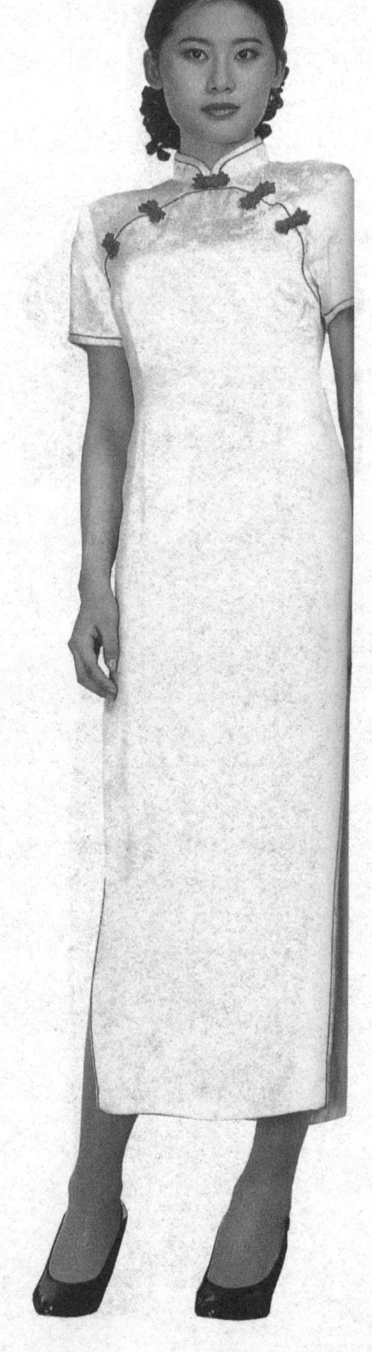
红色纽襻旗袍

前胸装饰细襻旗袍

简单大方旗袍

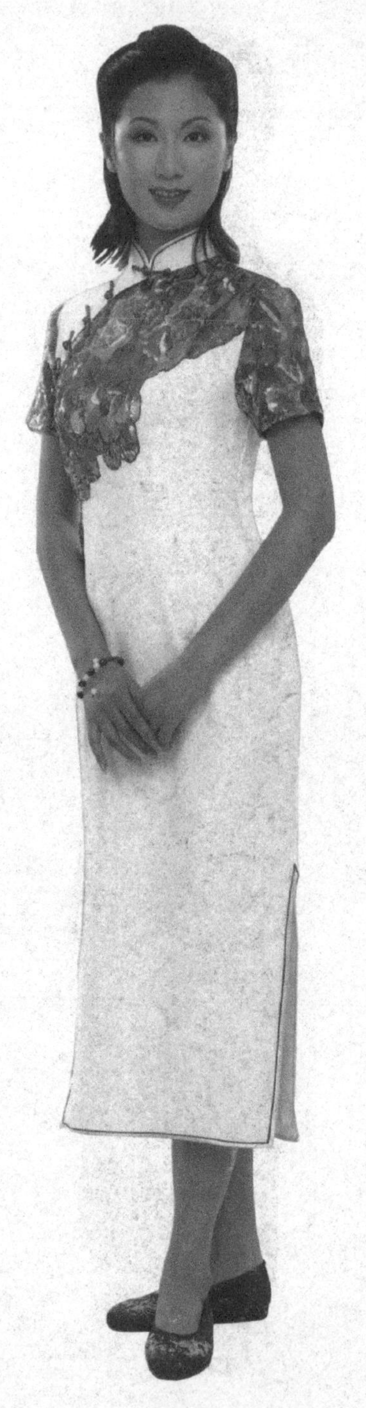

斜开襟纽襻旗袍

侧开襟纽襻旗袍

红色吉祥面料旗袍

古典艺术画面料旗袍

花朵图案面料旗袍

高级缎面旗袍

棉毛料手工刺绣旗袍

黑底红苹果图案旗袍

装饰纽襻旗袍

装饰边旗袍

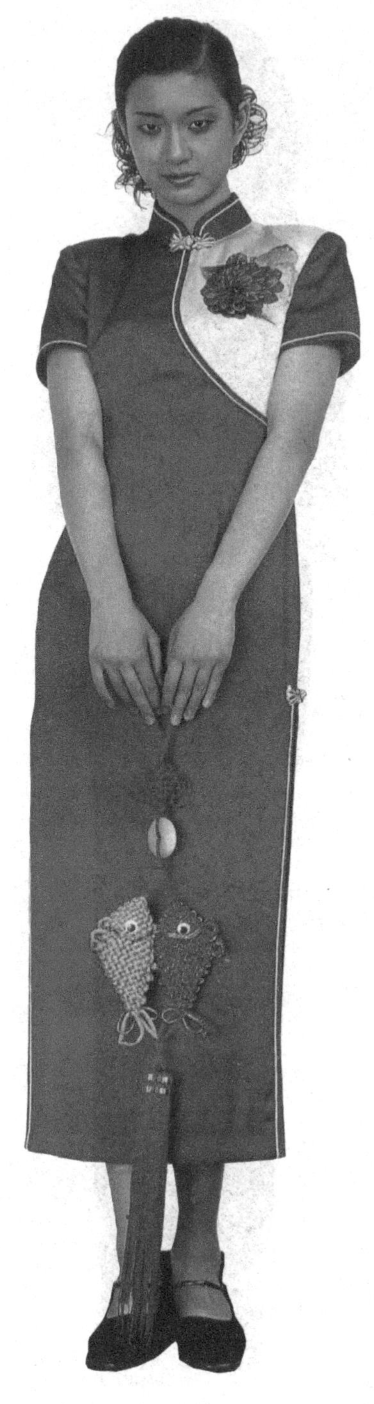

新婚喜庆旗袍

大花类绸缎类旗袍

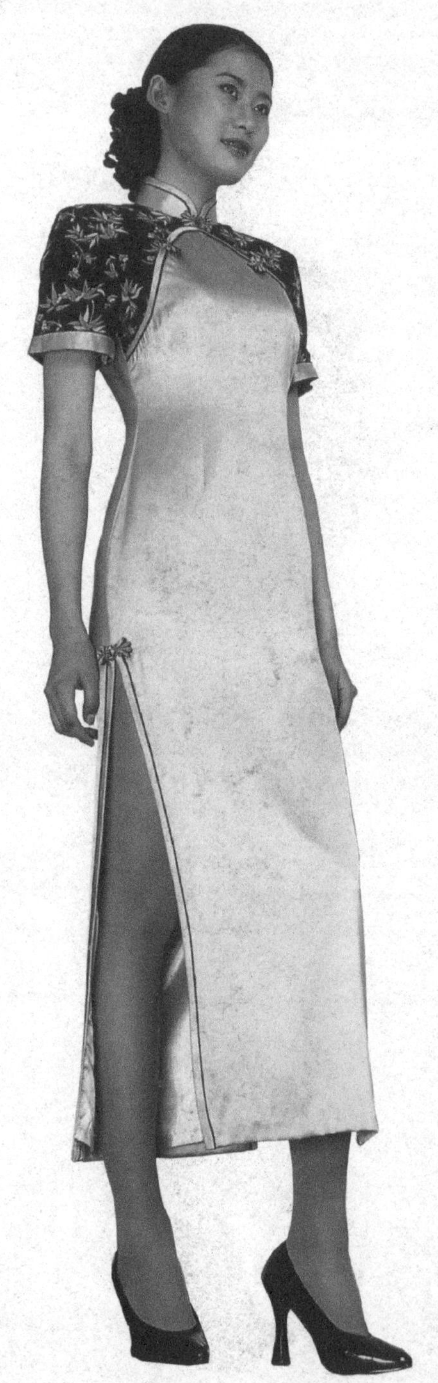

丝类面料旗袍

黑大绒旗袍

绸缎类纽襻旗袍

特殊三开领旗袍

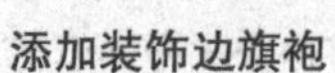

添加装饰边旗袍

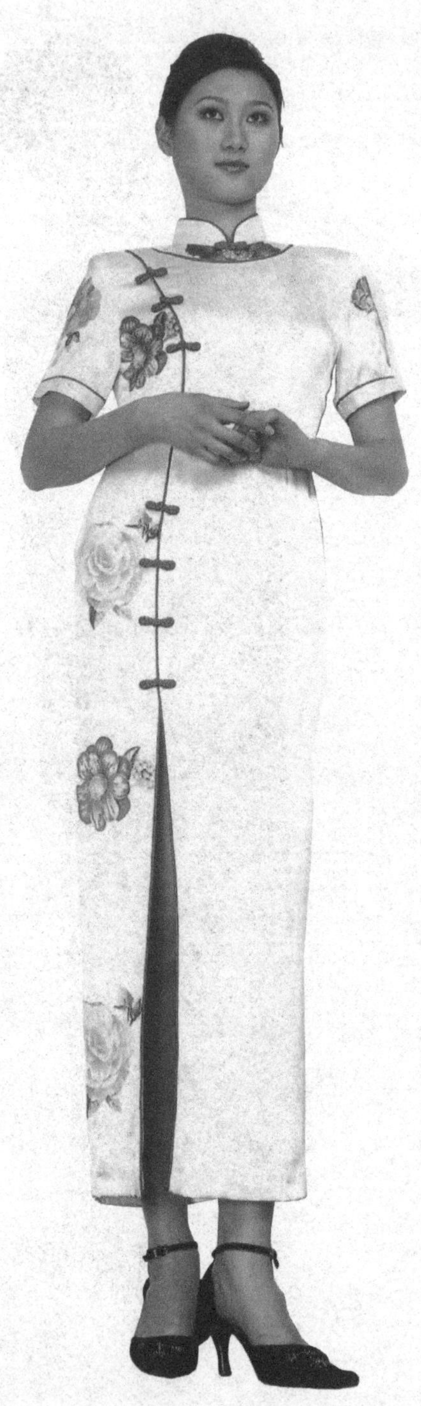

侧开襟纽襻装饰旗袍

中年妇女简朴旗袍

侧开襟大绒旗袍

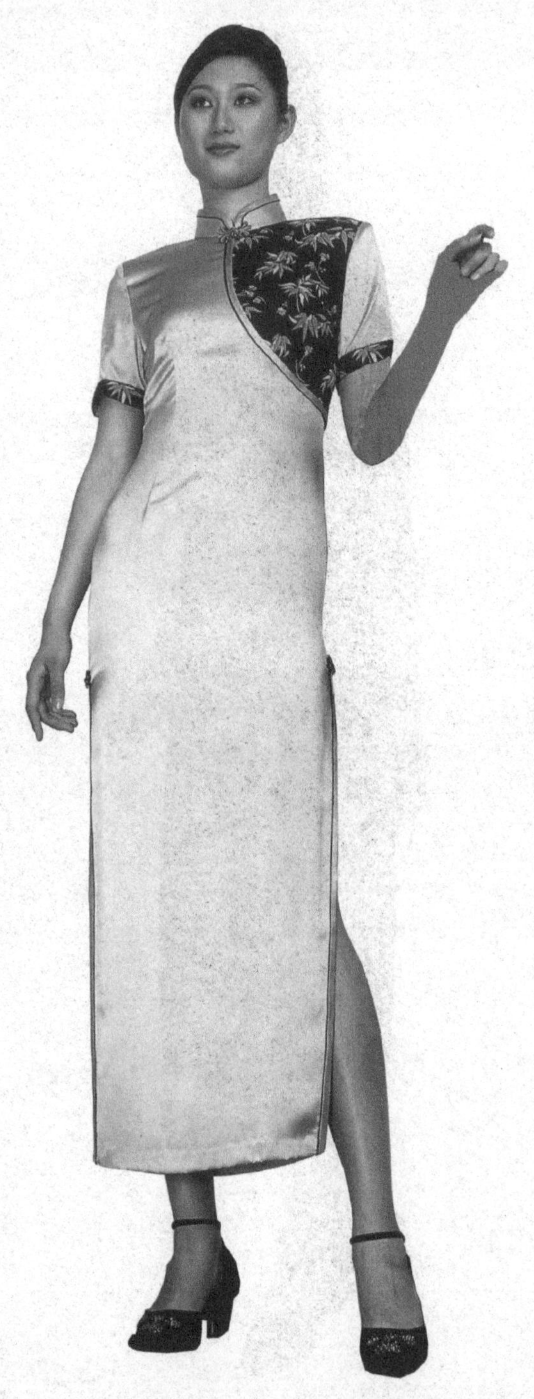
双面料搭配旗袍

侧开襟双色面料旗袍

包肩袖毛领旗袍

大绒立领镂空旗袍

花纹图案偏襟旗袍

偏襟缎面旗袍

大花图案棉布旗袍

绸缎类花纹图案旗袍

大绒纽襻类旗袍

纱料绣花旗袍

蜡染布图案旗袍

婚庆喜庆旗袍

龙形图案旗袍

高端大气绸缎类旗袍

花团锦簇富贵旗袍

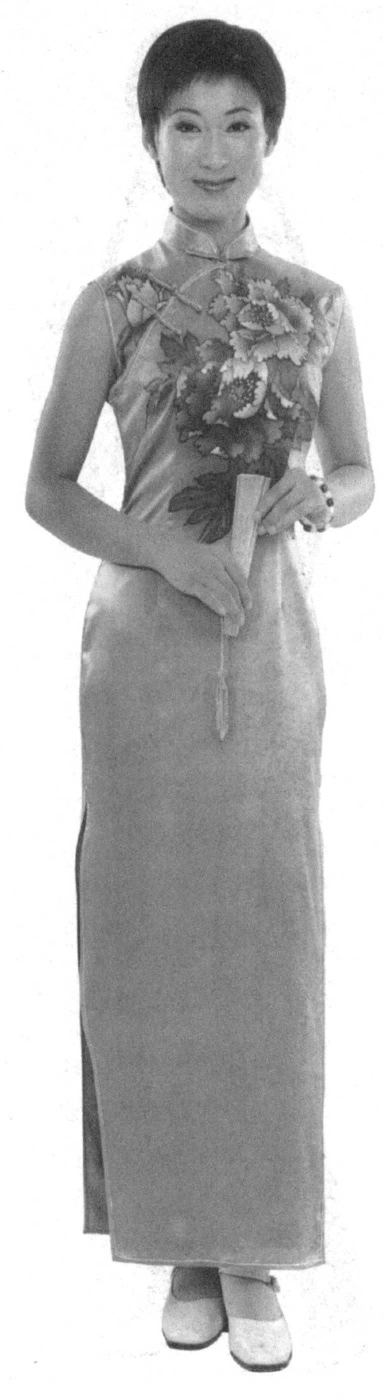

牡丹图案绸缎旗袍

朴素格子面料旗袍

淡雅红梅图案旗袍

绸缎类高贵旗袍

古典高贵前开襟旗袍

小碎花筒式旗袍

绸缎类镶边旗袍

高雅素淡旗袍

黑色大绒旗袍

婚庆吉祥旗袍

高档次面料旗袍

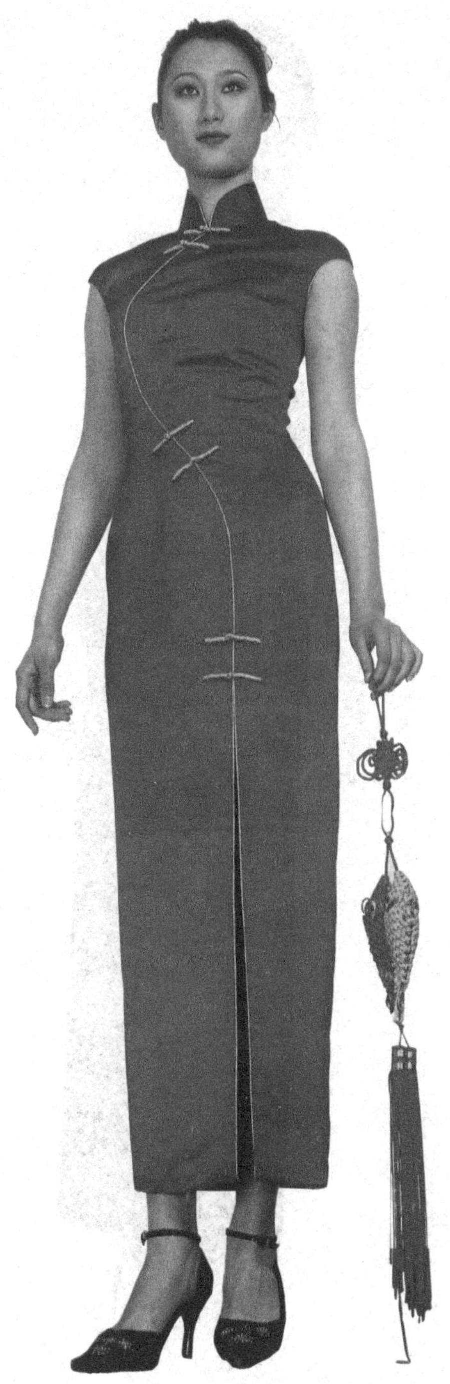

S形开襟旗袍

清新淡雅图案旗袍

右偏襟红色旗袍

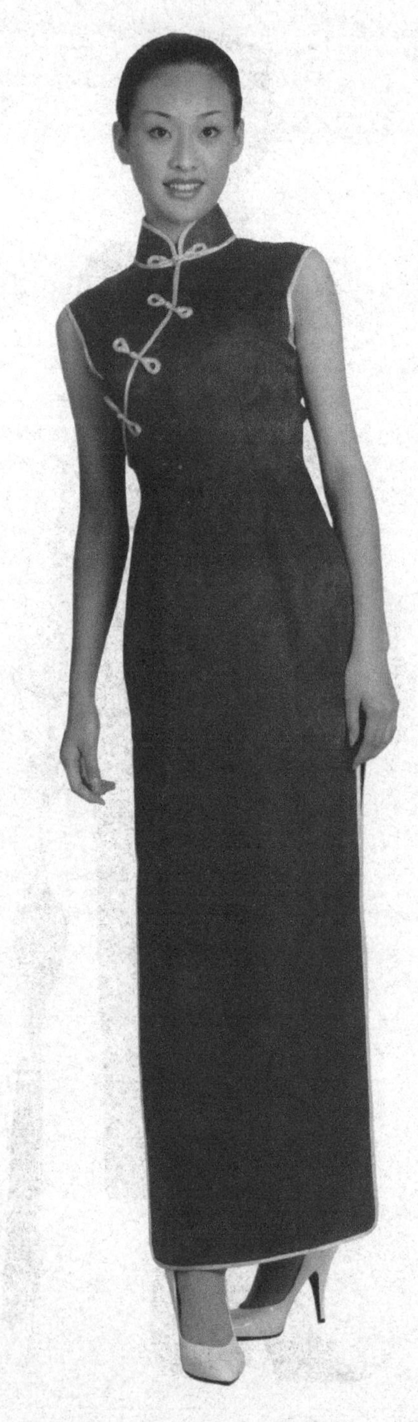

红色滚边旗袍

真丝面料印花旗袍

纯洁高雅的白色旗袍

传统龙图案旗袍

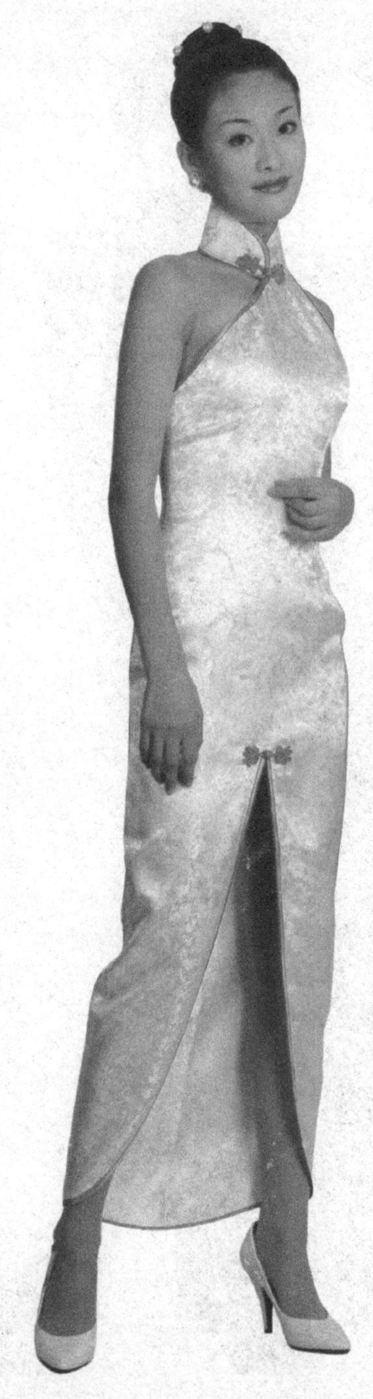

裸肩开衩旗袍

裙摆类旗袍

抹胸披肩类旗袍

大摆类旗袍

包肩袖大摆类旗袍

过肩袖时尚旗袍

裸肩性感旗袍

开襟纽襻类旗袍

短袖散摆旗袍

裸肩大摆时尚旗袍裙

短袖散摆裙式旗袍

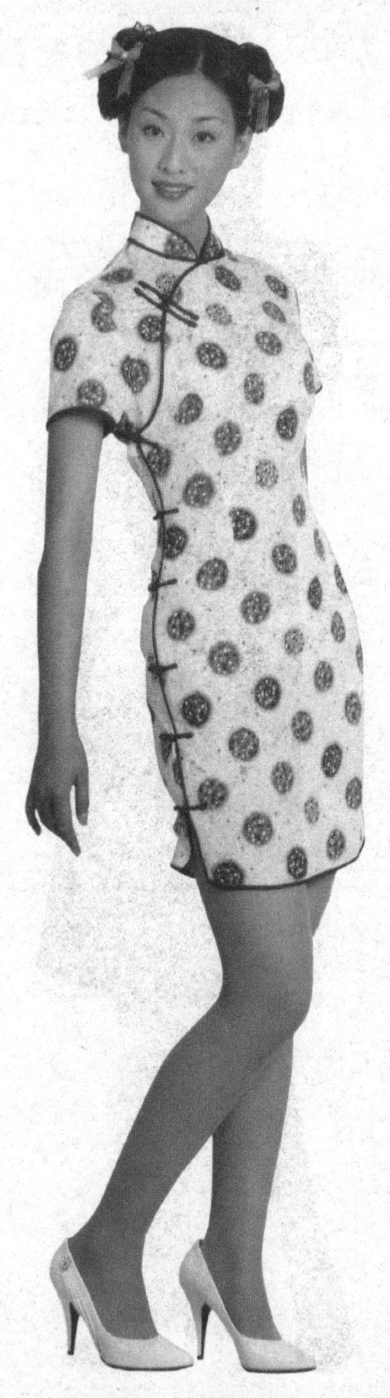

小清新纽襻旗袍

镶花边超短旗袍

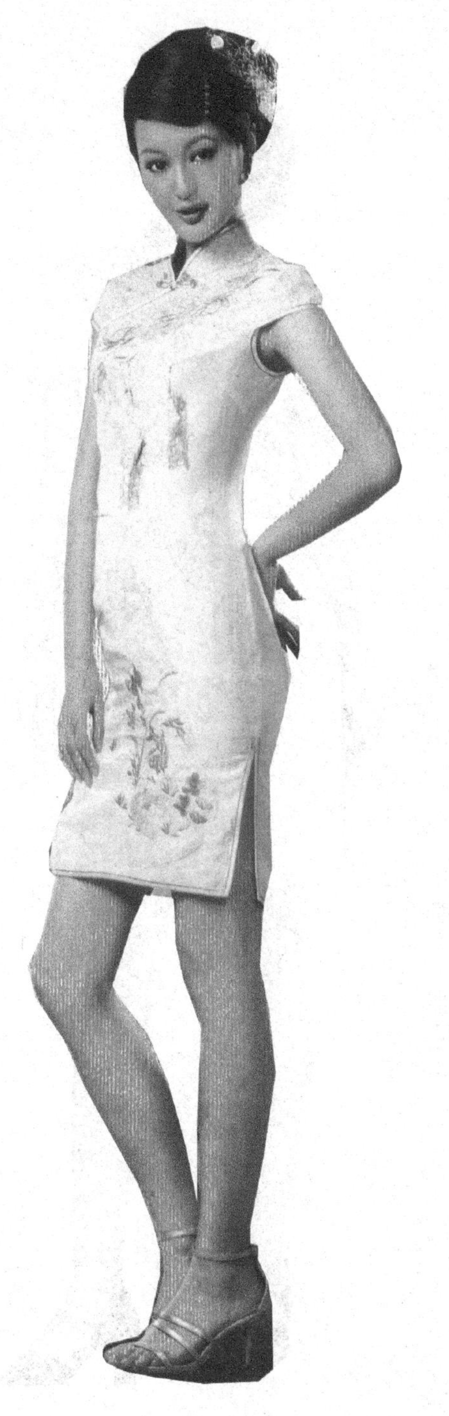

真丝绣花类开衩旗袍

开衩类红色旗袍裙

吉祥图案短裙

纽襻类短裙

格子图案短裙

黑大绒旗袍裙

短袖超短裙2

真丝印花旗袍裙

缎面印花短裙

棉布印花旗袍裙